디지털 시대에

아이를 키운다는 것

Raising a Screen-Smart Kid:
Embrace the Good and Avoid the Bad in the Digital Age

This edition published by arrangement with Tarcherperigee, an imprint of Penguin Publishing Group, a division of Penguin Random House LLC.

This Korean translation published by arrangement with Julianna Miner in care of Penguin Random House LLC through Milkwood Agency.

아날로그 세대 부모가 꼭 읽어야 할

스마트 교육의 바이블

디지털 시대에 아이를 키운다는 것

줄리아나 마이너 지음
최은경 옮김

청림 Life

한 그루의 나무가 모여 푸른 숲을 이루듯이
청림의 책들은 삶을 풍요롭게 합니다.

네트워크가 상용화되면서 우리는 그야말로 또 다른 '멋진 신세계'를 누리며 살 수 있게 되었다. 하지만 이 '멋진 신세계'가 말처럼 항상 '멋지기만 한' 것은 결코 아니다. 온라인상에서 저지른 실수는 남녀노소 할 것 없이 위험천만한 결과로 이어질 수 있다. 특히 10대들은 온라인상에서 이루어지는 이 크고 작은 실수의 위험성에 대해 너무나도 무지하고 안이하다. 멋진 신세계가 순식간에 디지털 멍에가 되어 현실의 시간이 '나락'이 될 수도 있음을 우리는 상시 경계해야 할 것이다.

"소셜 네트워크는 불특정 다수가 보고 있을 수 있기 때문에 온라인상에 개인 정보가 담긴 게시물을 올릴 때에는 주의해야 한다"는 말은 누구나 쉽게 할 수 있으나 실상 그 말이 우리 자녀들에게 큰 도움을 주지는 않는다. 어른들조차도 온라인에 어떠한 것은 올려도 되고, 어떠한 것은 올리면 안 되는지 판단 못할 때가 많은데, 아이들이 이를 명확히 판단하기란 더욱이 어려운 일이기 때문이다. 조심하라는 막연한 말보다는 구체적인 대안을 제시하는 게 더 중요하고, 도움이 될 것이다.

이 책은 우리 자녀들이 온라인상에서 저지를 수 있는 위험한 상황들을 사례별로 나누어 설명하고, 이럴 때 어떻게 대처하면 좋을지에 대해서 현실적으로 방안을 제시한다. 청소년과 그의 부모를 대상으로 종종 '온라인을 능동적으로 이용하는 방법과 잊혀질 권리'를 강의하는데, 그때마다 당부했던 이야기들이 이 책 안에 상세히 담겨 있어서 책을 읽는 동안 내 강의 노트를 누군가 훔쳤나 싶어 놀랐다.

칼릴 지브란이 "부모란 아이들이라는 화살을 쏘기 위해 있어야 하는 활과 같다. 활이 잘 지탱해주어야만 화살이 멀리, 그리고 정확히 날아갈 수 있는 법"이라고 했던가. 디지털 시대, 자녀의 소셜 네트워크 사용을 막을 수 없다면 이를 올바르게, 효율적으로 사용할 수 있도록 이끌어주는 게 부모가 해야 할 일일 것이다.

김호진, 산타크루즈컴퍼니 대표, 국내 1호 디지털 장의사

아이에게 첫 스마트폰을 쥐여주기 전에 부모가 반드시 알아야 할 것들을 담은 책.
요즘 아이들은 부모와 모든 것을 공유하던 시간을 지나 새롭게 디지털 시대를 살게 된다. 아이 입장에서는 전혀 다른 두 시대를 동시에 살게 되는 셈이다. 부모도 아이도 혼란스럽기는 마찬가지다. 그렇다고 부모가 흔들릴 수는 없다. 스마트폰을 사주지 않을 수 없는 선택의 기로 앞에서, 우리는 디지털 시대에 일어나는 수많은 문제에 대한 적절한 답을 이 책을 통해 미리 볼 수 있다. 충분히 미리 본 후에 대비하면 디지털 시대는 오히려 아이의 재능을 깨울 좋은 계기가 될 것이다.
디지털 시대를 살아갈 아이의 미래는 둘 중 하나다.
"활용할 것인가, 활용당할 것인가."

김종원, 『아이를 위한 하루 한 줄 인문학』 저자

온라인상에서 아이들에게 닥칠 수 있는 위험 상황에 대한 현실적이고 믿을 만한 정보를 담고 있으며, 부모들이 막연한 공포에 휘둘리는 대신 위험을 제대로 판별하고 올바른 판단을 내릴 수 있게 도와주는 탁월한 책이다.

존 F. 클라크*John F. Clark*, 제9대 미국 연방보안국 국장, 미국 국립실종학대아동센터 회장

아이들은 부모들보다 인터넷에 대해 훨씬 더 잘 알고 있다. 자녀를 안전하게 지키고 그들과 공감대를 형성하고 싶다면 이 책을 읽어야 한다.

존 월시*John Walsh*, 미국 국립실종학대아동센터 공동 설립자

줄리아나 마이너는 디지털 기술과 아이들이 처한 현실을 정확히 파악하고 있다. 학문적 연구 속도가 디지털 환경의 변화를 따라잡지 못하는 상황에서, 적절한 근거를 바탕으로 하는 저자의 차분하고 상식적인 접근 방식은 더할 나위 없이 완벽하다.

키스 캠벨*W. Keith Campbell*, 조지아 대학교 심리학과 교수

아이들에게 인터넷은 위험한 공간이 될 수 있다. 겉보기에 무해한 웹사이트를 방문했다가도 예상치 못한 끔찍한 상황에 부닥치게 될 가능성이 있기 때문이다. 이 책은 10대들의 풍부한 경험담과 전문가의 조언은 물론 복잡하고 위험한 디지털 세상에서 청소년을 올바른 방향으로 인도하는 데 도움이 될 만한 중요한 정보를 담고 있다.

스티브 살렘*Steve Salem*, 청소년을 위한 비영리단체 칼 립켄 시니어 재단 회장

이 책을 통해 부모들은 디지털 네이티브인 자녀들과 소통하고 공감대를 형성할 수 있을 것이다. 저자의 통찰에 기대어 부모들은 불안과 절망에 굴복하지 않고 자녀를 이해하고 지지할 수 있는 결정적인 요인이 무엇인지 파악할 수 있을 것이다.

데보라 하이트너*Deborah Heitner*, 미디어사회학 박사, 『스크린와이즈*Screenwise*』 저자

풍부한 유머 감각과 공감 능력을 갖춘 줄리아나 마이너는 불안해하는 부모들에게 자녀와 함께 디지털 시대를 헤쳐나가는 일이 생각만큼 두렵지 않다는 사실을 알려준다.

질 스모클러*Jill Smokler*, 미국에서 가장 영향력 있는 육아 멘토, 뉴욕타임스 베스트셀러 작가

부모로서 우리가 자녀들에게 디지털 기기 사용을 부정적으로 인식시키는 대신, 아이들이 자신의 목표를 달성하고 행복한 삶을 꾸려나가기 위한 수단으로 이 도구들을 잘 활용하도록 도와야 한다는 저자의 현실적인 제안이 마음에 와 닿는다. 이 책은 아이들에게 앞으로의 세상을 살아가는 법을 가르쳐주는 길잡이가 될 것이다.

델 안토니아*KJ Dell'Antonia*, 『행복한 부모가 되는 법*How to Be a Happier Parent*』 저자

디지털 1세대를 키우는
최후의 아날로그 세대

'멋진 신세계'를 살아가는 부모들에게

우리 아이들은 이제 과거와는 완전히 다른 세상에 살고 있다. 친구와 대화를 나누기 위해 쪽지를 쓰는 대신 문자나 스냅챗Snapchat(미국 10대들이 사진이나 동영상 메시지를 주고받기 위해 주로 사용하는 SNS로 메시지를 읽은 후 일정 시간이 지나면 자동 삭제되는 기능이 있다－옮긴이) 메시지를 보낸다. 부모들은 아이들의 인스타그램에서 누가 무엇에 '좋아요'를 누르는지, 누가 누구에게 '좋아요'를 누르는지 잠자코 살핀다. 우리는 아이들이 무엇을 보고 듣고 먹는지 신경을 쓴다. 위치 추적으로 자녀들이 어디에 있는지도 알 수 있다. 자녀들이 친구와 어울릴 시간을 정해 직접 데리고 가기까지 한다. 지금은 내가 어린 시절을 보냈던 1980년대와 너무나 많은 것이 달라졌기 때문에 나는 아이들을 어떻게 양육

해야 할지 혼란스러웠고, 올바른 지침을 찾아 책과 인터넷을 뒤졌다. 그 결과 깨달은 것은 아이를 키울 때 어떤 방식으로 양육하든 남들의 평가에서 자유로울 수 없다는 점이었다.

현대적인 양육 방식을 둘러싼 무언의 규칙과 냉엄한 현실을 마주하며 나는 글을 쓰기 시작했다. 그 말 많고 탈 많은 엄마 블로거 중의 한 명이 나다. 블로그에 글을 쓸 때는 아이들의 사생활을 침해하지 않으려 노력했다. 아이들이 갓난아기 때부터 걸음마를 떼고 학교에 입학하기 전까지의 성장 과정을 기록할 때만 해도 유아기의 보편적인 행복감과 좌절감을 담은 이야기는 나중에 아이들에게 상처를 주지 않으면서도 남들과 공유할 수 있는 주제라고 가볍게 생각했다. 하지만 아이들이 점점 커갈수록 그 글이 미치는 영향을 고민하지 않을 수 없었다. 아이들이 점차 내 그늘에서 벗어나고 있다는 증거였다. 어느새 훌쩍 커버려 10대가 된 아이들의 모습에 아쉬움이 들지만, 한때 내 일부였던 꼬마들을 서서히 놓아주는 것이 순리라는 사실도 잘 알고 있었다. 그래서 나는 최근 양육 문화 내에서 겪은 일에 좀 더 중점을 두고 글을 쓰기 시작했다. 반응이 좋을 때도 있었지만 차마 댓글을 읽기 힘들 때도 있었다.

비슷한 시기에 나는 인근 대학의 겸임 교수로서 대학생들을 대상으로 하는 보건학개론 강의를 맡았다. 이 일은 내 삶의 전환점이 됐다. 일을 통해 새로운 방식으로 생각하게 되면서 번뜩이는 아이디어가 떠올랐다. 복잡한 정보를 친숙하게 전달하고, 학생들을 억지로 공부시키는 대신 동기부여를 해주고, 수업 시간에 문제가 생기면 도움을 주기도 해야 했다.

간단히 말해 강의는 아이를 키우는 것과 비슷한 점이 많았다. 엄마로서 나는 어쩔 수 없이 타고난 본모습보다 훨씬 더 나은 사람이 되어야 했다. 그리고 교사로서는 더욱 사려 깊은 사람이 되어 내가 가르치는 어린 학생들의 입장에서 생각해야 했다. 그 결과 오늘날 '멋진 신세계'를 살아가는 데 꼭 필요한 지성과 정신력, 직업윤리에 관해 올바른 인식을 하게 됐다.

이 모든 여건을 고려해볼 때, 나는 내 아이들이 온라인 세상을 잘 헤쳐나가도록 거드는 일에 적임자가 되어야 마땅하다. 하지만 사실은 디지털 시대에 어떻게 하면 자녀를 효과적으로 양육할 수 있는지 몰라 잔뜩 겁을 먹고 있었다. 아이들이 자라서 인터넷 사용자 대열에 합류하길 원하는 나이가 되었을 때 어떻게 하면 아이들의 인터넷 사용에 위선적인 태도를 보이지 않을지 고심했다. 나는 일이나 사교 활동을 위해 노트북, 스마트폰 등을 장시간 사용하면서 아이들에게는 무작정 하지 말라고 할 수가 없었다.

실현될 리 없는 일에 대한 막연한 걱정 때문에 공포에 휩싸이기도 했다. 그중 절반은 내 청소년기를 지배했던 한심한 행동과 어리석은 장난 등 지나치리만큼 생생한 기억에서 비롯됐다. 나머지 절반은 아이들이 온라인상에서 최악의 상황에 맞닥뜨리지 않을까 하는 두려움이 차지하고 있었다. 게다가 내 속을 태우기로 작정이라도 한 듯 연일 들려오는 끔찍한 뉴스는 불안감을 부추겼다. 육아 블로거 엄마를 둔 아이들이 마침내 스마트폰과 인스타그램 계정을 가질 수 있는 나이가

되어 자유자재로 온라인에 접속하게 되면 어떻게 될까?

나는 심호흡을 한 후 가장 논리적으로 접근할 수 있는 지점에서 출발하기로 결정했다. 우선 블로거이자 보건학 겸임 교수라는 경력 덕분에 소셜 미디어가 인간의 행동주의적 의사결정에 어떤 영향을 미치는지 알 수 있었다. 따라서 부모들의 의식에 스며들어 끔찍한 결론을 내리게 하는 위험인자가 무엇인지 알아내고 싶었다. 청소년들이 책임감 있는 디지털 시민으로 자리매김하도록 거들어줄 보호인자가 무엇인지 알아내는 것도 무엇보다 중요했다. 더 나아가 10대들의 사고방식을 파악해 그들이 결정을 내리는 데 어떤 요인이 작용하는지 이해하고 싶었다.

위험인자와 보호인자

위험인자는 건강에 해롭거나 악영향을 끼칠 가능성이 있는 요인들을 말한다. 예를 들어 흡연은 폐암의 위험인자다. 보호인자는 위험인자의 잠재적 유해 효과를 떨어뜨리는[1] 동시에 긍정적인 결과를 낳을 수 있다. 예를 들어 왕성한 신체 활동은 심장 질환 발병 위험을 줄여주고 적정 체중을 유지하는 데 도움을 준다. 위험인자와 보호인자는 개인과 가족 차원에서는 물론 또래 집단과 공동체 내에서도 상호작용한다.

달라진 환경을 인정하자

오늘날 부모들은 최초의 디지털 네이티브를 양육해야 하는 책임을 진 동시에 다음 세대를 올바른 방향으로 이끌어갈 기준을 세워야 하는 어려운 임무를 맡고 있다. 부담을 주려고 하는 말은 아니다. 하지만 우리는 어린 시절 자신의 모습과 비교해 대입해볼 만한 상황도 겪은 적이 없고 부모님이나 조부모님에게 게임 중독과 온라인 집단따돌림에 대처하는 법을 물어볼 수도 없다. 참고할 만한 선례가 없는 셈이다.

우리는 인터넷 등장 이전의 삶을 경험한 부모들 중 마지막 세대다. 요즘 아이들이 자연스럽게 연결성connectedness을 지닌 채 성장한다는 것의 의미를 제대로 이해하고 공감할 수 없다. 반대로 요즘 아이들은 무선통신 기술이 일상에 파고들기 이전의 삶이 어땠는지 상상조차 하지 못한다. 이 아이들이 다음 세대의 부모가 되어 10대 자녀들에게 스마트폰을 쥐여주기 시작할 때면 온라인 세상에서 자란 경험이 그들 자신의 자녀 양육에 도움이 될 것이다.

보건학을 공부하며 깨달은 점 한 가지는 내가 이상적으로 여기는 세계가 아닌 있는 그대로의 현실 세계 안에서 문제를 해결해야 한다는 것이다. 즉, 우리는 이해할 수 없는 방식으로 작동하는 미지의 요인들이 난무하는 어수선하고 뒤죽박죽인 상황에 처해 있음을 인정해야 한다. 우리가 어떻게 느끼고 있든, 이것이 바로 우리가 살고 있는 세상이다. 이런 환경에서 기술과 문화, 사회적 결정 요인, 생태, 정치, 인간이 늘 추구하는 성가신 자유의지 등 예측할 수 없는 수많은 요소가 우리의 선택(그리고 미래 우리 아이들의 선택)에 영향을 끼친다. 첨단 기술이 우리와 우리 아이들의 삶에 속속들이 배어든 지금의 상황이 그리 달갑지 않을 수도 있다. 하지만 상황은 달라질 리 없기 때문에 어떻게 하면 가장 도움이 되는 방향으로 기술을 활용할 수 있을지 대책과 방법을 강구해야 한다.

왜 달라졌을까?

많은 사람이 과거 자신과 부모들이 유년기를 보냈던 시절을 회상하며 지금과 상황이 얼마나 달라졌는지 비교한다. 1970~1980년대의 10대들은 친구들과 오랜 시간 전화 통화를 하고 함께 자유롭게 쏘다니며 관계를 유지했다. 당시 어른들은 보통 우리가 어디에서 무얼 하는지 (적어도 요즘 부모들만큼 정확히) 알지 못했다. 이 점은 양육 문화에 기술이 어떤 영향을 끼치는지 이해하는 데 매우 중요하다.

오늘날 미국의 아동 및 청소년 대부분은 부모 세대만큼의 자유를 누리지도, 사생활을 보장받지도 못하는 처지다. 그 이유야 수만 가지도 더 댈 수 있지만, 그중에서 첫째로 꼽을 수 있는 것은 단연 첨단 기술이다. 20년 전과 비교하면 지금 우리는 누구에게나 쉽게 연락이 가능하다. 만약 딸의 귀가가 늦어지더라도 나는 집안을 서성이며 무슨 사고가 난 건 아닌지 전전긍긍할 필요가 없다. (솔직히 말해서 그래도 여전히 마음을 졸이지만.) 딸에게 문자를 보낼 수도 있고 휴대폰 위치 추적을 할 수도 있으며 아이가 SNS에 게시물을 올렸는지 확인할 수도 있다. 우리는 언제든 자녀에게 연락할 수 있기 때문에 엄마로서 안도감을 느낀다.

내 어머니 역시 저녁이 되어 가로등이 켜진 이후에도 내가 집에 돌아오지 않으면 불안해했다. 그건 어머니의 어머니도 마찬가지였다. 지금과 두드러진 차이가 있다면 우리 어머니는 내가 아주 어렸을 때도 엄마의 시선이 미치지 않는 곳에서 놀도록 허락했고, 당시에는 이런 일이 일반적이었다는 점이다. 요즘 세상에 열 살짜리 자녀를 친구와 함께 멀리 떨어진 놀이터에 보낸다면 사람들은 대부분 아이가 방치되어 있을 뿐만 아니라 위험한 상황에 처해 있다고 생각할 것이다(이런 행위를 법으로 금지한 지역도 있다). 아이가 이런 상황에 있는 것을 본 사람들이 경찰에 신고한 예도 적지 않다. 그에 반해 열 살짜리 아이가 스마트폰과 인스타그램 계정을 갖고 있는 것은 허용한다.

우리는 아이를 키우기에 참 이상한 시대에 살고 있다. 야외에서 자유롭게 뛰어놀며 스스로 문제 해결 방법을 터득하고 독립적으로 자랐던 우리의 어린 시절이 더 행복했을까? 아니면 단지 우리 모두가 극도로 운이 좋아서 어른이 될 때까지 살아남은 걸까? 그럼 지금 우리 아이들의 삶이 훨씬 더 나을까? 아니면 그들의 휴대폰 안에 더 큰 위험이 도사리고 있을까? 솔직히 나도 정답을 모른다. 우리 세대는 더 많은 자유를 누렸고 임기응변에 뛰어났다. 물론 실수도 훨씬 많았다. 자유 시간과 독립성을 보장받지 못하는 요즘 10대들은 술이나 약물에 노출되거나 임신을 할 가능성은 30년 전 10대보다 낮다. 하지만 안타깝게도 그보다 훨씬 더 많은 아이들이 불안과 우울증으로 고통 받고 있다.

고1의 음주율과 약물 남용율

* 대마초를 제외한 불법 약물

	1996년	2015년
폭음	23%	11%
약물 남용*	18.4%	9.8%

출처: Johnston, L. D., Miech, R. A., O'Malley, P. M., Bachman, J. G., Schulenberg, J. E., & Patrick, M. E. (2018). Monitoring the Future national survey results on drug use, 1975~2017: Overview, key findings on adolescent drug use.

10대 1,000명 당 임신, 낙태, 출산 건수

	1996년	2011년
10대 임신	96.1	43.4
10대 낙태	29.0	10.6
10대 출산	53.5	26.4

출처: Kost, K., Maddow-Zimet, I., & Arpaia, A. (2017). Pregnancies, births and abortions among adolescents and young women in the United States, 2013: national and state trends by age, race and ethnicity.

역사적 배경을 이해하자

아동기 생활 모습과 양육 방식이 과거와 급격히 달라진 원인을 논의할 때 주로 거론되는 것은 첨단 기술이지만, 사실상 변화는 휴대폰의 등장과 무선통신 혁명 이전인 1980년대 초반 사회적·경제적 지각 변동과 함께 시작됐다. 우선 40년 전 자녀를 기르는 방식은 어땠는지 알아보자.

1980년대 초반 미국은 심각한 경기 침체에 빠져 있었다. 그 결과 노동시장에 큰 변화가 일어나면서 가족의 생활양식도 완전히 바뀌었다. 제조업계의 일자리가 사라지기 시작했고 미국 내 공장들은 문을 닫았다. 제2차세계대전 이후 처음으로 미국의 경제성장률이 하락하자 (특히 일본과 같은) 다른 나라들이 세계무역에서 차지하는 비중이 점점 더 커지기 시작했다.

1950~1990년 사이 여성의 노동시장 참여는 58% 이상 증가했다.[2] 온종일 직장에서 일하는 엄마들이 많아지면서 양육에 대한 일반적 인식에도 엄청난 변화가 일어났다. 부모가 맞벌이를 하는 가정에서는 엄마, 아빠를 대신해 누군가가 집에서 하루 종일 아이들을 돌봐야 했다. 이 말은 또 다른 가족이나 아이돌보미, 보육교사 등이 주 양육자 노릇을 해야 한다는 뜻이다.

또한 1960~1980년 사이 미 전역의 이혼율이 기혼 여성 1,000명당 9.2명에서 22.6명으로 두 배 이상 증가했다는 사실도 눈여겨볼 만하다.[3] 그 결과 한부모가정이 전례 없이 크게 늘어났다. 이혼율이 급격히 증가한 데는 앞에서 언급한 경제적 환경 변화는 물론 1969년 도입되어 각 주마다 널리 퍼진 이혼무책주의**No-fault Divorce**(상대 배우자의 귀책사유 유무에 관계없이 이혼을 인정하는 것 – 옮긴이), 1960년대 후반부터 1970년대 초반까지 진행된 사회혁명과 같은 문화적 변화 등 다양한 요인이 영향을 끼쳤다.

이 같은 사회적 변동으로 부모들은 자녀를 곁에서 돌보며 종래의 관습에 따라 제대로 가정교육을 하지 못한다는 데 죄책감을 느끼게 되었고, 새로운 경제적·사회적 환경에 어울리는 체계적인 양육 방식을 도입함으로써 아이들의 놀이 문화 자체에도 큰 변화가 찾아왔다.

모든 아이들이 저녁 늦게까지 친구들과 밖에서 어울려 놀 수 있었던 아름다운 어린 시절의 모습은 빠르게 모습을 감추었다. 대신 구조화된 놀이가 그 자리를 차지했다. 줄리 리스콧 하임스Julie Lythcott-Haims는 〈뉴욕 타임스〉 베스트셀러에 오른 자신의 저서 『헬리콥터 부모가 자녀를 망친다』에서 이 현상을 설명했다. "엄마들이 직장을 갖게 되면서 효율적인 일정 관리를 위한 수단으로 플레이데이트playdate(아이들이 친구와 함께 놀 수 있도록 부모들끼리 약속을 잡아 만나는 것 - 옮긴이)가 급부상했다… 일단 놀이 일정을 짜고 나면, 부모들은 아이들의 놀이를 지켜보기 시작하고 결국 놀이에까지 관여하게 된다."[4] 한때 황금기를 구가했던 국가교육제도에 대한 인식 또한 바뀌기 시작했다. 이 시기에는 어떻게 미국 학생들의 학업 성취도(특히 수학·과학 과목)가 타국에 비해 뒤처지게 되었는지를 서술한 (1983년 발간된 보고서 「위기에 처한 국가A Nation at Risk」를 포함해) 의미 있는 책과 보고서가 여럿 발간되었다. 부모들은 자녀의 성공을 돕기 위해 더 많은 지원을 해야 한다는 위기감을 갖게 됐다.

같은 시기 미국에서는 자기존중감 운동Self-esteem movement 열풍이 불면서 아이들이 자기 자신에게 긍정적 태도를 갖는 것이 매우 유익하다는 메시지가 널리 퍼졌다. 즉, 자기존중감(자존감)이 건강과 학업 성적, 행복감 등에 도움을 준다는 것이다. 이런 인식이 널리 확산되면서 부모들은 자녀들의 자존감을 키우고 보호하려 애를 쓰기 시작했고, 결국 학업과 체육 활동은 물론 친구 관계와 사회생활에까지 점점 더 개입하기에 이르렀다.

또 다른 중요한 요인은 1979년 에탄 파츠 실종 사건(뉴욕에서 여섯 살 소년 에탄 파츠가 등교 중 유괴·살해된 사건으로 1983년 로널드 레이건 전 대통령은 파츠가 실종된 5월 25일을 실종아동의 날로 제정하기도 했다 – 옮긴이)과 1981년 아담 월시 유괴·살인 사건(유명 방송인 존 월시의 아들 아담 월시가 플로리다 시어스 백화점에서 실종된 지 보름 만에 살해된 채 발견된 사건으로 실종아동의 수색과 발견을 위한 '코드 아담' 프로그램이 시작된 계기가 됐다 – 옮긴이) 등 세간의 이목이 집중된 비극적 사건이 잇따라 발생하면서 유괴와 같은 위험한 상황이 일어날 가능성에 대한 대중의 관심이 크게 높아졌다는 것이다. 아담 월시 사건을 바탕으로 제작된 TV 드라마는 1983년 방송되어 에미상 4개 부문을 수상하는 등 높은 평가를 받았으며 여러 해 동안 수차례 재방송됐다. 그 뒤를 이어 1984년에는 미국 국립실종학대아동센터**National Center for Missing and Exploited Children, NC-MEC**가 설립됐다.

이 모든 요인이 한꺼번에 부모와 사회 전체의 의식에 흘러들었다는 사실에 주목해야 한다. 이를 기초로 학자들은 1990년 '헬리콥터 부모'라는 용어를 만들어냈다. 양육 문화의 측면에서 우리는 1990년대 초반에 머물러 있는 셈이다. 부모들은 그 어느 때보다 더 많이 일했고, 이혼으로 한부모가정이 될 가능성도 높았지만 자녀들과 함께 보낼 시간은 더 적었다. 아이들 입장에서는 자유롭게 놀 시간은 줄어든 반면 부모의 감독하에 미리 계획된 활동을 하는 시간은 늘어났다. 부모들에게는 자녀의 안위와 관련해 전에 없던 걱정거리도 생겼다. 자녀들이 세계 무대에서 경쟁력을 갖출 수 있을지 불안감을 느끼기 시

작한 것이다. 생산직 일자리가 사라진다면 고등학교 졸업장만 가진 아이들이 생계를 꾸려나갈 수 있을까? 우리의 불안감이 아이들의 의식에 침투해 그들의 자존감에 영향을 끼치지는 않을까? 부모들은 우려가 현실이 되지 않도록 자녀 교육에 더욱 힘을 쏟았다. 이런 변화와 더불어 혹은 그 변화의 결과일지도 모르지만, 10대가 된다는 것이 어떤 의미인지에 대한 우리의 인식도 바뀌기 시작했다. 청소년기는 연장되어 갔다. 『기회의 시기Age of Opportunity』의 저자이자 템플 대학교 심리학 교수인 로렌스 스타인버그Laurence Steinberg 박사는 심리학 전문 잡지 《오늘의 심리학Psychology Today》과의 인터뷰에서 다음과 같이 말했다. "청소년기의 시작은 생물학적이지만 그 끝은 문화적이라고 흔히들 말한다. 즉, 청소년기는 사춘기와 함께 시작되어 결혼을 하고 경제적으로 독립하게 되었을 때에야 끝이 난다. 통계자료를 보면 시간이 갈수록 청소년기가 연장되고 있음을 알 수 있다. 사춘기가 시작되는 나이는 점점 어려지고 있지만 아이가 어른이 되는 데 걸리는 기간은 점점 더 길어지고 있다는 뜻이다."[5]

그리고 인터넷과 스마트폰이 등장했다

1990년대 초 등장한 인터넷은 1995~2000년 사이 폭발적으로 확산되며 생활 방식과 정보에 접근하는 방식을 바꿔놓았다. 그로부터 10년 후 무선 기술 혁신은 인터넷 세상을 손안으로 끌어들였다. 신기술은 미국 전역을 휩쓸며 빠르게 수용되어 사람들의 생활과 업무, 의사소통 방식을 완전히 변화시켰다. 이런 현상을 역사적으로 고찰하기란 어려운 일이다. 사회학자와 인문학자 들도 그 영향을 이해하기 위해 부단히 노력하고 있다.

『마이스페이스와 나: 인터넷 세대, 어떻게 키울 것인가 **Me, MySpace, and I: Parenting the Net Generation**』의 저자이자 캘리포니아 주립대학교 심리학과 명예교수인 래리 로젠 **Larry Rosen** 박사는 요즘 젊은 세대는 역사상 그 어느 세대보다도 많은 변화를 겪으며 빠른 속도로 기술을 흡수하고 있다고 설명했다. 그는 신기술이 사용자 5,000만 명을 끌어들이기까지 시간이 얼마나 걸렸는지 보여주기 위해 보급률이라는 소비자 행태 조사 방법을 활용했다. 그 예는 다음과 같다.

- 라디오: 38년
- 전화: 20년
- TV: 13년
- 케이블 TV: 7년
- 휴대폰: 12년
- 인터넷: 4년
- 아이팟: 4년
- 블로그: 3년
- 마이스페이스: 2년 반 만에 사용자 수 약 1억 2,500만
- 페이스북: 2년
- 유튜브: 1년
- 앵그리버드: 35일
- 포켓몬고: 19일[6]

또한 그는 역사적으로 볼 때 신기술을 주도적으로 받아들이는 쪽은 대부분 돈을 벌어 오는 어른들이었지만 최근의 기술적 진보를 주도하는 쪽은 젊은이들이라는 사실에 주목했다. 아이폰은 2007년 최초 출시되어 첫해에만 1,400만 대가 팔렸고 2016년에는 약 2억

100만 대가 팔렸다.[7] 2008년에는 최초의 안드로이드 스마트폰이 미국에서 출시됐다. 2016년 기준으로 미국인 1억 700만 명 이상이 안드로이드 스마트폰을 소유한 것으로 추산된다.[8] 이후 미국 스마트폰 시장은 2011년 말 혹은 2012년 초에 포화 상태에 이른 것으로 추정된다.[9] 다시 말해 5년이 채 되지 않는 기간 동안 인구 대부분이 스마트폰 사용자가 된 것이다. 이런 상황은 여전히 진행 중이기 때문에 본질을 파악하기 힘든 것은 당연하다. 우리는 그 폭넓은 영향력을 대강 이해하고 있을 뿐 장기적 관찰을 통해 수집된 자료는 없는 실정이다.

스마트폰을 사용하는 연령은 시간이 갈수록 어려지는 추세다. 미국 아이들은 보통 만 10~12세 사이에 처음 스마트폰을 갖게 된다.[10] 우리가 좋든 싫든, 아이가 준비됐든 아니든 상관없이 미국 아이들 사이에 새로운 기준으로 자리 잡았다. 하지만 이 상황을 어떻게 다뤄야 할지 부모들이 대응할 만한 기준이 없다는 사실은 분명해 보인다. 만약 우리 모두가 같은 생각을 한다면 이 과도기를 지금보다 훨씬 더 쉽게 보낼 수 있겠지만 사실상 그건 불가능하다.

특히 다수의 10대들이 처음 휴대폰을 갖게 되는 시기가 몸과 뇌의 발달이 최고조에 이르는 때와 맞물린다는 점을 고려한다면 문제는 더 심각해진다. 아이들은 사춘기와 두뇌 발달이 동시에 진행되는 이중고를 겪으며 짧은 시간 내에 어마어마한 영향을 받는다. 이 시기의 신체적·정서적 변화로 아이들은 삶을 살아가면서 그 어느 때보다 충동적이고 위험한 선택을 할 가능성이 높다. 아이들이 하나같이 휴대폰을 갖게 되는 때가 바로 이 불운한 시기인 것이다.

아무리 똑똑하고 책임감 있다고 하더라도 아이들은 누구나 실수를 한다는 사실을 기억해야 한다. 1980년대에 주고받던 쪽지가 2010년대에는 스냅챗 메시지로 바뀌었지만 기술 개입과는 상관없이 아이들은 누구나 후회할 만한 어리석은 짓을 한다. 안타깝지만 이런 사실은 시간이 흘러도 결코 달라지지 않는다. 온라인에서 볼 수 있는 아이들의 행동은 다 성장 과정에서 나타나는 모습이다. 기술은 진보했지만 아이들은 그렇지 않다. 실수를 하고 자신이 한 선택의 결과에 책임지는 방법을 터득하는 것은 모든 아이들의 성장 과정에 꼭 필요하다.

아이들이 스마트폰이나 태블릿을 손에 넣은 후 그 기기로 미처 예상치 못한 무수히 많은 사람과 지식, 이미지에 접근하게 될 상황에 대비해 아이들의 행동에 대한 기대치를 정해야 한다. 우리는 아이들이 완벽하길 기대하는 대신 실수하리라 예상하고 있어야 한다.

하지만 온라인상의 실수는 아무도 예측할 수 없는 장기적이고 광범위한 결과로 이어질 수 있다. 어른, 아이 할 것 없이 온라인에서 저지른 실수는 결코 돌이킬 수 없다는 사실은 익히 들어 잘 알고 있을 것이다. SNS상에서 한 실수가 전 세계 사용자들에 의해 광범위하게 퍼져나가는 것을 우리는 이미 수없이 보았다. 자녀들이 섣부른 짓을 하지 않도록 보호하고 싶은 욕구를 강하게 느끼는 데는 솔직히 말해 타당한 면이 있다.

미국 10대들 대다수는 이미 인터넷상에 디지털 발자국을 남겼다. 2018년 미국 여론조사 기관 퓨 리서치센터Pew Research Center의 조사 결과 만 13~17세 사이 미국 청소년 95%가 휴대폰을 소유했으며

45%는 "거의 끊임없이" 인터넷을 사용하는 것으로 나타났다.[11]

소셜 미디어를 활용하고 있는 부모들은 많지만 자녀와 같이 SNS를 하며 지속적으로 소통하는 부모들은 생각보다 많지 않다. 부모들은 아이들에게 인터넷 사용에 주의하라고 당부하지만 정작 아이들이 안전하게 인터넷을 활용하도록 필요한 지원을 하거나 관리·감독을 하지는 않고 있다. 명확한 지침하에 신중하게 범위와 규칙을 정하려고 노력하는 가정도 많지만 아이들에게 휴대폰만 쥐여주고 나 몰라라 하는 부모도 있다.

미국 10대들의 SNS 사용 비율

	○○를 사용한다	○○를 가장 많이 사용한다
유튜브	85%	32%
인스타그램	72%	15%
스냅챗	69%	35%
페이스북	51%	10%
트위터	32%	3%
텀블러	9%	1% 미만
레딧	7%	1%
해당 사항 없음	3%	3%

'어떤 SNS를 사용하는가'라는 질문에는 중복 응답이 가능했기 때문에 응답 비율 합계가 100% 이상이다. '가장 자주 사용하는 사이트가 무엇인가'라는 질문에는 복수의 사이트를 사용한다고 한 응답자에게만 답변을 요구했다. 최종 결과는 오직 하나의 사이트만을 사용한다고 답한 응답자들까지 포함한 수치다. 무응답자는 표시하지 않았다.

출처: 퓨 리서치센터 '2018년 10대의 SNS와 기술 활용 현황' 조사(기간: 2018년 3월 7일~4월 10일)

부모를 포함한 많은 어른들이 소셜 미디어와 스마트폰을 과도하게 사용하고 있다.[12] 부모의 흡연이 자녀들의 흡연에 영향을 끼치는 요인인 것처럼, 부모가 소셜 미디어와 디지털 기기를 대하는 태도에 따라 가정 내에서 정상적이고 허용되는 행동 기준이 정해진다.

대부분의 사람들은 인정하고 싶지 않겠지만 스마트 기기와 인터넷 중독은 큰 문제다. 2013년 노키아가 실시한 조사에 따르면 사람들은 하루 평균 150번 자신의 휴대폰을 확인하는 것으로 나타났으며, 2018년 애플의 발표에 따르면 아이폰 사용자들은 하루에 80번 정도 아이폰을 잠금 해제한다.[13] 스마트폰에 깔려 있는 앱들은 주기적인 사용을 유도하게끔 설계되어 있기 때문에 사용자는 자신도 모르게 반응을 보일 수밖에 없다. '띵' 하는 알림이 울리면 새로 올라온 게시물이나 신규 메시지를 확인하고 조건반사적으로 클릭하거나 게시물을 쭉쭉 훑어 내려가며 도파민을 분출할 만한 자극을 찾는다.

이런 순환과정이 반복되면 인지 발달이 이루어지는 중요한 시기에 대인 관계 및 중독, 주의력 문제를 유발할 수 있다는 사실이 연구를 통해 입증됐다. 특히 청소년기 두뇌 발달에는 지대한 영향을 끼칠 수 있다. 문제는 이 새로운 기술이 전 국민에게 끼치는 영향이 우려할 만한 수준이라고 추론할 수는 있지만 현재로서는 그 영향이 구체적으로 무엇인지 명확히 밝힌 연구가 없다는 점이다. 현재 미국 국립보건원National Institutes of Health, NIH에서 청소년기와 인지 뇌 발달과 관련해 주목할 만한 연구가 진행되고 있으므로 머지않아 우리의 의문에 관한 해답을 어느 정도는 얻을 수 있을지도 모른다.[14]

1시간에 여러 번 휴대폰을 확인하는 미국의 스마트폰 사용자 비율

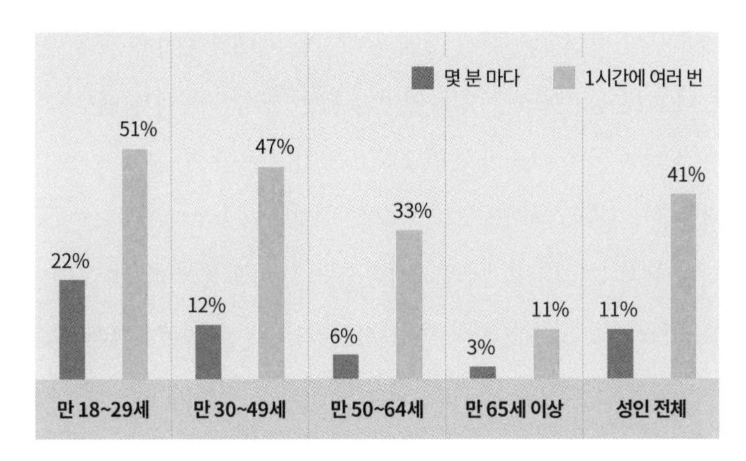

출처: 갤럽(기간: 2015년 4월 17일~5월 18일 / 대상: 스마트폰 사용자 1만 5,747명)

'띵' 스마트폰에서 알림이 울리면 우리 뇌에서는 어떤 일이 벌어질까?

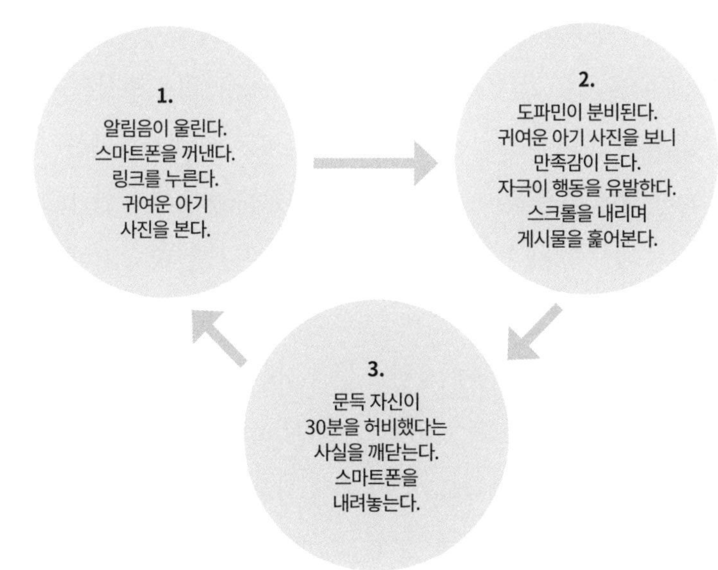

'지켜보기'보다 '이끌어주기'

대부분의 아이들은 현실 세계와 디지털 세계를 단순히 구분 짓지 않는다. 기술은 1995년 이후 태어난 젊은 세대의 학습과 업무, 의사소통 방식에 아주 깊숙이 뿌리내리고 있기 때문에 그들의 '오프라인' 생활 또한 기술을 떼어놓고는 생각할 수 없다. 거의 대부분 스마트폰이나 노트북, 게임기를 매개로 이뤄지는 사교 활동에서는 더더욱 그렇다. 연구자들은 소셜 미디어가 기본적으로 10대들이 사회규범과 행동규범을 이해하는 데 전례 없는 영향을 미치는 '슈퍼 피어'super peer[15](10대들에게 또래peer와 같은 역할을 하지만 그 영향력은 더 강력하다는 의미 - 옮긴이)라고 지칭한다. 인스타그램과 스냅챗은 의상부터 음주, 데이트까지 모든 면에서 정상적이고 멋진 행동이 무엇인지 그 기준을 세우는 '슈퍼 피어'라고 할 수 있다.

청소년기에 부모/가족으로부터 벗어나 점점 또래/친구의 영향권에 들게 되는 것은 발달 과정에서 나타나는 자연스러운 현상으로, 우리 부모들도 10대 시절 같은 시기를 거쳤다. 그러나 내가 우려하는 것은 '슈퍼 피어'의 존재다. 부모로서 나는 사회규범을 둘러싼 그들의 대화를 통제할 수 없고 통제해서도 안 된다는 사실을 잘 알고 있지만, 적어도 지속적으로 관여할 필요는 있었다. 그런 의미에서 나는 어떻게 하면 내가 현실 생활에 적용하는 것과 같은 방식으로 그들의 온라인 사교 생활에 관여할 수 있을지 고민하기 시작했다. 물론 아이들이 부모에게서 떨어져 독립적으로 활동하길 원하는 것은 발달상으로 볼 때 지극히 정상이라는 사실을 잘 알고 있었다. 그래서 아이들에게 더

많은 자유를 허용하고 책임감을 발휘할 기회를 주고 싶었다. 또한 아이들이 스스로 세상을 향해 발걸음을 떼기 시작할 때, 엄마가 애정과 관심을 갖고 항상 지켜보고 있다는 사실을 알아주길 바랐다. 또 현실 생활에서 규칙과 귀가 시간, 행동에 대한 대가가 존재하는 것처럼 어떻게 하면 온라인 삶에 비슷한 제약을 두고 아이들에게 책임감을 갖고 성취감을 느낄 기회를 줄 수 있을지 고민했다.

다시 말해 '온라인 활동 감시'가 아닌 '자녀 양육'으로 관점을 바꿔 나갔다. 소셜 미디어 전문가이자 『스크린와이즈: 자녀가 디지털 세상에서 살아남아 성공할 수 있도록 돕는 법Screenwise: Helping Kids Thrive and Survive in Their Digital World』의 저자인 데보라 하이트너Devorah Heitner는 이런 접근을 '지켜보기'Monitoring가 아닌 '이끌어주기'Mentoring라고 칭했다. 지켜보기는 내가 우려하는 일이 생기지 않도록 감시하고 있다는 느낌을 주는 반면 이끌어주기는 평소 아이들을 대하는 내 행동의 연장선상인 셈이었다. 그제야 마음이 놓이기 시작했다.

지나친 두려움에 사로잡혀 있던 나는 유익한 면을 활용하기보다 악영향을 막는 데 급급했다. 우리 아이들에겐 무엇을 예측하고 어떻게 행동해야 할지 등 실수를 피할 수 있는 삶의 지혜를 가르쳐줄 부모가 필요했다. 우리 아이들이 내 바람대로 예의 바르고 존중받을 만한 태도를 갖춘 사람으로서 인터넷 세상에서 일상생활을 영위하는 데 필요한 기본기를 갖추도록 지도할 방법을 찾아야 했다. 그런 다음 서서히 아이들에게 자유를 주고 스스로 알아서 할 수 있게 해야 했다.

두려움은 우리가 긍정적인 요인을 장려하기보다 부정적인 요인을 막는 데 집중하게 만든다. 건강 증진과 질병 예방을 동시에 고려해야 하는 보건학 전공자로서 이런 태도를 보이는 것은 모순적이었다. 우리는 장단점을 모두 고려해야 한다. 위험인자는 우리가 조심해야 할 장애물이 무엇인지 알려주고 보호인자는 우리가 나아가야 할 방향으로 이끌어줄 지도를 그리게 해준다.

보건 문제를 해결하려면 실제로 무슨 일이 일어나는지 알아내기 위해 양적·질적 자료를 파고들어야 한다. 그런 다음 사람들의 이야기를 귀 기울여 들으며 자료를 통해 얻어낸 수치들이 실제 사례에 적용되었을 때 어떤 의미를 갖는지 알아내야 한다. 자료와 연구 결과를 실제로 경험한 사람들의 (가끔은 편향된) 시각을 통해 보는 것은 의미가 있으며, 그 과정에서 퍼즐 조각이 제자리를 찾아가기 시작할 때 감동의 순간을 맞이하게 된다.

들어가기에 앞서

이 책은 각 가정에서 실제로 적용 가능한 방안을 제시한다. 좋았거나 나빴던 개인적 경험과 연구 자료, 다양한 분야에서 효과를 본 전문가의 조언을 소개한 후 이 모두를 아울러 실천 가능한 대책을 모색해볼 것이다. 각 장은 주제와 관련된 누군가의 개인적 사연으로 시작된다. 이 책을 쓰는 과정에서 나는 많은 젊은이들과 대화하며 다양한 시각과 배경을 가진 여러 아이들의 이야기를 담기 위해 노력했다. 그들의

사연 가운데 일부를 토대로 각 사연에 담긴 문제점을 논의하면서 기존 자료와 연구 결과를 검토하고 교사, 상담사, 경찰, 심리학자, 연구원, 부모, 청소년 들의 조언을 들어본다. 그리고 자녀들의 정상적인 발달단계에 맞춰 부모와 자녀가 함께 시도해볼 수 있는 실천 방안을 소개하는 것으로 마무리된다.

"아들에게 언제 휴대폰을 사줘야 할까요?" 또는 "딸에게 스냅챗을 허락하면 섹스팅(청소년들끼리 성적으로 노골적인 내용을 담은 문자나 사진 및 동영상을 주고받는 행위 - 옮긴이)을 하게 될까요?"와 같은 질문에 답을 주지는 않는다. 한 가정이나 개인의 특수한 상황을 고려하지 않은 포괄적인 답변이 어떻게 하나의 정답이 될 수 있겠는가? 대부분의 부모들이 아이를 키울 때 가장 골치 아픈 문제로 꼽는 것이 아이들은 저마다 다 다르고 성장하면서 계속 달라진다는 점일 것이다. 한 가족 안에서도 첫째 아이에게 효과가 있었던 방법이 둘째 아이에겐 전혀 맞지 않을 수 있다.

이 책을 통해 나는 당신이 가정에서 벌어지는 상황을 제대로 이해하고 대처할 수 있도록 정보를 제공할 것이다. 먼저 보건학적으로 접근해 몇 가지 질문을 던져보고 문제의 성격과 범위를 규정해보기로 하자. 일단 피해야 할 점을 파악하는 데서 시작하겠지만, 결국 우리가 얻고자 하는 바람직한 성과에 초점을 맞춰 살펴볼 것이다. 인터넷과 소셜 미디어를 제대로 활용하는 아이를 상상하면 어떤 모습이 떠오르는가? 당신 자녀의 모습이 떠오르는가? 자, 어디 한번 알아보자.

| 차례 |

3장 | 온라인 친구는 진짜 친구가 아니라고?

••• 디지털 네이티브의 사회적 교류 방식

4장 | 좋아하는 티를 덜 내려면 파란색 하트

••• 소셜 미디어와 새로운 연애 기준

5장 | 게임은 은둔형 외톨이만의 것?

••• 부모가 모르는 게임 문화

6장 | 다른 애들도 다 하는데 뭐가 문제예요?

••• 위험 행동과 기술 중독

7장 | 소셜 미디어가 날 우울하게 해

••• 온라인 활동과 정신 건강

8장 | 네 잘못이 아니야

••• 디지털 성범죄와 사이버불링

1장

아이에게 첫 휴대폰을 주기 전에

소셜 미디어와 상상적 청중

들어가기 전,

부모 스스로 묻고 답하는 시간

★ 질문 1. 소셜 미디어에 가입하기 위한 최소 나이를 알고 있는가?

★ 질문 2. 아이가 사용하는 소셜 미디어 계정의 아이디와 비밀번호를 알고 있는가?

★ 질문 3. 아이가 동의 없이 다른 사람의 사진이나 영상을 찍은 적이 있는가?

★ 질문 4. 아이에게 소셜 미디어의 부정적인 면만 경고하고 있지는 않은가?

누군가 나를 지켜보고 있다

스무 살 재클린의 이야기

2012년, 중학교 2학년 새 학기를 앞두고 나는 자신감에 차 있었다. 근거 없는 자신감이었을 수도 있지만 내가 예쁘고 착한 데다가 모두들 나를 좋아한다고 생각했다. 나 자신과 내 친구들에게 만족했다.

그해는 나뿐만 아니라 내 또래 모든 아이들에게 애스크에프엠ASKfm의 해였다. 애스크에프엠은 가입된 사람들끼리 서로 질문을 주고받을 수 있는 SNS다. 내게 질문을 남긴 사람이 누군지 알 수도 있지만 익명으로 질문하면 모를 수도 있다. 처음엔 아무도 애스크에 관심이 없었는데 어느 날 갑자기 모두가 애스크를 하기 시작했다. 초반에는 좋은 글들이 올라왔다. 이미 알고 있는 사실이었지만 '넌 좋은 사람이야', '넌 친구가 많구나'와 같은 메시지를 읽는 것은 아주 기분 좋은 일이었다. 그런데 2주쯤 지나자 짓궂은 글이 올라오기 시작했고 이름을 밝히지 않고 던지는 질문이 점점 더 많아졌다. 내 경우 최악의 상황까지 가진 않았다. 하지만 괴롭힘을 심하게 당한 여자애가 있었다. 심각한 상황이 몇 달간 이어지다 결국 학교와 부모님까지 개입해야 할 지경이 됐다.

우습게도 온라인상에서 서로 비열한 말을 주고받던 모습과는 달리 학교에서 만나면 모두가 친절했다. 밤마다 애스크에서 끔찍한 일들이 벌어지고 있다는 사실을 알면서도 학교에서는 서로 친절하고 온화한 모습을 보이려 애썼다.

사람들이 현실에서는 남들에게 친절하려고 노력한다는 것만으로도 다행스러운 일이긴 했지만 이해하기는 힘들었다. 만약 학교에서도 모두가 못되게 굴었다면 적어도 일관성은 있다고 생각했을 텐데 말이다. 우리는 온라인에서 누가 무슨 말을 했는지 확신할 수 없었고 다만 그런 말을 누군가 했다더라 하는 정도만 알 뿐이었다. 복도에서 만나면 "안녕!" 하고 인사하며 꼭 껴안아주던 친구가 바로 전날 밤 애스크에 '너는 뚱뚱하고 못생겼고 모두가 널 싫어하기 때문에 친구도 없다'고 악담을 퍼붓던 사람일 수도 있었다. 이런 상황에서 우리는 다른 사람을 믿지 못하게 된다.

한동안은 전교생이 애스크에 올라온 모든 글을 읽고 모든 아이에 대해 속속들이 아는 것처럼 느껴졌다. 우리 모두는 항상 감시당하는 기분이었고 일거수일투족이 온라인에 언급되었으며 기록되지 않는 일이 없었다. 교실에서 바로 옆에 앉는 친구나 복도를 지나가는 아이들을 믿을 수 없을 뿐 아니라 내가 뭘 하고 뭘 입고 무슨 말을 하든지 누군가가 항상 지켜보고 있다고 의식해야 하는 것은 또 다른 문제였다. 하루는 하교 후에 한 남자애와 함께 집까지 걸어온 적이 있었는데 집에 도착할 때쯤에는 그 일에 관한 글이 벌써 올라와 있었다. 솔직히 우리 사이에는 아무 일도 없었다. 둘 다 버스 타는 걸 싫어해서 함께 걸어온 것뿐이었는데… 별일도 아니었다.

그해 봄, 나는 인턴십 프로그램에 참여하느라 약 2주간 학교를 떠났고 온갖 신경전에 관심을 끊었다. 다시 학교로 돌아왔을 때는 이 모든 상황에 초연해질 수 있었지만 다른 아이들은 여전히 신경을 쓰고 있다는 점에 놀랐다.

나는 애스크에 올라오는 글들이 정말 잔인할 뿐만 아니라 개인 신상 정보를 담고 있다는 사실을 눈치채기 시작했다. 나와 아무 관계도 없는 사람이 쓴 글이 아닌 것은 분명했다. 글을 쓴 사람이 누군지는 몰라도 나를 꽤 잘 아는 사람이거나 그들의 주변 친구들이었을 것이다.

확신이 든 것은 한 해가 끝나갈 즈음 새로운 친구들과 어울리면서였다. 내가 믿고 친하게 지내던 친구들이 익명으로 악의적인 글을 썼을 것이란 생각을 떨칠 수가 없었다. 그게 아니라면 그 친구들에게 내 얘기를 전해 들은 누군가가 썼을 수도 있었다. 왜냐하면 그 글에는 나와 가까운 사람이 아니면 알 수 없는 내용이 포함되어 있었기 때문이다. 신뢰는 양방향으로 작용한다. 내가 상대방을 더는 믿지 않는다고 느끼면 상대방도 나를 믿지 않는다. 그 지점에 이르면 우정은 깨진 것이나 다름없다.

그해 나는 꽤 큰 상처를 입었다. 하지만 그 정도는 중학생 시절 겪을 수 있는 자연스러운 일이었다고 생각한다. 그 시절로 돌아갈 수만 있다면 나 자신에게 별것도 아닌 일로 심각하게 고민하거나 속상해하지 말라고 말해주고 싶다. 당시 여중생 중 나만큼 자신감 있는 아이도 드물었다. 더 오랫동안 자신감 있는 모습을 유지했더라면 좋았을 텐데 하는 아쉬움이 든다. 별 볼 일 없는 아이였음에도 나 자신을 긍정적으로 바라보았다는 점이 자랑스러웠다. 그렇게 행복하고 자신감 넘치는 아이였다는 사실에 뿌듯함을 느끼기도 했다. 애스크 사건처럼 하찮은 일로 남을 의식하고 자괴감을 느낀 것이 그래서 더 안타깝다.

웃기게도 결국 모든 일이 순조롭게 끝났다. 중학교 2학년이 지나고 나서는 누구도 애스크나 애스크에서 언급된 일 따위에 신경 쓰지 않았다. 아무리 심각하게 느껴지는 일도 지나고 나면 별것 아니라는 사실을 모든 사람이 깨닫길 바란다. 허무맹랑하고 시시한 이야기 때문에 자신에게 실망할 필요가 없다. 그저 앞으로 나아가다 보면 어느 순간 다 지나가게 마련이다. 1년 정도 시간이 흐르면 아마도 "왜 그런 일에 신경을 썼지? 왜 그걸 좋다고 생각했을까?"라는 말을 하게 될 것이다.

중2병은 왜 생길까?

중학생이나 고등학생 자녀가 (온라인이든 현실에서든) 어떤 선택을 했을 때 부모들은 골치 아픈 듯 머리를 감싸 쥐거나 대성통곡하며 못마땅하다는 반응을 보일 것이다. (배꼽티같이) 문제가 될 만한 옷을 입거나 애스크 같은 SNS에서 벌어지는 일과 관련이 있을 수도 있고(재클린 사연의 배경인 2012년보다 훨씬 나아졌다고는 하지만 여전히 애스크는 아이들 사이에 왕따 문화를 조장하고 있다), 가끔은 그보다 더욱 심각한 문제일 수도 있다. 10대 시절 바보 같은 짓을 했던 기억이 떠오르면 나는 아직도 민망함에 몸서리를 친다. 30년이나 지난 일인데도 말이다. 그래도 비교적 별 탈 없이 그 시기를 보냈을 뿐만 아니라 요즘 10대들의 삶을 규정하는 디지털 기록을 남기지 않은 채 청소년기를 지나온 것이 그저 감사할 따름이다.

때로 아이들은 그들 자신의 행복과 이익에 철저히 어긋나는 듯한 행동과 요구를 한다. 그럴 때면 평소 모습답지 않게 비합리적이고 자기중심적인 태도를 보인다. 아이들이 왜 그런 선택을 하는지 정말 이해하기 힘들 때도 종종 있다.

보건의료 전문가가 사람들이 건강을 해치는 행동을 하는 이유를 파악하지 못하면 그 행동과 그로 인한 부정적인 결과를 막기 위해 할 수 있는 일은 거의 없다. 따라서 사람들의 행동을 제대로 이해하고 예측하는 데 도움이 될 만한 행동이론을 살펴보면서 그들이 왜 그런 선택을 하는지 파악해야 한다.

엘리자베스 피사니Elizabeth Pisani는 에이즈와 성 노동자를 연구하는 전염병학자다. 그는 선택하는 당사자에게는 합리적이지만 남들이 보기에는 비합리적인 의사결정에 관한 연구를 진행했다. 중학교 3학년 자녀가 스냅챗을 어떻게 사용하게 할 것인가를 논의하다 말고 웬 뜬금없는 소린가 싶겠지만 참고 들어주길 바란다.

피사니 박사는 이 개념을 (성매매를 하거나 오염된 주삿바늘을 사용하는 등) 객관적으로 볼 때 건강에 위협을 주는 행위와 관련지어 설명했다. 나처럼 평범한 엄마의 눈으로 볼 때 오염된 주사기를 통해 HIV(인간면역결핍바이러스)에 감염될 위험이 있다는 사실을 잘 알면서도 쉽게 구할 수 있는 새 주사기를 쓰지 않는 것은 비합리적이다. 하지만 피사니 박사가 연구를 위해 면담한 인도네시아의 헤로인중독자 입장에서 보면 오염된 주사기를 사용하기로 한 결정은 충분히 납득할 만하다. 이 주제에 관한 피사니 박사의 테드TED 강연은 꼭 한번 찾아보기를 권한다. 그가 강연에서 언급한 내용을 인용하자면 다음과 같다. “최근 인도네시아에서는 주삿바늘을 소지한 채로 체포되면 교도소에 수감됩니다. 이 경우 상황은 달라지겠죠? 왜냐하면 우리에게 주어진 선택지는 다음과 같습니다. 주사기를 돌려쓰면 지금부터 약 10년 후에 치명적인 질병을 얻게 될 수도 있습니다. 반대로 오늘 새 주사기를 쓰면 내일 감옥에 갈 수도 있습니다. 마약중독자들은 자신을 HIV 감염 위험에 노출하는 것도 불쾌하지만 당장 HIV에 감염될지도 모를 교도소에서 다음 해를 보내야 한다는 사실이 더 끔찍하다고 여깁니다. 그럼 주사기를 돌려쓰는 것이 매우 합리적인 결정이라는 생각이 불현듯 드는

거죠."

이 강연을 보고 난 후 내 생각도 바뀌었다. 또한 의사결정에 관해 판단할 때 내 입장이 아닌 결정을 내린 사람의 입장에서 바라보려고 노력하는 것이 중요하다는 점을 깨달았다. 소셜 미디어를 이용하는 10대들이 할 수 있는 '매우 합리적인' 행동이 무엇인지 이해하기 위한 첫걸음은 아이들이 처음 휴대폰이나 인스타그램 계정을 갖게 되는 시기에 어느 정도의 정서적·신체적 발달 단계에 도달해 있는지 파악하는 것이다. 연구에 의하면 대부분의 아이들이 처음으로 모바일 기기를 갖게 되는 나이(미국의 경우 약 만 10~12세)는 책임감 있게 기기를 다룰 수 있을 만큼 뇌와 신체 발달이 충분히 이뤄지지 않은 시점이다.[1]

합리적인 선택의 맥락에서 볼 때 열두 살짜리에게 아이폰을 쥐여주는 것은 성인에게 주는 것과 전혀 다르다. 물론 성인이라 해도 인터넷을 사용할 때 제대로 된 선택을 하지 못하는 사례가 적지 않다. 스마트폰을 처음 갖게 된 중학생은 외부와 단절된 상태에서 폰을 사용하는 것이 아니다. 그 아이는 자신과 마찬가지로 처음 스마트폰을 갖게 된 또래들과 소통할 것이고, 그들 중 대부분은 기기를 현명하게 사용할 준비가 되지 않은 아이들일 것이다.

이런 식으로 생각해볼 수 있다. 6학년인 당신 자녀의 반 아이들 모두가 아직 수영을 제대로 배우지 못한 상태에서 동시에 같은 수영장에 뛰어든다고 가정해보자. 코에 물이 들어가지 않도록 수영장 가장자리에 매달려 있는 아이가 단지 내 자녀만은 아닐 것이다. 내 아이가 멋있는 척하면서 가라앉지 않기 위해 애쓰고 있는 동안 모든 아이들이 똑같이 행동할 것이다. 안전요원이 없는 상황에서는 사방에서 물을 심하게 튀기고 누군가는 다이빙을 하다가 (어쩌면 실수로) 다른 아이의 머리 위로 떨어질 수도 있다. 아마 피부가 쭈글쭈글해지도록 물에서 나오지 않으려고 하는 아이들이 대부분일 것이다.

만약 자녀가 뼈아픈 실수를 하지 않게 하는 것이 당신의 목표라면 먼저 아이들이 실수를 피하기 어려운 이유를 정확히 알아야 한다. 중학교 시절을 되돌아보라고 하면 많은 사람이 지옥의 불구덩이를 떠올릴 것이다. 알고 보니 이렇게 생각하는 데 어느 정도 근거가 있다는 사실이 수십 년에 걸친 심리학 연구를 통해 밝혀졌다. 중학생 아이들(때에 따라 고등학교에 갓 입학한 아이들)에게는 중요한 두 가지 물리적 변화가 닥친다. 먼저 엄청난 신체적·정서적 변화를 맞이하는 사춘기가 시작된다. 그뿐 아니라 사춘기의 시작은 보통 매우 중요한 뇌 발달 단계에 들어서는 시기와 맞물린다. 몇 달 사이에 신체적으로 급격한 변화가 일어나더니 어느 순간 세상을 바라보고 다른 사람을 이해하는 시각도 크게 달라지는 것이다.

지난 몇 년 동안 청소년기 뇌 발달에 관해 많은 사실이 밝혀졌다. 뇌 발달 과정을 관찰할 수 있게 해준 (MRI와 같은) 기술의 발달과 더불어 신경과학 분야의 연구 성과 덕분에 10대를 바라보는 관점도 많이 바뀌었다. 의사결정과 자기 조절, 결과 예측, 위험 감수 행동, 충동 조절과 같은 집행 기능을 담당하는 뇌의 일부분(주로 전전두엽 피질)이 20대 초반 성인기에 도달하기 전 마지막으로 발달하는 부분이라는 사실은 이제는 잘 알려져 있다.[2]

솔직히 말해 만약 지각 능력을 가진 신적 존재가 인간의 몸을 만들었다면, 그는 아마도 뛰어난 유머 감각을 지녔을 것이다. 그게 아니라면 어째서 미성숙하고 여전히 아이 같은 뇌와 몸이 그처럼 중대한 변화의 시기를 동시에 맞이하도록 설계되어, 자신의 취약함을 느끼다가도 천하무적이 된 것처럼 굴고, 격한 감정에 휩싸여 있다가도 냉담해지고, 우리와 우리 주변에서 일어나는 변화에 끝없이 맞서야 하는 한편 그중 어느 것도 통제할 수 없다는 무력감에 빠지겠는가? 나약한 자에게 사춘기는 가혹한 시기다.

상상적 청중과 개인적 우화

초기 청소년기에 관한 심리학적 연구는 청소년기에 일어나는 변화가 행동에 영향을 미치고 동기를 부여하는 이유와 방법을 잘 설명하고 있다는 점에서 대단히 흥미롭다. 이런 연구 결과를 살펴보면 10대들을 양육하고 그들의 행동을 이해하는 데에 상당히 중요한 정보를 얻을 수 있다.

그중 한 심리적 구성 개념이 특히 유용하다. 1960년대 탄생한 이 선구적 개념은 10대들이 소셜 미디어를 대하는 태도를 살펴보기 위해 필요한 완벽에 가까운 틀을 제공한다고 할 수 있다. 이 틀을 통해 바라보면 왜 10대들이 마치 투명한 유리 어항 속에 사는 것처럼 학교에서든 SNS상에서든 같은 반 아이들에게 늘 감시당하는 기분을 느끼고 항상 온라인에 접속되어 있을 수밖에 없는지 그 이유를 알 수 있다. 소셜 미디어의 등장이 거의 50년이 다 된 오래된 개념을 다시 유의미

하게 만든 것이다. 그것은 바로 '상상적 청중'Imaginary Audience이다.[3]

청소년기는 생산적인(때로는 고통스러운) 단계이며 개별화가 진행되는 시기로, 이 기간에 아이는 부모에게서 자신을 분리해 독립적인 정체성을 형성한다. 이 단계를 지나는 아이들은 자신이 어떤 모습을 갖춘 어른으로 성장하게 될지 고민하고 연습하는 과정에서 끊임없이 행동 시연을 반복한다. 그런데 소셜 미디어가 10대들이 상상적 청중과 상호작용하는 방식 그리고 행동 시연이 이뤄지는 방식을 바꿨다. 간단히 말해 우리의 집합 의식에서 상상적 청중을 실체가 있는 것으로 착각하게 만든 것이다.

아동심리학자이자 교수인 데이비드 엘킨드David Elkind는 1967년 「청소년기의 자아 중심성」이라는 논문에서 상상적 청중 개념과 그로부터 추론할 수 있는 '개인적 우화'Personal Fable라는 개념을 소개했다. 이 논문은 기본적으로 남들의 시선을 지나치게 의식하는 경향이 있는 초기 청소년기의 특성을 잘 파악하고 있다. 상상적 청중은 모든 사람이 항상 나를 주시하고 내 행동을 판단하고 있다는 느낌을 말한다. 또래들과 같은 반 친구들은 실제로 존재하지만 상상적 청중이 구체화되면서 10대들은 또래 중 누가 얼마나 내게 관심을 두고 있는지를 과대평가한다. 이 개념을 만들어낸 엘킨드 박사는 내게 이렇게 설명했다. "(청소년들에게) 현실이 어떤지는 중요한 문제가 아닙니다. 그들에겐 청중이 누군지보다 청중이 실제로 존재한다는 것이 중요합니다."

실제 자신에게 향하는 관심 정도에 비해 더 많은 관심이 쏟아지고 있다고 생각하는 것이 문제의 핵심이다.

행동 시연의 순환 고리

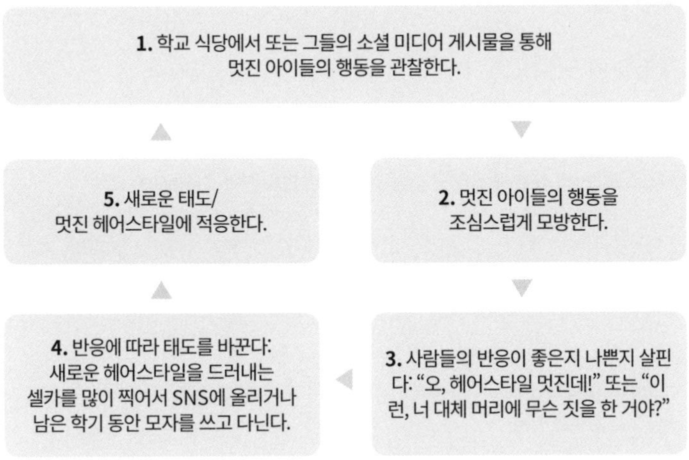

1. 학교 식당에서 또는 그들의 소셜 미디어 게시물을 통해 멋진 아이들의 행동을 관찰한다.

2. 멋진 아이들의 행동을 조심스럽게 모방한다.

3. 사람들의 반응이 좋은지 나쁜지 살핀다: "오, 헤어스타일 멋진데!" 또는 "이런, 너 대체 머리에 무슨 짓을 한 거야?"

4. 반응에 따라 태도를 바꾼다: 새로운 헤어스타일을 드러내는 셀카를 많이 찍어서 SNS에 올리거나 남은 학기 동안 모자를 쓰고 다닌다.

5. 새로운 태도/멋진 헤어스타일에 적응한다.

중학교 2학년 교실에서는 내 코에 엄청나게 거대하고 눈에 확 띄는 뾰루지가 났다는 것을 반 아이들이 모두 눈치채고 있다는 확신이 들더라도 사실상 평소와 별 차이가 없다. 실제로 그 사실을 몇 사람은 눈치챘을지 모르지만 그중에서도 신경을 쓰는 사람은 소수에 불과하다. 사실 그 당시에 어떻게 느꼈든지 내 피부 질환에 나만큼 관심을 가질 만한 사람은 아무도 없다.

흥미로운 점은 이 발달 단계에서 너무나 많은 일이 한꺼번에 일어난다는 것이다. 사춘기의 신체적 변화로 10대들은 자신의 몸과 외모에 지나칠 만큼 관심을 두게 된다. 또 인지 발달이 이뤄지면서 다른 사람의 생각이 존재한다는 사실을 이해하게 되는 것은 물론 자기 생각만큼 남들의 생각도 중요하다는 점을 인정하게 된다. 상상적 청중의 구체화 과정에 있는 10대 아이들은 자기 자신에 대해 지나치게 생각하기 때문에 자기 주변에 있는 모든 사람도 자신에 대해 생각하고 있을 가능성이 높다고 믿는다.

중학교 2학년의 뾰루지에 대한 반응을 나타낸 벤다이어그램(당사자 관점)

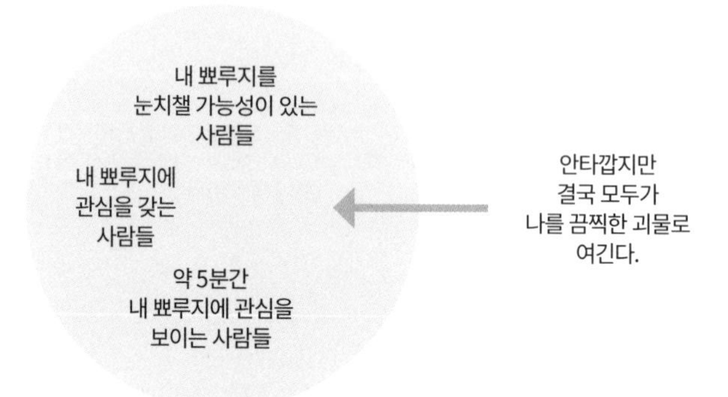

중학교 2학년의 뾰루지에 대한 반응을 나타낸 벤다이어그램(현실)

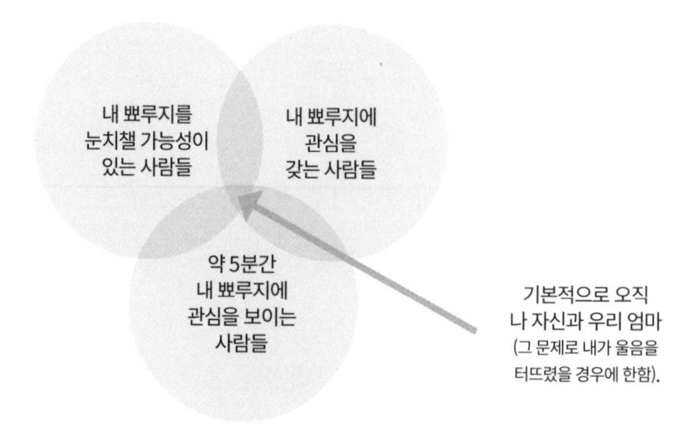

한동안 상상적 청중 단계를 겪다 보면 10대들에게는 이것이 새로운 일상이 되고 결국 개인적 우화로 발전한다. 계속해서 관찰당하고 감시당한다는 믿음이 굳어지면서 자신이 특별하고 독특하고 남들과 다르다고 생각하기 시작하는 것이다. 청중을 의식하면서 나 자신이 가족이나 친구들을 포함한 그 누구와도 다르다고 느낀다. 이런 자기중심적 태도는 대개 나이가 들면서 인지 발달이 이뤄지고 수년간의 사회 경험이 축적됨에 따라 어떻게 행동해야 할지에 대한 소중한 교훈을 얻음으로써 점점 줄어든다. 특히 내가 세상의 중심이 아니라는 사실을 깨닫게 된다.

이런 모습은 10대에 관한 고정관념이라고 할 정도로 익숙하다. 외모와 옷, 친구에 집착을 보이고 청중을 피해 혼자만의 시간을 갖고 싶은 강한 욕구를 표출하는 것이 특징이다. "아무도 나를 이해 못해", "이게 어떤 느낌인지 모를 거야", "그런 일은 내게 절대로 일어날 리 없어"라는 말을 10대들은 자주 한다. 이 중 마지막에 언급한 말이 가장 중요하다. 보통 개인적 우화와 동시에 나타나는 천하무적이 된 기분을 잘 표현하고 있는데, 이런 기분을 느낄 때 10대들은 흔히 위험 감수 행동을 하는 경향이 있다.

문학작품과 대중문화에서 이 같은 특징을 보여주는 사례는 넘쳐난다. 50년 전 엘킨드 박사는 연구를 통해 처음 이 개념들을 소개하면서 대중의 이해를 돕기 위해 제롬 데이비드 샐린저가 쓴 『호밀밭의 파수꾼』의 주인공 홀든 콜필드와 요한 볼프강 폰 괴테의 작품 『젊은 베르테르의 슬픔』의 베르테르를 예로 들었다. 오늘날 대중문화에서 큰 인기를 끌고 있는 젊은 주인공들 역시 꾸준히 상상적 청중과 개인적 우화의 특징을 드러내고 있는 것으로 보아 이 개념은 지금까지도 큰 영향을 미친다고 할 수 있다. 상상적 청중과 개인적 우화 상태에 있는 10대들은 정상적이고 평범해 보이지만 사실상 독특한 존재라서 남들이 할 수 없는 일을 해내는 특별한 존재와 자신을 동일시한다. 〈스타워즈〉의 루크 스카이워커부터 해리 포터, 퍼시 잭슨, 〈헝거게임〉의 캣니스 에버딘, 〈다이버전트〉의 트리스 프라이어까지, 상상적 청중과 개인적 우화의 본질적인 기준을 충족하는 주인공에게 우리는 문화적 친근성을 느낀다.

뛰어난 청소년 소설을 여러 권 펴낸 작가 존 그린John Green은 저서 『알래스카를 찾아서』에 이렇게 썼다. "어른들이 다 안다는 표정으로 깔보듯 웃으며 '10대들은 지들이 천하무적인 줄 알아'라고 말하지만 그들은 우리가 얼마나 대단한지 잘 모른다. 우리는 절대로 희망을 잃을 필요가 없다. 회복 불가능할 정도로 무너진 적이 없기 때문이다. 우리가 스스로 천하무적이라고 생각하는 이유는 실제로 그렇기 때문이다. 우리는 태어날 수 없고 죽을 수도 없다. 모든 에너지와 마찬가지로 우리는 상태와 크기와 모습을 바꿀 수 있을 뿐이다. 나이가 들면 그들은 그 사실을 잊는다. 지거나 실패할까 봐 두려워한다. 하지만 우리의 그런 속성은 나머지 모든 부분을 합친 것보다 더 거대하기 때문에 시작할 수도, 끝날 수도, 실패할 수도 없다."

청소년기 발달 단계에 무척이나 아름답고 특별한 면이 있다는 사실은 간과되기 쉽다. 이 시기에는 너무 많은 일이 일어나고 감각은 최

고조로 오른 상태이며 감정은 극대화된다. 그 배경에는 신경과학적으로 설명할 수 있는 부분도 있다. 청소년기에는 도파민 수용체가 늘어나 강렬한 쾌감을 느끼게 된다. 그런 까닭에 많은 사람이 인생 전체를 통틀어 10대 시절의 기억을 가장 생생하게 떠올리고, 그 시절의 기억과 음악, 영화에 유대감을 느낀다. 이런 현상을 회고 절정reminiscence bump이라고 부른다.

청소년기 많은 아이들이 격앙되고 우울하고 참을 수 없이 절망적이었다가 어느 순간 갑자기 기분이 좋아지는 단계를 보이는데, 그럴 때면 그 아이들의 본모습이 무엇인지 알 수 없게 된다. 그러다 아이들은 기적적으로 점차 그 단계를 빠져나온다. 키도 더 커지고 성숙해지면서 언뜻 본모습을 되찾은 것처럼 보인다. 하지만 그들은 이전과는 완전히 달라져 있다. 이 단계는 아동기의 막바지에 시작되어 성인기에 접어들 때쯤 끝나며 상상적 청중과 개인적 우화는 그 과정을 거들어준다.

열두 살이었던 내 아들에게 상상적 청중과 개인적 우화 개념을 설명하기 위해 나는 사춘기가 감당하기 힘든 생물학적 변화가 일어나는 시기라는 점에 주목했다. 그리고 아이에게 이 시기를 지나는 과정과 자신의 정체성을 깨닫는 과정을 '행동 시연'이라고 부른다고 말해주었다. 우리는 자신의 모습 일부를 상상적 청중에게 보여줌으로써 자신이 옳다고 생각하거나 흥미를 느끼는 새로운 모습을 시험 삼아 드러내본다. 그리고 청중의 반응에 따라 새로 형성된 정체성의 일부 모습을 덜 드러내거나 더 드러내는 결정을 내리며 이 과정을 통해 결국 자신이 누군지 알아간다.

이런 과정은 오랜 시간 동안 진행된다. 과거에 충격적 경험이나 자기도취증으로 자기중심성에서 벗어나지 못한 사람들에게는 영원히 지속될 수 있다. 하지만 그 외의 사람들에게 상상적 청중을 대상으로 한 행동 시연은 고달픈 사춘기를 견디도록 돕는 수단이 될 수 있다. 또한 부모에게서 독립하고 남들과 소통하는 방법을 연마하고 어떤 사람이 되어야 할지 그리고 세상에 자신을 어떻게 드러낼지 결정하는 데 도움을 준다.

나는 아이의 생각을 물었고 아이는 흥미로운 대답을 했다.

"맞는 것 같아요. 제 말은, 우리는 모두 청중이 있다고 느껴요. 지금도 그렇고요. 엄마도 오래전에 제 나이였을 때 그랬다고 말씀하셨잖아요. 말이 되네요. 그 얘기를 들으니 제가 사춘기에 관해 갖고 있던 생각이 떠올라요. 애벌레 아시죠? 사람들은 모두 애벌레를 좋아해요. 솜털이 보송보송하고 귀엽게 생긴 애벌레를 손바닥 위에 올려놓으면 기어 다니면서 손을 간질이죠. 그러다가 번데기로 변해요. 그런데 번데기를 좋아하는 사람은 아무도 없잖아요. 징그럽기도 하고, 번데기 안에서 무슨 일이 벌어지는지 알 수가 없으니까요. 솜털이 보송보송나 있거나 귀엽지도 않고, 아직 나비가 된 것도 아니에요. 보송보송한 애벌레가 아름다운 나비로 변한다는 게 징그럽잖아요. 그 안이 점액으로 가득 차 있을 수도 있다고요. 뭐 잘 모르겠지만 어쨌든, 번데기는 위장막이나 고치 같은 것들을 만들어 몸을 가리고 안에서 일어나는 일을 숨겨요. 마스크를 쓰는 거나 마찬가지죠. 그리고 때가 되어 아름

다운 나비가 될 준비를 마치면 마스크나 위장막을 벗고 저 멀리 날아서 좋은 대학이나 뭐 그런 곳으로 가는 거예요."

나는 이 탁월한 비유를 빌려 와서 사용하기 시작했다. 상상적 청중은 번데기 단계다. 변해가는 과정을 감추고 있다가 마침내 우리가 갖춰야 할 모습을 완성한 후에야 빠져나온다. 이 단계는 성장 과정에서 꼭 필요한 시기로 당시에는 본성을 감추고 자신이 사는 사회적 환경에 순응하거나 불응하는 과정을 거치다가 때가 되면 그 부분을 세상에 드러내는 것이다.

그렇게 건설적인 결과를 얻기까지 이 과정을 잘 극복해나가야 하는 바로 그 중요한 시점에 소셜 미디어가 우리 아이들의 삶에 끼어든다.

소셜 미디어, 상상적 청중을 현실로 만들다

청소년기 발달 단계 중 남들이 끊임없이 자신을 관찰하고 감시한다고 의식하는 시기에 소셜 미디어를 사용하면 이 같은 의식이 강화될 뿐만 아니라 실제로 조회 수, '좋아요', 팔로우, 리트윗 등을 통해 나에 대한 남들의 관심을 수치화하게 된다. 이것은 심각한 문제다.

상상적 청중 개념을 디지털 삶에 적용하기 힘들다고 말하는 사람도 있을 것이다. SNS 친구나 팔로워는 상상적 존재가 아니라 대부분 실제 생활에서 어느 정도 관계를 유지하고 있는 사람들이라는 점을 지적할 수도 있다. 물론 그 말도 일리가 있다. 하지만 조사에 따르면 SNS에 수백 명의 '친구'가 있다고 하더라도 그중에서 실제로 내가 뭘 하는지에 관심을 두는 사람들은 극소수에 불과하다. 페이스북의 자체 조사 결과에 의하면 이용자들은 대부분 자신의 게시물과 댓글에 관심을 보이는 '친구'들의 수를 과대평가한다.[4] 같은 연구에서 소셜 미디어(페이스북 기준) 사용은 상상적 청중의 구체화를 부추긴다고 나타났다.[5]

또한 우리는 10대(또는 성인)들이 소셜 미디어에서 소통하는 사람들이 모두 오프라인에서 아는 사람이라고 장담할 수 없다. 우리가 SNS 계정을 팔로우하고 온라인으로 소통하는 사람 대부분은 서로 모르는 사이이다. 그중에는 (졸업 이후로 만난 적 없는 고등학교 동창처럼) 그리 가깝지 않은 사람도 있고 아예 모르는 사람도 있을 수 있다. 나이가 많든 적든 상관없이 많은 사람이 운동선수, 작가, 모델, 배우 등 유명인의 SNS를 팔로우한다. 고백하자면 나는 심지어 특별히 귀여운 동물들의 게시물만을 올리는 몇몇 SNS 계정을 구독하고 있다. 우리는 그 사람들(또는 강아지)에게 유대감을 느끼지만 그 관계는 상호적이지 않다. 이런 점을 성인들이 이해하기는 쉽지만 어린 10대들은 그렇지 않다. 더구나 대다수 SNS의 익명성은 내가 연락하는 사람들 중 내 온라인 활동에 관심을 가지는 사람이 누군지, 얼마나 되는지 알 도리가 없다는 사실과 맞물려 체감과는 달리 기본적으로 청중이 누군지 알 수 없게 만든다.

소셜 미디어 이용이 상상적 청중과의 상호작용을 증진하고 행동 시연을 부추긴다는 연구 결과도 있다. 이 연구는 또한 상상적 청중 현상이 나타나는 것으로 볼 때, 소셜 미디어의 사용은 어쨌든 10대들이 하는 행동의 연장선에 있다는 점을 지적했다. 즉, 그들은 자신들의 새로 발현된 정체성을 이해하기 위해 소셜 미디어를 이용하고 온라인상의 친구 집단에서 통용되는 사회적 규범에 반응한다.[6]

누구나 상상적 청중과 상호작용한다

청소년기 발달의 특징을 이해한 뒤 나는 그동안 미심쩍게 여겼던 아이들의 행동 중 많은 부분이 사실상 그들의 입장에서 바라보면 꽤 합리적이라는 사실을 깨달았다. 휴대폰, 그중에서도 특히 단체 채팅과 SNS 계정에 대한 집착, 소외되는 두려움, ('좋아요' 횟수에 좌우되는) 세심하게 꾸며낸 이미지 게시, 압박감이나 긍정적인 반응에 힘입어 뭔가를 공유하려는 충동적 결정 등은 부모 입장에서는 맘에 들지 않겠지만 모두 발달 단계에 어울리는 적절한 행동이다.

엄마로서 나는 "이건 정상적인 발달 과정이야"라는 말을 얼마나 되뇌었는지 모른다. 10대들과 관련된 온갖 사건 사고 소식이 들려올 때마다 나는 과민반응하지 않으려고 노력하며 혼자서 이 말을 중얼거렸다.

상상적 청중에 반응하는 것은 단지 10대들만이 아니다. 그러므로 부모들은 온라인상에서 나타나는 아이들의 태도를 관찰할 때 이 점에 유의해야 한다. 성인들 또한 상상적 청중을 의식한다. 상상적 청중은 우리의 행동과 소셜 미디어 활용 방법에 영향을 끼친다. 소셜 미디어를 사용하면서 우리는 자신의 게시물과 댓글을 항상 누군가가 지켜보고 있다는 사실을 인식하게 된다. 논란거리나 정치 후보자, 사건, 영화, 문화 등에 관한 내 의견은 SNS 피드에 올라오는 정보는 물론 그 정보에 대한 SNS 친구들의 반응에도 영향을 받는다. 한 가지 사안을 지속해서 긍정적(혹은 부정적)인 틀에 맞춰 보다 보면 자신이 본래 갖고 있던 생각을 재고하게 될 수도 있다.

기존 매체들이 이런 방식으로 작용하지 않았다는 점을 고려하면 상당히 새로운 발전 단계에 접어들었다고 할 수 있다. 전통적 매체들은 여론을 반영하거나 주도했지만 의미 있는 상호작용을 할 수는 없었다. TV를 통해 수동적으로 뉴스를 시청하거나 신문과 책을 읽는 것은 인터넷에서 정보를 획득하는 것과 다르다. 우리는 인터넷 뉴스에 댓글을 남기고 '좋아요'를 누르거나 내용을 공유하면서 지지 또는 비난을 하는 식으로 그 뉴스에 관여하고, 뉴스에 관한 내 의견에 반응하는 상상적 청중과 관계를 맺는다. 이 모든 것은 상당히 메타meta적(자신의 사고 과정을 객관적 입장에서 들여다보며 검토하는 인지 활동 – 옮긴이)이다. 이런 형식의 사회적 학습은 연령대와 문화를 초월해 공통으로 나타난다. 페이스북이 세계에서 가장 영향력 있는 뉴스 유통 매체로 주목받고 있는 이 시점에[7], 소셜 미디어가 대중에게 미치는 영향력을 제대로 이해할 수 있도록 더 많은 연구가 이뤄지길 바란다.

어쨌든 10대는 물론이고 어른들마저도 소셜 미디어 참여와 자기 가치 확인Self-affirmation이라는 순환 고리에 갇혀 있다.[8] 우리의 행동과 신념은 행동 시연과 비슷한 사회적 학습 과정을 거치면서 도전을 받기도 하고 변하기도 하며 그 가운데 점점 더 남을 의식하게 된다. SNS에서 일관되게 유치한 행동을 하고 관심을 갈구하는 친구 하나쯤은 누구에게나 있을 것이다. SNS에 올라온 그 친구의 게시물을 보고 고개를 절레절레 흔들며, '10시 이후에는 스마트폰을 하지 않았으면…', '사람들이 무슨 일 있냐고 물어봐주길 바라며 노래 가사 또는 수수께끼 같은 '짤'을 올리는 짓 좀 그만했으면…' 하는 생각이 들 때가 있을 것이다.

어떻게 문제를 해결해야 할까?

사람은 누구나 상상적 청중과 상호작용을 한다. 그로 인해 우리 모두 심리적 영향을 받지만 그중에서도 가장 크게 영향을 받는 것은 10대임이 틀림없다.

요즘 아이들은 상대적으로 짧은 청소년기를 좀 더 생산적으로 보내야 하며, 이 시기를 지나면서 신체적·정신적으로 성숙해진다. 그리고 세상에서 자신이 어떤 위치를 차지하는지 현실적으로 평가하기 시작하면서 상상적 청중과 화해하고 자신만의 개인적 우화에 사로잡혀 반항아처럼 구는 일에 흥미를 잃는다.

그런데 만약 화해가 이뤄지지 않는다면 어떤 일이 벌어지고, 어떤 영향이 생길까? 나는 로버트 프로스트Robert Frost의 명언을 떠올렸다. "출구로 빠져나가기 위해서는 뚫고 지나가는 것이 최선이다." 그런데 만약 10대들이 소셜 미디어 사용으로 이 발달 단계를 통과하는 데 어려움을 겪는다면 어떨까? 또한 소셜 미디어 사용이 이 시기의 발달을 지연해 청소년기 심리 발달이 이뤄지는 결정적 시기를 놓치게 된다면 어떨까?[9]

이 문제와 관련해 소셜 미디어가 청소년기 자기중심성에 미치는 영향을 주제로 탁월한 연구 성과를 보유한 UC 데이비스 커뮤니케이션학과의 드루 싱겔Drew Cingel 교수의 의견을 들어보았다. 그는 신기술이 다 그렇듯이 소셜 미디어에도 부정적인 면과 긍정적인 면이 동시에 작용한다고 보았다. "만약 상상적 청중을 끊임없이 의식한다면 남들이 나를 판단하고 나에 관해 빈번하게 생각한다고 여기는 것이 당연합니다. 만약 아이들의 소셜 미디어 사용에 대한 부모와 교사의 가르침이 저 멀리서 나를 지켜보는 '보이지 않는 누군가'를 경고하는 데 그친다면 아이들이 상상적 청중을 구체화하도록 조장하는 꼴이 됩니다. 그러면 청소년들은 자기중심적 사고 단계에서 빠져나오지 못합니다."

그의 설명을 듣고 나니 현재 자녀들을 안전하게 지키기 위한 우리의 모든 노력이 실제로는 문제를 악화하는 것은 아닌지 의문이 들었다. 부모와 교사 들은 아이들에게 위험이 사방에 도사리고 있으며 인터넷에 공유한 내용은 모두 영원히 남는다고 강력히 경고한다. 온라인에서 누가 지켜보고 말을 거는지, 어떤 화면을 캡처하는지 알 길이 없으니 조심하라고 당부한다. 트위터에 글 한번 잘못 썼다가 대학 장학금을 못 받게 될 수도 있고 스냅챗 스토리 하나 잘못 올렸다가 친구를 잃거나, 신용을 잃거나, 해고를 당할 수도 있다. 우리의 온라인 활동에 진지하게 관심을 갖는 사람은 두어 명 정도에 불과하겠지만 우리가 인터넷에서 실수를 저지를 경우 세계 곳곳의 이용자들이 지켜볼 가능성이 높다. 우리는 이 내용이 모두 사실이란 것을 알고 있기 때문에 '보이지 않는 누군가'라는 개념에 집착해 우리 아이들이 상상적 청중을 더 중요한 존재로 의식하게 만들고 있다. 그래도 분명 다른 방법이 있을 것이다.

싱겔 박사는 부모들을 만나면 항상 "세상에, 우린 이제 가망이 없

는 건가요?"와 같은 질문을 가장 많이 받는다고 했다. 하지만 그는 부모들이 다 괜찮아질 거라는 믿음을 갖기를 진심으로 바랐다. 상상적 청중과 개인적 우화라는 심리학적 개념을 처음 제기한 엘킨드 박사는 내게 성급히 결론 내리지 말라고 경고했다. "아직 확실한 증거가 없기 때문에 새로운 기술이 반드시 나쁘다고 가정하지 않도록 주의해야 합니다. 삼류 소설이나 영화, TV도 처음 나왔던 당시에는 비슷한 문제를 불러일으켰습니다. 지금 이 시점에서 우리는 그 영향을 추측만 할 따름입니다."

이 말을 들으니 과거의 기억이 떠올랐다. 나는 TV 중독자라고 불렸고 당시 어른들은 MTV 스프링브레이크(미국 음악 방송 채널인 MTV에서 대학생들의 봄방학 철에 방송되는 비치 댄스파티 프로그램 – 옮긴이)를 시청하고 N.W.A.(폭력적이고 자극적인 가사로 데뷔 당시부터 많은 논란을 불러일으킨 미국의 힙합 그룹 – 옮긴이)의 음악을 듣는 우리 세대 아이들은 뇌가 망가지고 도덕성이 바닥으로 떨어질 가능성이 높다고 우려했다.

싱겔 박사는 아주 실용적인 견해를 제시했다. "어떤 관점에서 바라보느냐에 따라 차이가 생깁니다. '보이지 않는 누군가'가 어딘가에서 나와 내 온라인 소통을 지켜보고 있다고 생각하는지, 아니면 내가 공유한 정보를 남들이 어떤 식으로든 이용할 가능성이 있다고 생각하는지에 따라 결과는 크게 달라진다는 거죠. 만약 10대들에게 자신들의 온라인 활동으로 발생할 수 있는 결과가 무엇일지 신중히 생각해보고 예측하도록 가르친다면 결국 긍정적인 결과를 얻을 수 있을 것입니다. 우리는 양육과 교육을 통해 큰 효과를 볼 수 있습니다."

엘킨드 박사는 다음과 같이 덧붙였다. "나는 10대들에게 그들이 생각하는 것보다 청중의 폭이 훨씬 더 넓을 수 있고 그중에는 그들이 원치 않는 사람도 포함될 수 있다고 말하고 싶습니다."

안전한 인터넷 사용을 위해 대화할 때는 '보이지 않는 누군가'에 대한 우려를 드러내기보다 온라인에서 공유 버튼을 누르기 전에 자신의 결정을 충분히 생각해보게 하는 훈련에 중점을 두는 것이 훨씬 더 훌륭한 전략이다. 신중히 생각한 끝에 책임감 있는 결정을 내리는 아이에게 긍정적 강화positive reinforcement를 꾸준히 제공하면 우리가 추구하는 좋은 결과를 얻을 수 있다. 또한 10대들이 청소년기 인지적·신체적 발달 단계를 무사히 지나가도록 거들 수 있을 뿐만 아니라 삶에 유용한 능력을 키우는 데도 도움을 줄 수 있다.

우리는 발달 과정에서 가장 어리석은 실수를 하거나 위험 감수 행동을 할 경향이 있는 중·고교생 나이의 자녀에게 온라인에 공유한 모든 것이 어떤 결과를 초래할지 모르니 주의하라고 훈계한다. 네 아이의 엄마이자 가정의학과 의사 그리고 애스크닥터지닷컴AskDoctorG.com의 설립자인 데보라 길보아Deborah Gilboa 박사는 아이들과 온라인에서 언제 실수가 벌어지는지 논의해보는 것이 도움이 된다고 말했다. 또 아이들에게 실수에 어떻게 대처할 것인지, 누구에게 도움을 청할 것인지, 문제를 해결하기 위해 어떤 노력을 기울일 것인지 생각해보게 하는 것이 좋다고 말했다.

첫 휴대폰이 생긴 후 1~2년이 중요하다

우리는 열여덟 살 아이보다 열세 살이나 열네 살 아이에 대한 감독이 더 필요하다는 사실을 직관적으로 알고 있다. 두 연령대 아이들은 인지 능력에 큰 차이를 보인다. 만 18세(한국 기준 만 19세), 즉 법적 성인이 될 때쯤이면 아마 책임감 있고 독립적으로 행동할 자유를 얻고 좋은 대학이나 직장 등 자신이 선택한 길을 찾아 떠날 준비가 되어 있을 것이다. 10대들이 처음 인터넷을 시작할 때 길잡이가 되어주는 것은 아이들을 긍정적인 방향으로 이끌어주는 데 매우 중요하다. 아이들이 스마트폰을 갖게 되는 시기는 상상적 청중의 구체화가 시작되는 시점과 정확히 일치하지만 새로운 환경을 통과하기 위해 필요한 일관성 있는 지도는 이뤄지지 않고 있다. 연구에 의하면 자녀들과 SNS로 소통하며 그들에게 필요한 도움을 주는 부모들은 거의 없는 것으로 드러났다.[10]

다시 말해 부모들은 그토록 중요한 첫 휴대폰을 아이들에게 언제 넘겨줘야 할지 신중하게 고민해야 하는 것은 물론 자녀들이 휴대폰을 갖게 된 후 약 1~2년이라는 더없이 중요한 시기에 아이들이 어떻게 기기를 사용하는지도 유심히 살펴야 한다. 더 나아가 휴대폰을 어떻게, 얼마만큼 사용해야 할지 계획을 세우고, 명확한 지침과 대가를 정하고, 온라인 활동을 투명하게 감시해야 한다.

이제 몇 가지 제안을 직접 실행해본 후 아이가 휴대폰이나 스마트 기기를 사용할 준비가 됐다고 판단된다면 다음 단계로 넘어가 보자.

#직접 해보기

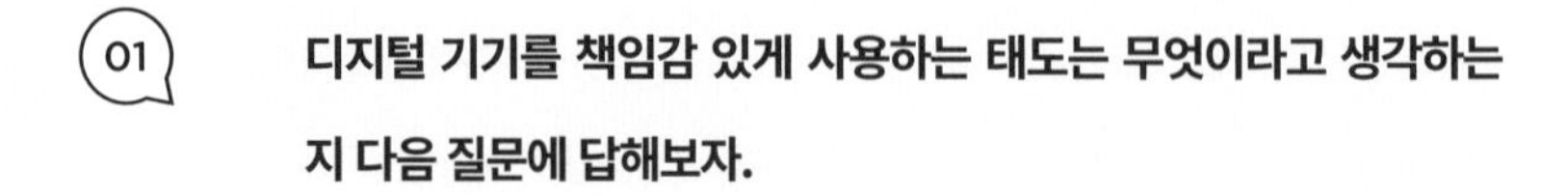

01 **디지털 기기를 책임감 있게 사용하는 태도는 무엇이라고 생각하는지 다음 질문에 답해보자.**

- 자녀에게 스마트폰이나 컴퓨터가 있어야 하는 이유는 무엇이라고 생각하는가? 숙제를 하는 데 필요해서? 편의를 위해서? 일정 관리를 위해서? 아니면 놀잇감으로?
- 아이들이 기기를 얼마만큼 사용해야 하는가?
- 자녀가 소셜 미디어와 인터넷을 사용할 때 어떤 모습을 보이기를 바라는지 생각해보자. 가장 장려하고 싶은 특성과 태도는 무엇인가?
- 가장 우려하는 점은 무엇인가? 상세히 적어보자.

02 **작성한 내용을 검토해보자.**

- 합리적인가? 자녀의 연령에 걸맞은 적절한 기대를 담고 있는가?
- 당신이 자녀와 같은 나이라면 그 기대에 부응할 수 있는 의지나 능력이 있다고 생각하는가?
- 스스로 자녀에게 모범을 보이는가?

03 자녀들에게도 비슷한 질문을 해보자.

- 스마트폰이나 기기가 왜 필요한지, 기기를 사용할 때 허용되는 점이 무엇인지 설명해보도록 한다.
- 지금 그리고 앞으로 몇 년간 인터넷 사용자로서 어떤 태도를 갖추고 싶은지 생각해보도록 한다.
- 내가 인터넷에 공유한 내용을 본 친구들과 선생님, 부모님이 나를 어떤 사람으로 생각하길 바라는지 물어보자.
- 다른 아이들이 온라인상에서 보이는 태도가 전혀 멋지지 않다고 생각했거나, 안 좋은 인상을 받았거나, 곤란한 일을 겪은 적이 있는지 물어보자.
- 아이들 주변에 디지털 발자국을 제대로 관리하는 사람이 있는지 생각해보게끔 하자. 그 사람들은 어떤 면에서 잘하고 있는가? 왜 그들의 게시물은 긍정적이거나 중립적으로 보이는가? 그들은 어떤 종류의 게시물을 올리는가? 그들은 얼마나 자주 게시물을 올리는가?
- 아이들이 온라인 활동을 하면서 생긴 관심사나 걱정거리가 있는지 물어본 후 그에 관한 이야기를 나눠보자.

04 자녀에게 스마트폰을 줄지 말지 결정하기 전에 내 아이가 지금 발달상 어느 단계에 있는지 그리고 향후 1~2년 이내에 어느 단계에 이르게 될지 충분히 생각해보자.

- 일반적으로 볼 때 모바일 기기를 접하는 나이는 늦으면 늦을수록 좋다. 소셜 미디어 사용 시기도 마찬가지다. 아이가 어릴수록 더 엄격히 관리하고 통제해야 한다.

- 대부분의 소셜 미디어에 가입하기 위해서는 최소 열네 살은 되어야 한다는 점을 명심하자.

05 자녀의 현재 나이와 발달 단계에 맞는 행동과 선택 능력을 고려해 기대치를 설정하자.

- 아이들이 지키기 힘든 이상적인 규칙이 아닌 아이의 현재 발달 단계를 반영한 적절한 규칙을 정해야 한다.
- 지나친 간섭이나 방임은 문제가 될 수 있다.
- 자녀와 협력해 가장 적절한 방법이 무엇인지 찾아보자.
- 어떤 일이 벌어졌을 때 그리고 도움이 필요한 상황에서 숨김없이 솔직히 털어놓도록 지도해야 한다. 문제가 생겼을 때는 혼자 수습하려 들지 말고 반드시 부모에게 도움을 요청해야 한다는 것을 확실히 인지시켜야 한다.

06 아이에게 스마트폰을 줄 때가 되었다면 아이에게 기대하는 바가 무엇인지 명확히 밝힌다. 가족들이 모여 합의를 하거나 구체적인 조건을 명시한 '계약서'를 작성해보자(부록 1 참조).

- 스마트폰은 누구 소유이며 언제 사용할 수 있는가?
- 만약의 상황에 대비해 명확한 대처법을 마련해놓자. 예를 들어 봐서는 안 되는 내용을 보게 되었다면, 친구들의 짓궂거나 위험하거나 잘못된 행동을 목격했다면, 잘못된 선택을 한 후 수습할 방법을 모른다면 어떻게 해야 할까?

- 올바른 선택과 책임감 있는 행동의 보상을 정한다.
- 나쁜 태도와 부적절한 행위의 대가를 정한다.
- 규칙을 정할 때는 항상 왜 이런 규칙이 있어야 하는지 설명해줘야 하고 규칙이 합리적이고 상호 이익에 부합한다는 데 의견이 일치해야 한다.

07 모바일 기기를 사용할 때 지켜야 할 점을 구체적으로 명시하자. 예를 들면 다음과 같다.

- 허락 없이 앱을 다운받거나 웹사이트에 가입해서는 안 된다.
- 침실이나 욕실에서는 영상통화를 하면 안 된다.
- 또래 친구들과 반 아이들을 포함해 다른 사람의 부적절한 모습을 담은 사진을 요청하거나 저장 또는 공유해서는 안 된다.
- 동의를 받지 않고 다른 사람의 사진을 찍거나 인터넷에 올려서는 안 된다. 안타깝게도 이런 일은 학교에서조차 자주 일어나고 있으며 당신의 자녀도 같은 실수를 저지를 수 있다. 아이들에게 허락 없이 다른 사람의 사진이나 영상을 찍거나 인터넷에 올리는 사람을 보면 어떤 생각이 드는지 물어보자.

08 아이들이 책임감 있는 선택을 할 수 있도록 점차 기회를 제공하자.

- 만약 자녀가 인스타그램에 가입하고 싶어 한다면 부모의 스마트폰으로 가입해 이용하게 해주자. 몇 달간 지켜보고 아이가 제대로 사용하고 있다는 확신이 들면 아이의 스마트폰에서 인스타그램을 사용할 수 있게 해주고 아이의 열렬한 팔로워가 되어보자.

09 **부모는 자녀가 사용하는 소셜 미디어 계정의 아이디와 비밀번호를 알고 있어야 한다. 부모 또한 같은 소셜 미디어에 가입해 자녀와 친구 또는 팔로워 관계로 연결되어 있어야 한다.**

10 **다른 학부모들이나 학교 상담 교사, 담임교사를 통해 자녀의 친구들이나 또래의 동향을 파악하는 것이 좋다.**

- 아이들은 분명히 "스마트폰 없는 애는 저밖에 없어요"라고 말할 것이다. 이 말은 사실일 수도 있지만 그냥 그렇게 느끼는 것일 수도 있다.
- 또래의 영향력은 긍정적일 수도 부정적일 수도 있다.
- 같은 반 아이들이 무엇에 관심을 갖는지, 또래 아이들이 어떻게 소셜 미디어를 사용하는지 파악하고 있으면 자녀가 직면한 또래 압력과 사회적 기대에 관한 통찰을 얻게 될 것이다.

11 **10대 자녀에게 휴대폰이나 모바일 기기를 건네주기 전에 아이들이 손가락 끝으로 움직이는 새로운 세상에 적응할 수 있도록 준비 단계를 거칠 필요가 있다.**

- 일정 기간을 정해서 휴대폰(또는 게임/SNS 계정)을 자녀와 공유해보자. 아이들은 인터넷에 접속할 수 있고 친구들과 소통할 수 있으며 부모들은 아이들이 어떤 활동을 하고 무엇을 보는지 모두 확인할 수 있다.
- 우선 '가족 공동 폰'을 마련하자. 아이 개인 소유가 아니라 가족 구성원 누구나 정해진 날에 사용할 수 있는 휴대폰이다. (예를 들어 목요일에는 첫째가 축구 경기를 할 때 가져가기로 하고, 금요일에는 막내가 친구 집에서 밤새워 놀기로

한 날 가져가기로 하는 식이다.) 아이들은 휴대폰을 갖게 되는 셈이지만 부모들은 자녀들이 이 공동 소유 기기를 어떻게 사용하는지 투명하게 들여다볼 수 있다. 자녀가 본인 소유의 스마트폰을 가질 준비가 됐는지 확인하는 차원에서 아이들에게 스마트폰을 자기 것처럼 사용할 기회를 주는 것이 좋다. 즉, 눈이 피로해지기 전에 스마트폰을 내려놓는 등 아이가 스마트폰을 책임감 있게 사용할 수 있을 정도로 충분히 성숙해졌는지 알아보는 동시에 아이가 기기를 잃어버리거나 떨어뜨려서 액정을 깨뜨리는 경향이 있는지 확인하는 것이다. 또한 부모가 알아채지 못할 것이라 생각하고 몰래 게임이나 음악을 다운받는 일은 없는지도 살펴야 한다.

12 **'보이지 않는 누군가'에 대한 집착을 버리고 깊이 고민하고 결과를 예측하며 인터넷을 안전하게 사용하는 방법을 상의해보자.**

- 자녀가 처음 SNS 계정을 개설했을 때 가장 기본적인 규칙은 '부모가 허락할 때까지 게시물을 올려서는 안 된다'는 것이다.
- 만약 허락했다면 아이가 올바른 선택으로 멋진 게시물을 올린 것을 격려함은 물론 부모에게 먼저 허락을 구한 책임감 있고 믿음직한 행동 또한 칭찬해야 한다. 부모와 자녀 모두가 만족할 수 있는 긍정적인 경험으로 만들자.
- 만약 허락하지 않았다면 비난하려 들지 말고 이유를 구체적으로 설명해주자. 내용에 대한 부모의 호불호 때문이 아니라 객관적으로 볼 때 그 게시물이 문제를 일으킬 소지가 있기 때문이라는 사실을 알려줘야 한다. 만약 그 게시물을 사람들이 본다면 반응이 어떨지, 어떤 느낌을 받을지 예상해보는 데 중점을 두고 설명하는 것이 좋다.

- 시간이 지날수록 게시물을 올릴 때마다 다음과 같은 생각이 차례로 떠오를 것이다. '이 게시물을 볼 가능성이 있는 사람은 누굴까? 그들은 이 게시물과 나를 어떻게 생각할까? 이 내용을 올려도 될까?'

13 **10대 자녀의 사생활과 관련해 지켜야 할 가정의 규칙이 있다면 디지털 활동에도 똑같이 적용되어야 한다.**

- 만약 자녀의 취침 시간이 오후 10시라면 그전에 휴대폰을 반납해야 한다.

14 **취침 시간에는 휴대폰을 아이들의 방에 두지 않도록 하자. 그러면 늦은 시간까지 휴대폰을 붙들고 있을 일도 없고 잠도 푹 잘 수 있다. 밤늦게까지 휴대폰을 만지는 일은 애초부터 없어야 한다.**

- 잠자는 동안 휴대폰은 모두 같은 곳에서 충전해야 한다.
- 아이의 나이가 많을수록 실행하기 쉽지 않겠지만 내가 전하고 싶은 가장 중요한 조언이므로 이것만큼은 결코 타협하면 안 된다.

2장

다들 나만 빼고 놀러 간 거야?

소셜 미디어와 자존감 그리고 사회 비교

들어가기 전,

부모 스스로 묻고 답하는 시간

★ 질문 1. 하루에 소셜 미디어를 하면서 보내는 시간이 얼마나 되는가?

★ 질문 2. 소셜 미디어를 사용하는 이유는 무엇인가?

★ 질문 3. 소셜 미디어 속 타인의 삶과 내 삶을 비교하는 것은 얼마나 위험할까?

★ 질문 4. 아이가 소셜 미디어에서 '좋아요'에 집착하는가?

인스타그램을 하지 않았다면

열세 살 질의 이야기

6학년 때 인스타그램에서 누군가 '가장 못생긴 애 뽑기 대회'라는 게시물에 나를 태그했다. 같은 학교에 다니며 나를 잘 알던 친구가 그 일을 알려주지 않았다면 모르고 지나갈 수도 있었다. 나는 그 내용을 보고도 내게 아무 말도 하지 않은 아이들이 얼마나 될지 궁금했다.

당연히 인스타그램에 들어가서 확인했지만 누가 나를 태그했는지 알 수가 없었다. 이름이나 다른 어떤 것들을 살펴봐도 누군지 전혀 감을 잡을 수가 없었다. 프로필 사진에는 사람의 모습이 아닌, 무엇인지 불분명한 형체의 이미지만 보일 뿐이었다. 그 계정에는 괴상하고 부적절한 게시물만 올라와 있었다. 누군가의 가짜 계정이 분명했다. 나는 누가 왜 내게 그런 짓을 했는지 아직도 모른다.

속상하고 화가 났다. 내가 아는 사람이 개인적인 감정으로 그런 건지 뭔지 알 수가 없었다. 이런 비열한 짓을 벌인 사람이 내 주변 사람일지도 몰랐다. 그런데 도대체 왜 그랬을까? 나는 고민에 빠졌다. 혹시 무작위로 아무 계정이나 태그했는데 내 계정이 뜬 것일 수도 있다. 내 계정은 비공개로 되어 있지만 그래도 임의로 선택됐는지도 모른다.

나는 아무런 조치도 취하지 않았다. 내게 말해준 아이에게 고마워하는 것이 전부였다. 그리고 나를 태그한 가짜 계정을 차단했다. 그게 당시 내가 할 수 있는 전부였다. 그저 다시는 이런 일이 생기지 않도록 막고 싶었고 그 일을 생각하지 않으려고 노력했다.

하지만 1년이 지난 지금도 나는 그 일이 언제 일어났는지 정확한 날짜를 댈 수 있다. 마음에 상처를 입은 것이다. 그런 명단에 이름이 오르길 원하는 사람은 아무도 없을 것이다.

솔직히 말해 처음에는 몹시 화가 났다. 하지만 시간이 좀 지나면서 무뎌졌다고나 할까… 인스타그램에서는 이와 비슷한 일을 자주 볼 수 있다. 사람들 사이에서 매일같이 벌어지는 일이다. 그 밖에도 인스타그램에서 항상 볼 수 있는 것은 완벽한 사람들의 모습이다. 그들과 나를 비교하면서 "세상에, 내가 세상에서 제일 못생긴 사람일 거야"라는 생각을 하게 된다. 인스타그램을 하지 않았다면 절대로 이런 생각을 하지 않았을 것이다. 그러나 많이 보다 보면 결국 익숙해진다.

내 주변에는 여전히 '좋아요'를 얼마나 받았는지를 중요하게 생각하는 친구들이 있지만 나는 이제 별로 신경 쓰지 않는다. 그 친구 중 몇몇은 계정이 여러 개 있고 심지어 계정이 열두 개인 여자애도 있다. 도대체 왜? 하지만 그 애들에게는 이상할 게 없는 일이다. 그 친구들은 엉뚱하지만 재밌고 좋은 아이들이다. 그런데 그 애들의 인스타그램 게시물을 보면 자신들이 진지해 보이거나 어른스럽고 성숙하게 보일 수 있는 내용만을 올린다. 그게 그들의 본모습이 아닌데도 말이다. 내 친구들 중 대부분이 인스타그램에서 자기 본모습을 드러내지 않는다. 마치 인격이 두 개인 것처럼 행동한다. 결국 프로필에 소개된 인물이 내

가 아는 그 사람인지 알 수 없게 된다. 그런데도 자기 자신을 진짜가 아닌 타인의 모습과 비교하며 속상해할 필요가 있을까?

우리 엄마는 인스타그램에 보이는 모습이 영화 예고편과 비슷하다고 말한다. 예고편은 사람들이 영화를 보러 오게 하려는 목적으로 가장 재밌는 장면만을 뽑아서 만든다. 그런데 가끔은 예고편이 영화와 별 상관이 없을 때도 있다. 예고편은 재밌는데 막상 보면 시시하거나 예고편은 유쾌한데 보고 나니 슬픈 영화인 경우처럼 말이다.

인스타그램에 관심을 끊자 이 말을 이해할 수 있었다. 나는 한동안 내 감정을 통제할 수 있을 때까지 다른 사람 계정의 팔로우를 취소했다. 그리고 그들의 게시물이나 말 한마디에 따라 내 기분이 어떻게 달라졌는지 생각해봤다. 그들 중 대부분은 여전히 다시 팔로우하지 않고 있다. 나는 이제 인스타그램에서 누군가 때문에 상처받거나 기분이 우울해지면 어떻게 해야 하는지 잘 알고 있다. 그 사람의 계정을 언팔로우하면 된다. 그리고 잠시 감정을 추스르고 생각을 정리하는 시간을 갖는 것이다.

나와 같은 운동을 하며 실력을 겨루던 여자애가 한 명 있다. 얼마 전까지만 해도 우리는 서로 수준이 비슷했다. 그런데 그 애가 쉬지 않고 연습하기 시작하더니 코치들의 사랑을 독차지하며 점점 더 열심히 했고 실력이 빠른 속도로 늘어 나를 앞질렀다. 하지만 그 애의 방식을 따라서 훈련하려면 돈이 너무 많이 들었다. 이 모든 일을 지켜보며 나는 정말로 좌절감을 느꼈고 자신감은 무너졌다.

하지만 곰곰이 생각해보니 이런 마음이 들었다. "그래, 이게 내 능력이야. 이 정도 할 수 있는 것을 감사하게 생각해. 어쨌든 운동을 할 수 있잖아. 다른 사람이 가진 능력을 모두 다 가질 수는 없지만 만족해. 이 정도면 엄청 많이 가진 거라고."

이런 식으로 생각하고 나 자신을 남들과 비교하려 들지 않으니 더는 혼란스럽지 않았다. 이제 그런 일쯤은 쉽게 웃어넘길 수 있다. 지금은 그 친구에게 "인스타그램에서 봤는데 너 전국 대회에서 우승했더라! 정말 멋지다!"라고 진심으로 말할 수 있다. 그러고는 돌아서서 내 할 일을 하면 된다. 그런 일로 기분 나빠할 이유가 없다.

소셜 미디어는 자존감과 행복에 영향을 미칠까?

인스타그램과 관련된 질의 경험은 몇 가지 이유에서 아주 인상적이다. 먼저 내가 질의 이야기에 공감할 수 있었던 이유는 우리 대부분이 어느 정도는 그와 비슷한 생각을 하고 있다고 느꼈기 때문이다. 우리는 소셜 미디어에 보이는 다른 사람들의 멋진 삶을 보고 자신과 비교하며 초라한 기분을 느낀다. 디지털 기술의 발달에 따른 문화적 변화로 우리는 남들이 뭘 하고 사는지 언제든지 확인할 수 있게 됐다. 가끔은 누구의 삶이 더 낫고 재밌고 매력적인지 경쟁하는 것처럼 보이기도 한다.

나는 이런 감정을 다스리는 방법을 (어느 정도) 터득했다. 질과 달리 현실에서 30년 넘게 사교성 없이 살아온 덕분에 인스타그램을 시작하고도 또래보다 남들의 호감과 관심을 얻지 못하는 기분이 어떤 것일지 충분히 짐작할 수 있었다. 하지만 질의 경우 무척 힘든 시기에 혹독한 경험을 했다. 질의 이야기는 나와 내 아이들 또래 사이의 세대 차이와 새로운 기술이 그들의 정체성 형성에 미치는 영향에 관한 궁금증을 또다시 유발했다. 2008년 서른여섯이라는 늦은 나이에 처음 시작한 페이스북은 내가 더 성숙하고 사려 깊은 사람이 되는 데 헤아릴 수 없을 만큼 큰 도움이 됐다. 하지만 사회화가 미처 이뤄지기도 전에 소셜 미디어의 세상에 뛰어드는 어린 자녀들에겐 어떨까?

자신의 감정을 이해(또는 표현)하고 다른 사람의 감정을 헤아리고 자신의 행동이나 반응을 통제하는 것은 나이가 어리면 어릴수록 힘든 일이다. 6학년 아이에게 인스타그램은 자존감과 행복에 연이은 타격을 입히는 지뢰밭이 될 수도 있다.

물론 소셜 미디어가 늘 지뢰밭인 것만은 아니다. 아이들은 소셜 미디어를 사용해 서로 연락하고 소통할 뿐만 아니라 정보검색을 하거나 숙제를 하고 흥미로운 관심사에 관해 배울 수도 있다. 또 게임을 하고 동영상을 시청하면서 스트레스를 해소하기도 한다. 온라인을 통해 긍정적인 경험을 쌓는 아이들이 언급된 연구도 많다. 성격에 따라서는 소셜 미디어를 통해 사회에 쉽게 적응할 수 있는 아이도 있다. 친구를 새로 사귀고 기존의 친구 관계를 돈독히 하고 사회적 자본을 쌓는 데 도움을 받을 수도 있다. 사회불안 장애가 있는 아이에게 문자나 소셜 미디어를 통한 소통은 사회적 관계를 형성하는 데 큰 도움이 된다.

하지만 지난 몇 년 동안의 많은 연구와 뉴스 보도에 따르면 소셜 미디어는 사람들의 기분을 우울하게 만들어 삶의 만족도와 행복도를 떨어뜨릴 가능성이 있는 것으로 나타났다. 소셜 미디어가 전 세대에 걸쳐 외로움, 슬픔, 우울감을 유발한다고 주장하는 연구 결과도 있다. 소셜 미디어가 정신 건강에 미치는 영향들은 뒷부분에서 자세히 다룰 것이다.

이 모든 사실이 의미하는 것은 무엇일까? 간단히 대답할 수 있으면 좋겠지만 그럴 수 없다. 대답은 당신의 자녀가 소셜 미디어와 모바일 기기를 얼마나 사용하느냐에 따라 달라진다. 또 아이들의 성격과 주어진 시간을 활용하는 태도, 정서적·인지적 발달 단계에 따라서도 달라진다. 하지만 연구를 통해 일관적으로 드러나는 한 가지는 소셜 미

디어를 많이 사용하는 10대들이 불만이 많고 전반적으로 성적이 나쁘다는 점이다.

그렇다면 소셜 미디어의 건전한 활용을 위해서는 어떤 요소들이 필요한지 의문이 든다. 소셜 미디어 없이 자라온 부모들이 무엇이 정상인지 구별하기란 얼마나 힘들까? 어떻게 하면 아이들이 소셜 미디어를 통해 부정적 경험을 피하고 긍정적 경험을 쌓도록 이끌어줄 수 있을까? 보건 분야에서는 이런 의문이 들 경우 좋은 성과를 끌어낼 수 있는 보호인자를 강화하고 위험인자를 제한하는 데 힘을 쏟는다. 사람들을 긍정적 결과에 도달할 수 있게 하는 태도나 특징을 살펴보는 것은 문제를 해결하기 위한 조치를 취하기 전에 반드시 거쳐야 하는 단계다. 아동 및 청소년 건강 연구에서 음주운전과 원치 않는 임신, 당뇨병 문제를 방지하는 데 도움이 되는 보호인자는 보통 비슷하다. 한 가지 문제의 보호인자를 강화하면 다른 여러 가지 문제로 인한 위험이 감소하는 효과가 나타난다.

적절한 예를 하나 들자면 잠을 충분히 자는 것이다. 10대들은 밤에 숙면하면 정신 건강 증진과 식습관 개선, 스트레스 대처 능력 및 학업 성적 향상 효과를 볼 수 있다. 그러나 청소년기에 만성적 수면 부족에 시달리면 비만, 당뇨, 심장 질환, 고혈압의 위험이 증가하고 위험 감수 행동과 자살 충동, 우울증을 유발할 수 있으며 교통사고 발생 가능성이 높아진다.[1] 그러므로 부모들은 모든 수단을 동원해 한 가지 보호인자를 강화하는 데 집중함으로써 동시에 여러 가지 문제를 유발할 수 있는 위험인자를 줄일 수 있다. 아이들이 수면 부족에 시달리는 가장

수면 시간이 하루 8시간 이상인 10대들에 비해 수면 시간이 5시간밖에 되지 않는 10대들의 높은 비행 가담 비율과 질환 발생률(2011)

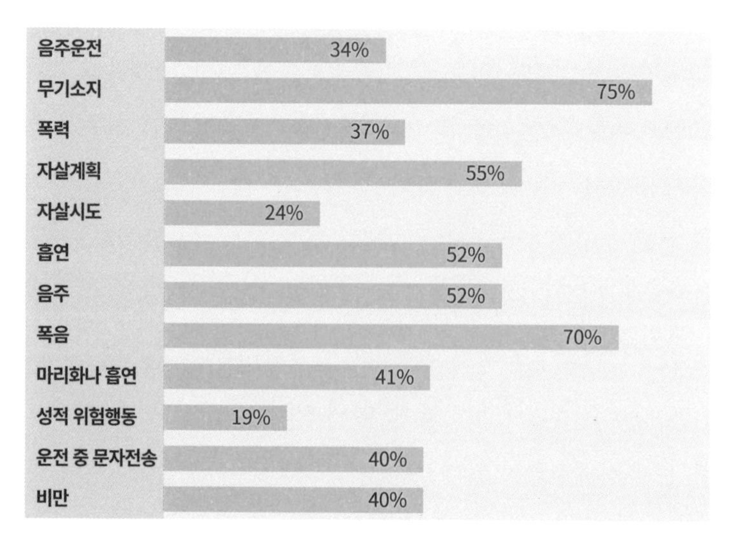

출처: <허프포스트>의 예방의학

큰 이유는 무엇일까? 아마도 잠들기 직전까지 전자 기기를 만지작거리고 휴대폰을 머리맡에 두고 자기 때문일 것이다.

소셜 미디어 시소

소셜 미디어와 휴대폰이 아이들의 행복에 미치는 영향을 밝히기 위해서는 아이들의 경험과 생각을 조사한 자료를 살펴봐야 한다. 10대들을 대상으로 한 거의 모든 대규모 조사에서 소셜 미디어로 인해 삶이 더 나아졌는지 아니면 나빠졌는지 묻자 아이들은 '둘 다'라고 답했다. 삶의 질이 향상된 측면도 있지만 다른 한편으로는 더 고달파

진 것이다. 성인들은 스마트폰으로 언제 어디서나 인터넷에 접속할 수 있다는 것이 축복이자 저주임을 잘 알고 있다. 그러니 이런 대답이 나온 것도 놀랄 일은 아니다.

이 문제를 보는 또 다른 방식은 소셜 미디어를 행복에 긍정적인 측면과 부정적인 측면 사이의 시소 놀이에 비유해 그 사이에서 균형을 잡는 받침대 역할을 하는 것이 바로 우리 아이들이라고 생각해보는 것이다. 소셜 미디어가 제공하는 우정, 타인과의 유대감과 친밀감 쪽으로 기울었던 시소는 외롭고 평가받고 무시당한다는 느낌이 드는 순간 부정적 측면으로 기울기 시작한다. 누굴 팔로우할까, 뭐 재밌는 일 없을까 하며 인스타그램을 둘러보면 즐거운 기분이 들면서 긍정적 측면으로 기운다. 하지만 다른 사람의 '완벽한' 삶에 질투가 느껴지고 자신의 삶에 불만이 드는 동시에 숙제해야 할 시간을 1시간이나 허비했다는 생각에 짜증이 밀려오면 시소는 다시 부정적 측면으로 기우는 것이다.

소셜 미디어 시소 개념을 처음 고안한 사람은 하버드 대학교 교수인 에밀리 와인스타인Emily Weinstein이다. 와인스타인 교수는 청소년들에게서 소셜 미디어가 그들의 삶에 좋은 영향과 나쁜 영향을 동시에 미친다는 얘기를 여러 차례 반복해서 들은 후 이 개념의 틀을 만들게 되었다고 설명했다. 소셜 미디어 사용과 10대 행복 사이의 연관성에 관한 그의 연구[2]는 커먼센스미디어Common Sense Media와 퓨 리서치센터의 2018년 조사 결과에 의해 뒷받침된다.

결론적으로 소셜 미디어 사용에 따른 영향이 긍정적, 부정적 둘 중

하나라고 결정짓기는 힘들다. 이것 아니면 저것이라는 생각에서 벗어나야 한다. 그보다는 시소를 기울게 하거나 평형을 이루게 하는 것이 무엇인지에 더욱 주목해야 한다. 다시 말해 아이가 균형 잡힌 온라인 활동을 할 수 있도록 도와주는 특성과 태도가 무엇인지 살펴야 한다는 뜻이다. 우리는 자녀를 제대로 이해해 그들이 중심을 잡을 수 있는 지점이 어딘지 파악할 필요가 있다.

포모 증후군

나는 소셜 미디어가 내 기분을 어떻게 좌우하는지는 잘 알고 있었지만 우리 아이들에게도 같은 영향을 끼치는지 알고 싶었다. 어른들의 경우 2016년 소셜 미디어에서 벌어진 대통령 선거 유세전으로 분열을 겪고 스트레스에 시달렸다. 아이들의 경우 자신이 초대받지 못한 파티가 열렸다는 것을 알았을 때, 인스타그램에서 값비싼 졸업 파티 드레스를 볼 때, 봄방학을 맞아 다른 친구들이 모두 여행을 떠나서 사진을 찍어 올리는 동안 집에 틀어박혀 있어야 할 때 스트레스를 받는다. 1995~2012년 사이에 태어난 세대(Z세대, i세대, 셀피 세대)를 대상으로 한 연구는 포모FOMO 증후군이 실제로 존재함을 밝혔다. 아마도 이 아이들은 디지털 기기를 통해 또래들이 뭘 하고 있는지 모두 지켜보며 자라왔기 때문일 것이다.

내가 진행한 조사와 인터뷰에서 반복적으로 제기되었듯이 포모는 소셜 미디어로 인해 오늘날 10대들의 삶에서 가장 중요한 자리를 차지하게 됐다. 불안과 우울함에 시달리는 청소년이 증가할 뿐만 아니라

자신이 행복하다고 느끼는 청소년의 비율이 감소하는 것도 이와 관련이 있다. 청소년들이 이런 기분을 느끼는 것은 명백한 사실이다. 부정적인 사회 비교와 소외감은 성장 과정에서 나타나는 정상적인 감정이지만 요즘 아이들이 체감하는 수준은 전례가 없을 정도로 심하다.

『Z세대의 직장 생활Gen Z @Work』의 저자인 데이비드 스틸먼David Stillman과 요나 스틸먼Jonah Stillman은 포모가 Z세대의 결정적 특징이라고 보았다. 자녀가 아직 어려서 모바일 기기를 사용하지 않을 때부터 부모들이 틈나는 대로 이 문제를 설명해주는 것은 굉장히 중요하다. 자녀를 행복하고 건강한 디지털 시민으로 키우기 위해 부모들은 아이들이 포모에 시달리지 않도록 미리 대비하고 아이들이 보고 느끼는 사안에 올바른 시각을 가질 수 있도록 거드는 핵심적인 역할을 해야 한다.

포모 Fear Of Missing Out, FOMO

디지털 네이티브의 일상에서 중요한 부분을 차지하는 포모는 "남들이 경험하는 흥미로운 일에서 나만 소외되지는 않을까 하는 마음에 스며드는 두려움으로 정의될 수 있다. 포모를 한마디로 특징짓는다면 남들이 하는 일을 늘 함께하고 싶은 욕구다."[3] 배우 민디 캘링Mindy Kaling이 2011년에 쓴 자서전 제목 『다들 나만 빼고 놀러 간 거야?Is Everyone Hanging Out Without Me?』가 아마도 포모의 의미를 가장 간결하게 표현할 것이다.

자녀에게(미취학 아동이라도) 남들이 하는 일을 모두 따라 할 수는 없고 그럴 필요도 없다는 사실을 반드시 이해시켜야 한다. 자녀에게 다른 사람들이 참석한 행사에 초대받지 못했던 경험을 들려주고 왜 초대받지 못했는지 그 이유를 설명해주자. 아이가 본보기로 삼을 수 있도록 "잠시 실망했지만 곧 훌훌 털어버렸어"라는 식으로 그런 상황을 어떻게 받아들였는지 이야기해보자. 왜 그런 일이 일어날 수 있는지 명확하고 이해하기 쉽게 이유를 설명한다. 비용이 많이 들거나 차편을 마련하기 힘든 경우도 있고 가끔은 특정한 친구와 특별한 시간을 보내길 원하는 경우도 있다는 것을 아이가 이해하게끔 한다. 상처받은 마음을 알아주고 그런 일이 생긴 원인이 (안타깝지만 너무도 흔하게 일어나는) 의도적인 무시인지 아니면 개인적인 감정이 배제된 현실적 문제 때문인지 구분할 수 있도록 도와준다. 무엇보다 모든 일에 일일이 참여하지 못하더라도 크게 걱정할 필요가 없다는 것을 깨닫게 해주자.

포모와 전반적인 행복감에 영향을 주는 중요한 요인 중 하나는 소셜 미디어 사용 시간이다. 2018년 펜실베이니아 대학교 연구 팀은 SNS별 사용 시간을 하루 10분으로 줄이면 포모와 우울감, 외로움을 덜 느낀다는 사실을 밝혀냈다. 주목할 점은 이 연구의 참가자들은 소셜 미디어를 완전히 그만둔 것이 아니라 사용 시간만 줄였다는 것이다. 온라인 공간에서 사회 비교에 쏟는 시간을 줄인 결과 전반적으로 기분이 나아졌다.[4]

소셜 미디어를 사용하는 것만으로 자존감이 높아지거나 낮아진다고 확실히 말할 수는 없겠지만 소셜 미디어를 왜, 어떻게 사용하는지

그리고 소셜 미디어 활동으로 뭘 얻어내는지 살펴보면 자존감이 높은지 낮은지 예상할 수 있다. 그리 놀랄 만한 일은 아니다. 자존감과 외향성 수치가 모두 높은 사람들은 만족감을 느끼고 인맥을 넓힐 수 있다는 점에서 페이스북 이용의 최대 수혜자라고 볼 수 있다.[5] 이들은 페이스북에 큰 의미를 두지 않는다. 추측하건대 실생활에서도 언제 어디서나 자신감 있는 태도로 활발하게 활동하고 사람들을 만나느라 바쁘기 때문일 것이다.

이제 이 책을 읽고 있는 내성적인 독자들이 잠시 한숨을 지으며 공감을 표할 시간이다.

내성적이고 자존감이 낮은 사람들은 소셜 미디어를 완전히 다른 용도로 사용한다. 소셜 미디어는 "창피당하거나 거절당하는 등 사회적 상호작용에서 겪을 수 있는 위협적인 상황에 휘말리지 않고도 다른 사람들과 관계를 맺을 기회를 제공한다. 그런 이유로 자존감이 낮은 사람들은 소셜 미디어에 매력을 느낄 수 있다."[6] 이런 주장은 여러 연구를 통해 수차례 언급되었으며 '닭이 먼저냐 달걀이 먼저냐' 하는 문제와 비슷하다. 자존감이 낮거나 실생활에서 친구를 사귀는 데 어려움을 겪는 아이들은 온라인 상호작용에서도 어려움을 겪을 수 있고 소셜 미디어 사용으로 인한 부정적 결과가 더 많이 나타날 수 있다. 여기서 문제는 그들의 낮은 자존감 때문에 부정적 결과가 나타났는지 아니면 부정적 영향으로 자존감이 낮아졌는지 분명치 않다는 것이다. 우리는 이 두 요인이 강화 사이클reinforcing cycle을 이루고 있다는 것을 알고 있지만 자존감이 낮은 아이들이 휴대폰을 사용하기 전에는 어떤 태도를 보였는지에 관한 연구는 거의 없다.

한 가지 분명한 점은 자존감의 정도에 따라 소셜 미디어에서 어떤 태도를 보일지 예측할 수 있다는 것이다. 자존감이 높은 사람들은 소셜 미디어를 이용해 자기 자신을 표현하고 남들과 소통하며 상대적으로 긍정적인 자아 개념을 견고하게 만들 수 있는 생각을 공유하는 경향이 있다. 반면에 자존감이 낮은 아이들은 자기표현에 방어적인 태도를 취하고 연약한 자아를 보호하려는 경향을 보일 것이다. 이 아이들은 자신감이 강한 또래에 비해 자신에 대한 비판과 부정적 반응에 훨씬 더 예민하게 반응할 것이다. 이들은 아마도 온라인에서 주로 다른 사람들의 활동을 지켜보는 소극적인 참여에 그칠 것으로 예상된다. 기본적으로 자존감이 낮은 아이들은 '눈팅족(온라인에서 게시물을 올리지 않고 읽기만 하는 사람 – 옮긴이)'이 될 가능성이 높다.[7] 온라인 활동에 적극적으로 참여하지 않고 지켜보기만 하는 사람들의 경우 더 나쁜 영향을 받는다는 사실을 지적하는 연구도 여럿 있다.

온라인 활동을 한다는 것은 부정적 반응을 얻기 쉬운 환경에 자신을 노출한다는 것을 의미한다. 이는 쉬운 일이 아니다. 비판을 받아들이는 일은 많은 청소년에게 (솔직히 말해 누구에게나) 쉽지 않다. 자기존중감 운동이 원인일 수도 있다. 나는 내 아이들이 자존감에 지속적인 타격을 주는 환경에서 스스로에게 확신이 없고 정서적으로 건강한 성인이 되는 데 필요한 자신감이 결여된 아이들로 자라는 것은 아닐까 우려가 됐다. 많은 사람이 그러하듯 내가 사안을 잘못된 시각에서 바라보고 있는지도 모른다.

자기존중감 운동

지난 수년간 자녀 양육 관련 연구에서는 물론 여러 학문 분야에서 높은 자기존중감은 궁극의 보호인자로 간주되었으며 모든 사람이 추구하는 성공과 행복의 예측인자였다. 자존감이 높다는 것은 약물을 멀리하고 집을 몰래 빠져나와 불량한 사람과 어울리지 않음을, 또한 좋은 대학에 들어가 결국에는 보람 있고 보수가 높은 직장을 얻음을 의미했다. 자존감이 낮다는 것은 자기혐오에 빠져 있다가 결국 실패한 인생을 살게 됨을 뜻했다.

자기존중감 운동이 전 국민적 의식에 끼친 영향력은 무시할 수 없는 수준이다. 그러나 이 운동은 적어도 많은 사람이 자존감을 자기 나름대로 해석해 억지로 주입하려고 한다는 점에서 상당히 부정적인 결과를 초래했을 수도 있다.[8] 실제로 최근의 많은 연구와 철저한 조사를 바탕으로 한 베스트셀러에서는 자존감에 지나치게 초점을 맞춤으로써 청소년들에게 미칠 수 있는 여러 가지 유해한 효과에 관한 논의가 이뤄지고 있다. 자기존중감 운동은 많은 청소년들이 성년에 가까워지면서 존재론적 위기를 느끼게 만드는 참가상 남발과 학점 인플레이션 문화를 조장해왔다.

진정한 자존감은 개인적 성취에 기반을 둔다. 메리엄 웹스터 사전의 정의에 따르면 자존감은 '자신에 대한 확신과 만족'이다. 이 만족과 확신은 아이가 시간을 들여 배우고 연습해 실력을 쌓았을 때 얻을 수 있다.

작가이자 교육자인 제시카 레히Jessica Lahey는 자신의 베스트셀러

『똑똑한 엄마는 서두르지 않는다』에서 자기존중감 운동과 양육 문화의 교차점을 설명하고 아이의 발전을 위해서는 "오도된 자신감이 아닌 진정한 역량에서 나오는 독립성과 자아의식을 키워주고, 실수와 실패를 딛고 일어설 수 있는 회복력을 키워주는 양육"이 필요하다고 주장했다.

큰 노력을 하지 않고도 특별하다거나 훌륭하다는 칭찬을 받을 때 아이들의 자존감은 높아지지 않는다. 마치 풍선에 공기를 주입하는 것처럼 잠시 인위적으로 부풀려질 뿐이다. 공기가 다 빠져버리면 아이는 깨우침이나 성취를 통해 자신감을 느끼는 대신 위축감을 느낀다. 이런 아이들은 시간이 지날수록 뭔가에 숙달하거나 성취하는 데서 만족을 얻으려 하지 않고 칭찬을 받을 때의 행복한 느낌만을 추구하려고 한다. 하지만 아무리 의미 없이 하는 말이라도 칭찬은 아이들로 하여금 스스로에게 만족감을 느낀다는 것이 무엇인지 깨닫게 해주는 효과는 있다.

이것이 소셜 미디어에 관한 논의와 무슨 관계가 있을까? 공허한 칭찬에 목마른 아이들이 그 갈증을 인터넷에서 채우려고 하기 때문이다. 소셜 미디어를 통해 남들의 관심을 갈구하는 행위는 여러 형태로 나타난다. 그중 내가 우려하는 부분은 자신의 SNS 프로필을 공개해 낯선 사람에게 댓글이나 '좋아요' 등의 반응을 하도록 요청하는 것뿐만 아니라 더 큰 반응을 끌어낼 수 있는 정보나 이미지를 공개하는 행동이다. 여기에는 공개적으로 성적인 자기표현을 하거나 또래가 아닌 집단과 어울리면서 긍정적 반응과 인정을 얻으려는 행동이 포함된다.

이런 일들이 바로 아이들을 온라인상에서 위험에 처하게 하는 것은 물론 현실에서도 위험한 의사결정을 하게 만든다.

소셜 미디어를 주로 자기 가치 확인을 위해 사용하는 아이들은 곧 실망을 맛보게 될 것이다. 자기 자신에 대한 인식이 '좋아요'와 팔로워 숫자에 좌우된다면 그들의 행복의 토대는 단 하나의 악플에도 쉽게 무너질 수 있다. 실제로 내가 진행한 인터뷰를 근거로 보면 때로 10대의 자신감을 무너뜨리는 요인이 누군가의 말이 아니라 말로 하지 않은 뭔가인 경우도 있다. 댓글이 달리지 않았거나 달렸다고 하더라도 기대하는 만큼 요란스러운 반응이 아니었을 수도 있다. 내가 태그되지 않은 사진이나 내가 초대되지 않은 단체 채팅방을 발견했을 수도 있다.

현재로서는 이 모든 것이 무엇을 의미하는지 알려주는 연구가 거의 없는 실정이다. 자기존중감 운동이 포화 상태에 이른 소셜 미디어 시장의 거대한 파도와 격돌해 생긴 문화적 충격은 가공할 만한 수준이다. 자기존중감 운동의 기원과 그것이 우리 사회 전체의 심리적 안녕감에 미친 영향에 관해 탁월한 통찰을 제시한 작가인 윌 스토Will Storr는 이렇게 주장했다. "공허한 자존감이 높은 사람들을 지칭하는 말이 있다. 바로 나르시시스트다."[9]

나르시시즘과 셀피 세대

소셜 미디어와 나르시시즘의 상관관계는 2014년 유력 일간지에 등장해 지금까지 쓰이고 있는 '셀피 세대'라는 용어에 잘 드러나 있다.[10] 자아도취적 성향을 드러내는 나르시시즘은 지난 30년 동안 비만 확산율과 비슷한 수준을 보이며 급속히 증가했다.[11]

이를 통해 우리는 두 가지 중요한 사실을 알 수 있다. 첫째는 나르시시즘이 본격적인 문제로 등장했다는 점이고 둘째는 스마트폰이나 인스타그램이 탄생하기 훨씬 이전부터 문제가 시작됐다는 점이다. 아이폰은 2007년 처음 출시됐고 인스타그램은 2010년 서비스를 시작했다. 그리고 미국의 스마트폰 시장은 2012년경 포화 상태에 이르렀다. 이 말은 나르시시즘이 오늘날처럼 증가한 배경이 소셜 미디어가 아니라는 뜻이다. 아마도 그 반대일지 모른다. 자아도취적 성향을 가진 사람들의 비율이 점점 더 늘어나면서 소셜 미디어가 뿌리를 내리고 활성화될 수 있는 환경이 만들어졌을 수도 있다.

어느 쪽이든 이런 변화에 관해 『나는 왜 나를 사랑하는가』의 공저자인 심리학자 진 트웬지**Jean Twenge**와 키스 캠벨**W. Keith Campbell**은 자기존중감 운동이 밀레니얼 세대의 자아도취적 성향을 키우는 데 기여한 측면을 살펴보았다.

트웬지 박사는 나와의 인터뷰에서 이렇게 말했다. "나르시시즘을 간단하게 정의하자면 과장된 자아의식이라고 할 수 있습니다. 자존감이 높은 사람은 스스로에게 확신이 있을 뿐만 아니라 인간관계를 중요하게 여기고 다른 사람들과 좋은 관계를 유지합니다. 자아도취적 성향이 높은 사람에게는 관계를 소중히 여기는 면이 빠져 있습니다. 공감과 배려가 부족하다는 거죠. 그들은 자신들에게 공감 능력과 배려심이 없다는 점을 순순히 인정합니다. 그들이 사람들과 관계를 맺

는 이유는 뭔가 얻는 게 있기 때문입니다. 나르시시스트는 진심으로 친밀감을 느끼고 공감하고 배려하는 일을 잘하지 못합니다."

캠벨은 이렇게 말했다. "나르시시즘이 소셜 미디어 사용을 예견하고 이끌어왔다는 점은 데이터를 통해 명백하게 알 수 있습니다. 몇몇 자료에 의하면 소셜 미디어 사용이 나르시시즘을 유발하거나 확산시키는 것 같지는 않지만, 소셜 미디어에는 자기 강화적 속성이 있습니다. 소셜 미디어를 자기 가치를 확인하기 위한 수단으로 여기는 나르시시스트들은 소셜 미디어에 매력을 느낍니다. 결과적으로 그들은 소셜 미디어를 더욱더 많이 사용하게 되죠."

이제 소셜 미디어가 나르시시즘을 유발하지 않고 소셜 미디어를 사용한다고 해서 사람들이 나르시시스트가 되는 것도 아니라는 사실을 알았다. 그런데 우리는 소셜 미디어라는 공간에서는 자기표현과 자기 가치 확인이 중요하다는 사실을 잘 알고 있다. 더구나 대부분의 아이들이 소셜 미디어를 사용하기 시작하는 시기는 상상적 청중이 지켜보는 무대에 자신들이 서 있다고 생각하는 발달 단계에 접어드는 때라는 사실도 잘 알고 있다. 이런 요인들이 합쳐지면 아이들이 자기존중감이나 자신감을 가진 아이가 아닌 극도로 자기중심적인 아이로 커가는 환경이 조성될 수 있다.

자녀를 인터넷에서 자기 가치를 찾으려 하는 아이 또는 자기중심적 태도를 가진 아이로 키우지 않기 위해 부모가 할 수 있는 일은 무엇일까? 부모들과 이 주제로 대화할 때 캠벨은 C.P.R., 즉 연민Compassion, 열정적 취미Passion, 책임감Responsibility을 강조했다.

다른 사람에게 연민을 느끼지 못하는 아이는 지나치게 자기중심적인 아이로 자랄 위험이 크다. 인간관계와 우정은 자만심의 완충 역할을 한다. 그는 친구 사귀기의 중요성을 강조했는데, 특히 한두 명 정도와 아주 친밀한 관계를 구축하는 것이 좋다고 말했다. 자녀가 이런 관계를 우선순위에 두고 직접 그들과 만나서 함께 시간을 보내도록 격려해주자.

열정적 취미는 아이들이 진정으로 좋아하고 관심 있는 일을 하는 것을 말한다. 자기가 좋아하는 뭔가에 깊이 몰입해보면 관심사를 남들과 공유하는 데에서 기쁨을 느낄 수 있다. 공통의 관심사를 기초로 의미 있는 관계를 형성하는 데 도움이 될 뿐만 아니라 연민의 감정도 키울 수 있다. 부모들은 자신들의 생각대로 움직이는 것이 자녀에게 최선이라고 강요하거나 학업이나 운동에서 좋은 성적을 얻기 위한 길로 자녀를 내몰기 쉽다. 하지만 그게 전부는 아니다. 당신의 자녀가 공룡 장난감을 수집하거나 '던전 앤 드래곤' 게임을 하거나 화장품을 소개하는 유튜브 영상을 찍는 데 관심을 보일 수도 있다. 부모들은 공부하기에도 시간이 부족한데 이런 일로 낭비할 시간이 어디 있냐고 생각할지도 모르지만, 중요한 것은 부모의 생각이 아니다. 아이가 좋아하고 흥미를 갖는 일이 무엇인지가 중요하다.

책임감은 자신들이 한 행동의 결과가 좋든 나쁘든 감수하겠다는 의지를 말한다. 책임감은 또한 나르시시즘의 완충 역할을 한다. 만약 아이가 규칙을 어기거나 알면서도 잘못된 행동을 했다면 스스로 대가를 치러야 한다. 집을 엉망으로 만들었다면 청소를 해야 하고 연습을 빼먹었다면 큰 경기에 참여하지 말아야 한다. 시험에서 부정행위를 했다면 당연히 F 학점을 받아야 한다. 부모들은 책임을 지고 실수에서 배우는 것이 얼마나 중요한지 아이들이 깨닫도록 지도해야 한다.

사회 비교는 어떻게 이뤄지는가

말 그대로 우리 뇌에 각인된 사회 비교 심리는 우리의 행복, 자기존중감, 자아도취적 성향에 영향을 미친다. 또한 또래에게 인정받고 싶은 욕구 깊숙이 자리를 잡고 청소년들이 그들을 수시로 괴롭히는 해묵은 질문, "나 정상이야?"라는 물음에 답을 얻게 해준다. 사회 비교가 신경계에 미치는 영향에 관한 연구에 따르면 이는 우리 뇌의 보상 중추와 관련이 있다. 기능적 자기공명 영상fMRI을 이용한 연구는 유리한 상황에서 비교를 하면 뇌에서 긍정적 보상 효과가 나타난다는 사실을 밝혔다. 반면 우리가 불리한 상황에서 비교를 하면 부정적 감정이 나타났다.[12] 사실 "비교는 사회적 판단의 중심 기제를 이루고, 결과적으로 사회 인지(다른 사람의 감정, 생각, 의도 및 사회적 행동을 이해하는 데 관여하는 정신 작용 – 옮긴이) 과정 전반에서 핵심적 위치를 차지한다. 개인적 인식과 고정관념, 사고방식, 감정, 의사결정, 마음 이론, 자아 개념은 모두 비교 과정이 필요하다. 지난 50년간의 심리학적 연구에 따르면 사회 비교는 사회 인지의 기본적인 구성 요소 중 하나다."[13]

소셜 미디어에서 이뤄지는 사회 비교는 까다로운 편이다. 우리는 거의 언제나 각자의 실제 삶을 남들이 세심하게 꾸며낸 최고의 순간과 비교한다. 현실과 이상을 동일 선상에 놓고 비교하는 데 근본적인 오류가 있다는 것을 머리로는 이해할지도 모르지만 마음으로 받아들이기는 힘들다. 특히 감정은 모두 느낄 수 있지만 자신이 알고 있는 진실과 연관 짓는 인지 능력이 부족한 아이들에게는 더욱 그렇다. 자료를 보면 이것이 결국 자신의 삶에서 만족을 찾는 능력을 갉아먹음을 알 수 있다. 아이들은 대부분 처음 스마트폰을 넘겨받았을 때 이런 문제에 관해 비판적으로 생각하는 법을 알지 못한다.

소셜 미디어가 바꿔놓은 사회 비교 방식

소셜 미디어는 아이들이 사회 비교 활동을 할 수 있는 새롭고 폭넓은 공간을 제공해주고 있다. 우리 같은 구세대들의 아날로그식 사회 비교는 어땠는지 예를 들어보자면, 내가 입은 옷이 비교적 괜찮은지 알아보기 위해 학생 식당을 죽 둘러보며 다른 아이들은 어떤 옷을 입었는지 살펴보는 것이었다. 만약 청소년 잡지를 구독할 형편이 됐다면 잡지를 훑어보기도 하고 또래 배우가 출연하는 TV 프로그램을 시청하기도 했다. 실제 또래와 비교할 때는 보통 직접 만나서 실시간으로, 여드름을 포함한 모든 것을 서로 견주어보았다.

오늘날 아이들도 우리가 그랬던 것처럼 미디어에서 보여주는 이상적인 이미지와 자신을 비교하는 것은 물론 친구들과도 (직접 만나거나 SNS상에서) 서로 비교할 것이다. 연구에 따르면 나이가 어릴수록 자신을 동성 또래와 비교하는 경향이 있는 것으로 나타났다.[14] 따라서

10대 초반 아이들은 소셜 미디어에서 이뤄지는 또래 간 상호작용에 더 많은 영향을 받는다. 아이들이 친구들과 자신을 비교하는 공간은 이제 학생 식당에 한정되지 않는다. 소셜 미디어로 인해 특히 어린 여자아이들 사이에서는 사회 비교로 인한 문제가 심각해지고 있다.

외모에 집착하는 여자아이 vs 능력을 중시하는 남자아이

여자아이들 사이에서는 특히 외모와 체중에 초점을 둔 사회 비교가 이뤄진다. 소셜 미디어는 또래 사이에 외모지상주의를 부추긴다. 외형적 아름다움을 강조함에 따라 친구들 무리에서 과도한 경쟁이 발생하고 관계적 공격성(나쁜 소문 퍼뜨리기와 같이 다른 사람의 감정을 상하게 하거나 인간관계에 손상을 입히려는 의도로 하는 행동 – 옮긴이)을 포함해 무리 안에서 여러 문제가 생길 수 있다. 더 나아가 자기 연민을 느끼지 못하고 자기 비하의 덫에 빠질 수 있다.[15] 다시 말하지만 이런 일은 (불쾌하긴 해도) 10대들이 성장 과정에서 자연스럽게 겪을 수 있는 일이다. 그러나 소셜 미디어가 개입하면서 그 효과가 극대화됐다.

누군가 SNS에 공유한 내용을 보면 지금 그 사람에게 가장 중요한 것이 무엇인지 알 수 있다. '셀카'든 내가 좋아하는 아이돌이나 스포츠팀이든 간에 자신의 관심사를 공유한다. 긍정적 반응을 얻으면 우리 뇌의 보상 중추가 자극을 받아 기분이 좋아지고 더 많은 것을 공유하고 싶어진다. 반면 부정적 반응을 얻으면 기분이 상하는 것은 물론 무시당한 자아 또는 자아 개념을 보호하기 위한 조치를 취해야 한다는 생각이 든다. 여자아이들의 경우 이런 반응 중 대부분은 외모와 관련

되어 있을 가능성이 높다. 만약 그렇다면 아이들의 자기중심적 성향은 강해질 수밖에 없다.

외모와 관련된 사회 비교는 파급력이 크다. 미국안면성형및재건학회American Academy of Facial Plastic and Reconstructive Surgery, AAFPRS의 2014년 연구에 따르면 "조사에 응한 안면성형외과 전문의 세 명 중 한 명은 소셜 미디어에 드러나는 외모를 의식하는 환자들의 수술 요청이 늘었다는 사실을 인정했다. 실제로 조사에 응한 AAFPRS 회원 13%는 사진 공유가 늘어나면서 SNS상에서 보이는 스스로의 이미지에 대한 불만도 같이 늘어나는 추세라고 밝혔다."[16] 2018년《미국의사협회지Journal of the American Medical Association, JAMA》안면성형수술 분과Facial Plastic Surgery에는 '스냅챗 이형증'Snapchat dysmorphia의 증가에 관한 논문이 실렸다. 사진 속 자신의 결점을 보정하거나 필터를 사용해 외모를 달라 보이게 만드는 것이 가능해지면서 생겨난 이 질환은 강박충동 장애와 유사한 정신 질환인 신체이형 장애(사소한 신체적 결점에 지나치게 집착해 자신의 외모에 심각한 문제가 있다고 생각하는 정신 질환 – 옮긴이)와 관련이 있다.

남자아이들 사이에서 이뤄지는 사회 비교는 보통 힘과 빠르기, 운동 능력 등 신체 기능이 얼마나 발달했는가에 중점을 둔다. 이런 사회 비교는 게임을 얼마나 잘하는지, 지난주에 치렀던 시험에서 점수를 얼마나 높게 받았는지 등 다른 영역으로 확장될 수 있을 것이다. 기능과 성취에 기반을 둔 비교는 중립적이거나 긍정적일 뿐만 아니라 고무적이기까지 하다. 몇몇 연구에 의하면 남자아이들은 유명인과 자신

을 비교할 때 스스로에게 실망감을 느끼는 것이 아니라 화면에서 본 상대의 모습을 모방하고 싶은 욕구를 갖는 것으로 나타났다.

남자아이들은 자신보다 더 나은 상대와 비교를 하면서도 여전히 긍정적인 감정을 느끼고 영감을 받는 반면 안타깝게도 여자아이들은 외모와 체중에 초점을 두고 남들과 비교하면서 자신에게 실망감을 느낀다. 나는 그 이유가 남녀 각자에게 부여된 성 역할에 따라 사회에서 어떻게 평가받기를 기대하는지가 달라지기 때문이라고 생각한다.

사회 비교는 보편적인 행동이긴 하지만 어떤 성격 특성과는 더 밀접한 관련이 있다.[17] 예를 들어 자존감이 낮거나 우울증이 있는 사람들과 감정이입을 잘하거나 정서적으로 불안정한 사람은 사회 비교 경향이 높다. (미국처럼) 개인적 특성을 강조하는 문화에서도 성 역할 기대에 부응한 결과 여성이 남성보다 사회 비교 경향이 높다는 것을 다시 한 번 확인할 수 있다. 이런 사실을 종합적으로 고려해볼 때 만약 당신의 자녀가 사회 비교를 통해 부정적 영향을 받기 쉬운 성향이라면 그들의 소셜 미디어 사용을 제한할 방법을 모색해야 한다.

사회 비교를 이해하는 것이 중요하다

소셜 미디어상의 사회 비교 논의에서 부모에 관한 언급을 빼놓을 수는 없을 것이다. 많은 부모가 자녀들 못지않게 사회 비교 경쟁에 뛰어들고 있다. 하지만 자녀를 우리가 바라는 올바른 방향으로 이끌어가기 위해서는 부모로서 모범을 보여야 한다.

베스트셀러 작가 줄리 리스콧 하임스는 부모들은 "자녀의 성취로 자신의 삶을 치장한다"고 말했다. 우리는 자동차 뒤쪽에 자녀의 성취를 자랑하는 스티커를 붙이고 매년 크리스마스 카드에 안부를 전한다는 명목으로 자녀들이 1년 동안 얼마나 대단한 성과를 올렸는지 자랑하며 핀터레스트(마음에 드는 이미지를 저장하고 공유할 수 있는 이미지 기반 SNS – 옮긴이)에서나 볼 수 있을 법한 완벽한 생일파티를 여는 것은 물론 SNS에도 자녀 이야기만 올린다. 아이가 입학할 학교 또는 소속된 스포츠 팀의 로고가 새겨진 티셔츠를 입기도 한다.

부모들은 예전부터 쭉 그래왔던 걸까 아니면 소셜 미디어가 양육 방식을 바꿔놓은 걸까? 아이들처럼 우리도 사회 비교의 순환 고리에 갇혀버린 걸까? 우리가 아이들에게 본보기가 된 것일까? 부모가 자녀의 성과를 드러내는 페이스북 게시물이나 차량용 스티커를 중요하게 여기는 모습을 보고 자란 아이가 만약 팀에 들어가지 못했거나 좋은 성적을 내지 못했다면 어떤 기분일까? 그런 아이들은 스스로에 대한 실망감에 괴로워하는 것은 물론 부모와 부모가 모든 것을 공유하는 그들의 SNS 친구들 눈치까지 봐야 한다. 만약 자녀를 회복력 있는 아이로 키우고 싶다면 (나를 포함한) 많은 부모들은 아이의 성공도 실패도 전적으로 아이 몫이라는 생각을 굳혀야 할 것이다. 일단 나부터라도 내 자존심과 아이의 성취(또는 성취하지 못함)가 교차하는 지점을 바라보며 뒤로 크게 물러서야 할 것이다.

길보아 박사는 내게 이런 말을 했다. "저는 소셜 미디어가 헛된 기

대를 심어준다는 점이 가장 우려됩니다. 부모들의 경우 페이스북을 훑어보면서 잘못된 인식을 하게 될 수 있습니다. 다른 가족들은 모두 더 맛있는 음식을 먹고 더 좋은 옷을 입고 더 많은 시간을 함께 재밌게 보낸다고 생각할 수도 있죠. 10대들의 경우 호르몬 작용으로 소외감을 느끼게 되고 소속감과 동질감을 느끼지 못하는 경향이 있습니다. 이런 아이들이 소셜 미디어를 보면 자신처럼 느끼는 사람은 또래 중에 아무도 없고 모두가 잘 지내고 있다고 생각합니다. 그들에게 소셜 미디어는 나만 빼고 다른 사람들은 모두 행복하다고 생각하는 근거가 됩니다."

아이들에 대한 소셜 미디어의 긍정적 영향을 극대화하고 부정적 영향을 최소화하는 것이 우리의 목표라면 사회 비교를 이해하는 것이 중요하다. 연구 결과에 따르면 아이들이 소셜 미디어를 올바른 시각으로 바라보는 방법을 이해한다면 소셜 미디어를 이용하는 시간을 즐겁게 보내고 만족감을 느낄 수 있다.

#직접 해보기

부모는 자녀에게 소셜 미디어 사용에 모범을 보여야 한다. 먼저 자신의 평소 생활 습관을 점검해보자.

- 소셜 미디어를 하면서 보내는 시간이 얼마나 되는지 확인해보자. 사용 시간을 확인할 수 있는 모바일 앱이 있다.
- 당신이 소셜 미디어를 하면서 보내는 시간이 얼마나 된다고 생각하는지 자녀에게 물어보자.
- 자녀에게 당신이 소셜 미디어를 사용하는 이유를 말해주자. (예를 들어 친구나 가족과 소통하려고, 사진을 저장하고 공유하려고, 재밌는 동영상을 보려고, <스타워즈> '덕후'들과 소통하려고 등.) 그러면 아이들도 자신들이 소셜 미디어를 사용하는 이유를 고민해볼 수 있다. 행동의 동기를 이해하는 법을 배우는 것은 아이들에게 매우 중요하다. 우리가 뭔가를 할 때 왜 그 일을 하는지 잘 생각해보면 행동 하나하나에 의도가 담기게 된다. 식사 일지를 쓰는 일이 건강한 식습관을 키우는 데 효과적인 수단인 것처럼 내 행동을 돌아보면서 책임감을 느낄 수 있다.

자녀에게 소셜 미디어를 사용할 때의 기분을 이야기해주고 사회 비교의 순환 고리가 어떻게 작용하는지 설명해주자.

- 자신의 평범한 일상을 다른 사람들이 공들여 꾸며서 보여주는 소셜 미디어 속 삶과 비교하는 것이 얼마나 위험한지 설명해주자.
- 자녀에게 소셜 미디어에서 그들의 '진짜' 모습을 드러내도 괜찮다고 생각하는지 물어보고, 그런 사람들의 소셜 미디어를 찾아보게 하자. 오직 최고의 순간만을 보여주는 사람들과 비교해 그들의 SNS는 어떤 반응을 얻는지 살펴보자.
- 자녀와 함께 당신의 SNS 피드를 둘러보면서 어떤 기분이 드는지, 그 이유는 무엇인지 이야기해보자. 그런 다음 자녀의 SNS 피드를 함께 둘러보면서 같은 이야기를 나눠보자.
- 당신 계정의 피드에서 10대 자녀가 보기에 부적절한 게시물이 있는지 살펴보고, 자녀가 만약 부모 또는 부모의 관계망에 속한 사람들의 SNS 게시물을 보다가 우연히 이런 게시물을 발견한다면 어떤 기분이 들지 생각해보자.
- 내향적인 사람, 초민감자(공감 능력이 지나치게 뛰어나서 타인의 감정을 자신의 것으로 느끼며 고통 받는 사람 — 옮긴이), 또는 우울감, 정서적 불안감, 낮은 자존감을 가진 사람 중 누가 사회 비교 경향성이 가장 높고 그에 따른 부정적 감정을 느끼기 쉬울지 생각해보자. 사회 비교는 어린 10대와 여자아이들에게 부정적인 영향을 미칠 가능성이 높다.

칭찬을 갈구하는 태도 등 온라인 사용의 위험인자가 자녀에게 나타나지 않도록 주의하자.

- 예를 들면 계정을 비공개에서 공개로 바꾼다든지, (친구나 팔로워 수를 늘리기 위해) 낯선 사람들의 친구 요청과 팔로우 요청을 수락한다든지, 다른 사용자와 품앗이를 하며 서로의 SNS에 댓글을 달아주고 팔로우를 해준다든지, 공유하던 내용의 형태가 바뀐다든지 하는 경우가 있다.
- 자녀가 갈수록 성적인 내용을 담고 있거나 소속을 알 수 없는 무리와 관련된 이미지를 공유하는 행동은 적신호 또는 위험인자일 수 있다.
- 크리스마스, 졸업 파티, 휴가철 등 사람들이 SNS에 '최고의 순간'을 쏟아내는 시기에 부모들은 비상경계 태세에 돌입해야 한다.
- 사회 비교와 포모는 서로 관련이 있다는 사실을 기억하자. 다른 사람들이 하는 모든 일에 끼지 않아도 괜찮다고 했던 말을 다시 상기시키고, 슬퍼해도 괜찮지만 극복하고 앞으로 나아가는 것이 중요하다는 믿음을 확고히 하자.

아이와 함께 부정적인 자기평가를 유발하는 사회 비교에 맞서자.

- 아이가 자신을 하찮게 느낄 때 그 기분과 정반대로 생각해보게 한 후 어떤 기분이 들었는지 물어보자.
- 예를 들어 자녀가 이런 말을 한다고 생각해보자. "제 친구가 경기에서 세 골을 넣었는데 그 일을 인스타그램에 올렸어요. 그렇게 자랑하지 않았다면 좋았을 텐데 말이죠. 걔는 너무 자만심이 강해요." 그러면 아이가 이렇게 이해하도록 대화를 이끌어가야 한다. "그 애는 아마도 굉장히 자랑스

러웠을 거예요. 대단한 일이잖아요. 그 애 입장에서는 행복한 기억으로 공유하고 싶어서 인스타그램에 올린 걸 거예요. 전 최근에 그만큼 잘하지 못했잖아요. 제가 이번 시즌에 골을 넣지 못할 거라고는 생각하지 않아요. 누구나 잘 안 풀릴 때가 있으니까요. 그렇다고 해서 제가 친구에게 기분 나빠할 필요는 없어요."

05

자녀가 즐기고 잘하는 일에 참여하도록 격려해 자존감을 높여주고 보호인자를 강화해야 한다. 진짜 자존감을 높이기 위해서는 실력과 능력이 바탕이 되어야 한다.

- 제시카 레히는 아이들에게 실력을 키울 기회를 제공하는 것이 중요하다고 강조했다(요리, 집안 물건 수리, 운동, 악기 연주 등). 그런 기회를 통해 아이들은 스스로 뭔가 해냈다는 자부심을 느끼고 앞으로 더 잘할 수 있다는 자신감을 갖게 된다.
- 부모가 자녀를 따뜻하게 감싸주며 친밀감과 애정을 표하는 것 또한 아이들의 자존감을 높이는 데 도움이 된다. 트웬지는 지나친 칭찬은 삼가도록 주의하고 "넌 특별해" 또는 "넌 똑똑해"라는 말 대신 "사랑해"라는 말을 많이 하라고 충고했다.[18]

3장

온라인 친구는 진짜 친구가 아니라고?

디지털 네이티브의 사회적 교류 방식

들어가기 전,

부모 스스로 묻고 답하는 시간

★ 질문 1. 디지털 세대 아이들에게 친구와 지인은 어떻게 다를까?

★ 질문 2. 하루 중 아이가 친구와 직접 만나는 시간이 얼마나 되는가?

★ 질문 3. 온라인상에서 다툼이나 오해가 커지기 쉬운 이유는 무엇일까?

★ 질문 4. 아이의 사생활을 관리하는 규칙은 온·오프라인에서 어떻게 달라야 할까?

악의는 없었는데

열여섯 살 마리아의 이야기

중학교 1학년 때 인스타그램 때문에 사건 하나가 생겼다. 친구 집에서 밤새워 놀기로 한 날이었다. 시간이 꽤 늦어지자 우리는 좀 지루해졌다. 그때 친구가 "우리 학교 커플들을 모아놓은 계정을 만들자"고 했다.

우리는 '잘 어울리는 커플' 따위의 이름을 붙인 인스타그램 계정을 만들고 프로필에 학교 이름을 넣었다. 그저 학교 내에서 서로 사귀고 있는 아이들의 게시물을 올리면 재밌을 것 같다고만 생각했다. 우리는 사귀고 있는 아이들 몇 명과 서로 좋아하고 있는 몇 명을 인스타그램에 올렸다. 커플 사진을 당사자들의 인스타그램 계정에서 가져와 나란히 붙여놓고는 그들을 태그하는 식이었다.

그 계정은 단 몇 시간밖에 열려 있지 않았지만 그 정도면 전교생이 다 알기에 충분한 시간이었다. 우리가 계정을 삭제한 후에도 아이들은 여전히 그 이야기를 하면서 불쾌해하고 화를 냈다.

바로 다음 날, 내가 속해 있던 단체 채팅방에서는 도대체 누가 그런 계정을 만들었느냐는 질문이 쏟아졌다. 그제야 나는 우리가 엄청난 짓을 저질렀다는 사실을 깨닫기 시작했다. 이 일은 SNS와 학교에서 유일한 화젯거리였다. 그때까지는 친구들이 내가 그 일을 벌였다는 사실을 몰랐다. 아이들은 인스타그램에 올라온 커플들에 대해 수군댔고 배후에 누가 있는지를 두고 갖은 추측을 했다. 나는 그 누구에게도 내가 한 짓이라고 털어놓고 싶지 않았다.

상황은 더 심각해졌다. 내가 인스타그램에 올린 한 커플은 둘 다 여자였다. 우리 학교 아이들은 모두 그 둘이 사귄다는 것을 알고 있었고 별로 대수롭지 않게 생각했다. 그런데 알고 보니 둘 중 한 명만 커밍아웃을 했고 나머지 한 명은 하지 않은 상태였다. 그 아이가 여자와 데이트한다는 사실을 학교에서는 모두 알고 있었지만 학교 밖에서는 아무도 몰랐다. 우리가 사진을 올린 또 다른 아이는 자기가 누굴 좋아하는지는 비밀이었는데 전교생이 다 알게 됐다며 불같이 화를 냈다. 하지만 나는 그게 비밀이었는지 정말 몰랐다. 이미 모두가 다 알고 있다고 생각했다.

이런 일이 벌어지고 나니 학교에 가기가 정말 싫었다. 그래서 꾀병을 부렸다. 내가 결석하자 아이들은 '네가 한 짓이라는 걸 알고 있다', '교장 선생님께 말씀드릴 거다', '넌 정학을 당하게 될 거다' 등등의 문자를 보냈다. 나는 아이들의 얼굴을 마주할 자신이 없었다.

학교로 돌아가자마자 교장실에 불려 가서 혼이 났다. 물론 이건 시작에 불과했고 여기까지는 나쁘지 않았다. 학교에서는 이 일과 관련해 여러 학생을 면담하고 그중 몇몇은 소셜 미디어에 관한 교육용 영상을 시청하게 했다. 이 일로 학교 내에 서로를 믿지 못하는 분위기가 형성되자 또 다른 문제가 생겨났고 상황은 훨씬 더 나빠졌다. 모든 일들이 한꺼번에 밀려오니 감당하기가 힘들었다. 이 일이 일어나기 전에 나는

다른 문제로 친구들과 갈등을 겪고 있었는데, 사건이 터지고 난 후에는 모두 내게 등을 돌렸다. 나는 거의 모든 친구를 잃었다.

나와 함께 인스타그램 계정을 만들었던 여자애도 같은 일을 겪었다. 한동안 우리는 서로에게 유일한 친구였다. 그러다 그 애마저 학교를 떠났다. 그 이후로 나는 친구를 사귀기 힘들었다.

성적은 뚝뚝 떨어졌다. 온통 'A'밖에 없던 성적표에 'C'가 섞였다. 눈앞에 닥친 일에서 오는 스트레스가 극심했기 때문에 부진한 성적을 만회하기가 너무나 힘들었다. 그 후 1년이 지났지만 여전히 전 과목 'A'를 받지 못하고 있다.

학교에 가기 싫은 건 지금도 마찬가지다. 정말 끔찍했다. 교실에 앉아 있기만 해도 그 자리에 있는 것만으로 너무 힘들어 아무것도 할 수가 없는 기분이었다. 집에서도 힘들었다. 인스타그램은 한동안 끊었지만 그렇다고 해결될 문제는 아니었다. 아이들은 무척 화가 나 있었다. 나는 거기에서 벗어나지 못하리라는 기분이 들었다.

만약 그때로 돌아갈 수 있다면 절대로 그런 짓을 하지 않을 것이다. 유치했을 뿐만 아니라 사람들에게 상처를 주는 행동이었다. 또 그때 학교를 결석하는 대신 상황을 받아들였어야 했다. 그 행동이 마치 내가 뭔가를 감추고 있다는 느낌을 줬을 것이다. 그런 것은 정말 아니었는데 말이다. 우리는 악의를 갖고 그런 게시물을 올린 게 아니었다. 그냥… 단지 늦은 시간에 심심해서 바보 같은 짓을 했다. 왜 그랬는지 사실대로 털어놓지 못했기 때문에 아이들은 내게 악의가 있었다고 넘겨 짚었을 것이다.

나는 엄마에게도 무슨 일이 있었는지 털어놓기가 겁났다. 혼날까 봐 두려웠고 휴대폰을 빼앗길까 봐 걱정됐다. 엄마는 계속 무슨 일이 있냐고 물었지만 차마 입이 떨어지지 않았다. 휴대폰이 없는 아이는 철저히 소외된다. 무슨 일이 생겨도 이야기할 사람도 없고 친구들의 도움도 기대할 수 없다. 부모님들은 아마 아이의 휴대폰을 빼앗으면 다른 사람들이 괴롭힐 일도 사라질 거라고 생각할지 모르지만, 그러면 내 곁에 있던 친구들도 같이 사라진다. 내가 아는 많은 아이들이 부모님에게 문제를 말하지 않는다. 혼나는 것도 무섭지만 실제로는 그렇게 했다가는 휴대폰을 빼앗길 거라고 생각하기 때문이다. 부모님은 계정을 삭제하고 휴대폰을 주지 않으면 그만이라고 생각하겠지만 아이는 맘만 먹으면 어떤 식으로든 문제를 일으킬 수 있다.

내가 하고 싶은 말은, 아이들은 어떻게 하면 문제를 피할 수 있는지, 문제가 생겼을 때는 어떻게 해야 하는지 스스로 배우고 터득해야 한다는 것이다. 나는 완전히 새로운 부류의 친구들을 사귀어야 했는데, 그 친구들과는 마음도 잘 맞고 모든 면에서 상황이 더 나아졌기 때문에 무척 잘 지내고 있다. 최근에는 달리기도 시작했다. 복잡한 일이 생겼을 때 달리기를 하면 머리가 맑아진다. 이제는 인스타그램을 하며 보내는 시간을 줄이고 내게 도움이 되는 일을 하려고 한다.

내 아이가 친구를 사귀는 법

인터뷰 도중 어린 소녀가 "난 거의 모든 친구를 잃었어요"라고 했을 때 그 아이의 고통이 느껴졌다. 사람은 누구나 어떤 식으로든 사회적 거부social rejection를 경험하고 상처를 입는다. 게다가 그런 일은 뇌리에 박힌다. 나는 중학교 2학년 때 남자친구와 헤어지고 싶다는 쪽지를 썼다가 다른 아이에게 들킨 이후 몇 주간 친구들 사이에서 기피 대상이 된 적이 있다. 중·고등학교 시절, 내게는 친구가 거의 삶의 전부였다. 그런 친구들과의 우정에 금이 가자 세상이 무너져 내리는 기분이었다. 매우 고통스러운 결과를 초래하는 이 같은 경험은 소셜 미디어가 나타나기 훨씬 전부터 있었고 앞으로도 10대들이 존재하는 한 새롭고 끔찍한 방식으로 나타날 것으로 보인다. 기본적으로 아이들의 친구 관계는 좋을 때도 있고 나쁠 때도 있기 마련이지만 소셜 미디어로 인해 관계 맺기와 배제하기가 더 쉬워졌고 나쁜 상황을 피하기도 어렵게 됐다.

아이들이 가족 구성원으로서 맡은 역할을 이해하고 가족이라는 한정된 테두리 밖에서 자신의 정체성이 무엇인지 깨달으며 성숙해가는 10대 청소년기에 친구 관계는 대단히 중요하다. 10대들은 사회적 상호작용을 통해 성격과 정체성을 '예행연습'하면서 자신들이 어떤 사람인지 그리고 어떤 사람이 되고 싶은지 알아내려고 노력한다. 행동 시연과 상상적 청중과의 소통은 이 과정에서 중요한 부분을 차지한다. 요컨대 어린 시절의 친구 관계와 사회적 경험은 아이가 어떤 어른으로 성장할 것인지 결정짓는 데 지대한 역할을 한다.

사춘기 시절 우정에 금이 가면 아이들은 보통 그 과정이 공개적으로 이뤄진다는 느낌을 받는다. 거기에 소셜 미디어라는 수단이 개입되면 그 효과는 더욱 두드러진다. 인스타그램에서 사진이나 태그가 삭제되고 친구 목록에서 차단되거나 지워지는 것을 보고 관계가 끝났다는 사실을 실시간으로 확인할 수 있다.

아이들이 힘들어하는 이유는 심리학자들이 '사적인 자기 노출'이라고 칭하는 개념 때문이다. 얼핏 듣기에 외설적이거나 도발적인 느낌을 주는 표현이지만 사실 그렇지 않다. 이는 자신의 개인적인 감정과 삶의 소소한 부분까지 다른 사람에게 이야기하는 것을 지칭하는 개념으로, 친구 간의 우정이 얼마나 돈독한지 알려주는 척도가 될 수 있다. 언제, 누구에게, 어느 정도까지 나를 공유할지 판단하기란 쉽지 않다. 10대들뿐만 아니라 사람들은 누구나 믿을 만하다고 생각하는 사람이나 서로 비슷한 이야기를 주고받으며 공감할 수 있는 사람이 아니라면 개인적인 이야기를 하거나 진심에서 우러난 감정을 표현하길 꺼린다. 많은 10대들은 친구가 등을 돌렸을 때 자신이 힘겹게 드러낸 본연의 모습을 거부당했다고 느낀다.

과잉 공개 oversharing

자기 노출이라는 주제와 관련된 과잉 공개를 알아보자. 88%의 아이들이 또

래 사이의 과잉 공개를 문제로 여기고 있다는 보고가 있다.[1] 부모 입장에서는 다행이라고 할 수 있다. 우리 자녀들도 비슷하게 생각할 가능성이 높다는 의미이기 때문이다. 자녀에게 소셜 미디어에서 사람들이 지나칠 정도로 많은 것을 공개한다고 생각하는지 물어보고, 무엇을 보면 과잉 공개라는 생각이 드는지 예를 들어보라고 하자. 그리고 다음 질문들을 같이 생각해보자.

- 그것이 왜 문제일까?
- 과잉 공개를 하는 사람을 보면 어리석게 보이는가 아니면 너무 애쓰고 있다는 느낌이 드는가 또는 그보다 더 심각한 문제가 있다는 생각이 드는가?
- 절대로 공개해서는 안 되는 것이 있을까?
- 가족 구성원과 관련된 일 중 소셜 미디어에 절대로 올리지 말아야 할 것에는 무엇이 있을까?
- 과잉 공개로 발생할 수 있는 문제는 무엇이 있을까?
- 남들에게 '진짜'로 인정받기를 바라는 마음에 과잉 공개를 해야 한다는 압박감을 느끼는가? 그런 압박감을 느낄 때 균형을 잡는 방법은 무엇일까?
- 당신 또는 당신의 자녀가 뭔가를 공개했다가 후회한 경험이 있는가? 그런 상황에서 대처할 방법에는 무엇이 있을까?

기술과 양육 문화가 바꾼 사회적 교류 방식

지난 20년 동안 10대들의 사회적 교류 방식은 급격한 변화를 겪었다. 트웬지 박사는 특히 2017년 자신의 저서 『#i세대: 스마트폰을 손에 쥐고 자란 요즘 세대 이야기』에서 오늘날 10대들이 사회적 관계를 맺는 방식을 과거와 비교해 그중 극명히 달라진 점을 몇 가지 지적했다. 트웬지 박사는 특히 1995년 이후 태어난 아이들을 i세대로 분류했다. i세대는 한가한 시간에 친구들과 얼굴을 맞대고 어울리기보다 혼자서 더 많은 시간을 보낸다.

연령별로 세 그룹으로 나누어 조사한 결과에 따르면 i세대 10대들은 얼굴을 마주하는 사회적 활동에 일일이 참여할 가능성이 낮다. 점점 줄어들고 있는 대면 접촉에는 친구와 1대 1로 만나거나 소규모로 만나는 것부터 많은 사람이 모이는 파티까지 모든 종류의 활동이 포함된다. 차를 타고 드라이브를 하는 것처럼 아무 목적이 없거나 영화를 보러 가는 것처럼 염두에 둔 목적이 있는 활동도 여기에 해당한다. 또한 쇼핑하러 가는 것처럼 온라인으로 대체할 수 있는 활동도 있고 친구와 놀러 나가는 것처럼 대체할 수 없는 활동도 있다.[2]

트웬지 박사의 주장을 뒷받침하는 근거로 퓨 리서치센터 인터넷 및 기술 분과의 2018년 자료를 들 수 있다. 조사 결과에 따르면 10대 청소년 중 60%가 매일 온라인상에서 친구와 시간을 보낸다고 대답했지만 24%만이 친구와 직접 만난다고 대답했다. 그 이유를 묻는 질문에 가장 많이 나온 대답은 무엇일까? 75%의 10대가 자신들 또는 친구들이 다른 할 일이 너무 많기 때문이라고 답했다.[3]

트웬지 박사는 또한 아날로그 시대에 청소년기를 보낸 대부분의 사람에게 가장 기억에 남는 일은 아마도 첫 키스나 졸업 파티 뒤풀이 또는 쇼핑몰에서 심한 장난을 치다가 곤란에 처했던 경험 등이 전부

일 것이라고 말했다. 대부분 부모의 시선이 미치지 않는 곳에서 친구들끼리 있을 때 일어나는 일들이다. 근래의 기술 수준과 우리가 몸담은 양육 환경을 고려해볼 때 요즘 자라나는 아이들에게 이런 경험은 점점 더 흔치 않은 일이 될 것이다.

오늘날 부모들은 자녀들의 사생활에 지나칠 정도로 간섭하는 경향이 있다. 중·고교생 자녀에게도 마찬가지다. 지금은 당연한 일이 되었을지 모르지만 과거에는 그렇지 않았다. 어쨌든 발달 단계상 친구 관계와 사교 활동에 우선순위를 두기 시작하는 시기에 아이들은 대부분 휴대폰을 갖게 된다. 이때부터 부모들에게 힘든 시기가 찾아온다. 아이들이 점차 부모에게서 거리를 두기 시작하는 시점에 휴대폰을 통해 독립성과 사생활을 좀 더 보장받을 수 있기 때문이다.

내 경우 큰딸이 중학교 1학년일 때 그 시기를 맞았다. 나는 그때를 아이가 내 품에서 벗어나 주도적으로 자신의 삶을 이끌어가기 시작한 해라고 말할 수 있다. 부모 입장에서는 자녀가 점점 커가면서 자신들이 속속들이 알 수 없는 하나의 독립된 존재가 된다는 사실을 받아들이기가 정말로 힘들다. 딸아이는 새로운 친구들을 사귀기 시작했고(나는 그 아이들은 물론 그 부모들이 누군지 몰랐다), 내가 들어본 적도 없는 음악을 들었고, (내가 싫어하는) 무서운 영화에 열광했으며 갑자기 옷에 신경 쓰기 시작했다. 물론 여전히 우리 딸은 내가 시키기도 전에 먼저 숙제를 하고 매일 강아지와 즐겁게 노는 사랑스러운 아이기도 했다.

하지만 아이는 예전과 달라졌다. 성장해가고 있었던 것이다. 아이는 혼자서 더 많은 시간을 보내길 원했고, 다정하고 참견하기 좋아하고 걱정 많은 엄마의 간섭에서 벗어나고 싶어 했다. 많은 부모, 특히 자녀의 삶에 깊이 개입하던 부모들은 아이의 자립 요구를 반항으로 여길 수 있다. 이럴 때 부모들은 보통 아이의 손을 더 꽉 붙잡고 오래 껴안으며 더 많은 시간을 함께하려고 한다. 안타깝지만 10대들은 그렇게 숨 막힐 정도로 엄마가 꽉 껴안아주는 것을 좋아하지도 않을뿐더러 오히려 그 품을 벗어나기 위해 더 심하게 버둥댈 것이다.

스마트폰을 가진 아이들이 얻는 것: 자유, 편의, 안전

처음 갖게 되는 스마트폰은 아이들에게 많은 이점을 제공하는데 그중에는 어느 정도의 자유가 포함되어 있다. 1970~1980년대에 자라난 우리 세대는 부모의 통제에서 벗어나 독립적으로 활동하는 것이 자연스럽게 여겨졌지만 우리 아이들 대부분은 그렇지 않다. 청소년들은 여전히 새로운 경험을 하고 친구들과 어울리기를 갈망할 뿐만 아니라 이런 활동을 부모의 감시망을 벗어나 마음껏 할 수 있는 자유를 얻고 싶어 한다. 더구나 독립적인 탐험은 청소년기에서 성인기로의 이행이 성공적으로 이뤄지기 위해 필수적인 요소이지만 많은 아이들에게 이런 기회가 주어지지 않는다.

소셜 미디어와 게임은 헬리콥터 부모 밑에서 자란 많은 10대가 부모의 시선을 피해 사회적 교류 방법을 연습하고 실험할 유일한 기회를 제공하는지도 모른다. 내 생각에 아이들은 의식하지 못하는 사이 이런 해방감에 도취되어 (의도는 좋으나 간섭이 심한) 부모와 거리를 두려는 모습을 보이는 것 같다. 누굴 비난하려는 것은 아니다. 나 역시 아

이가 잘되길 바라며 지나치게 간섭하는 부모 중 하나일 뿐이기 때문이다. 학자들도 그 점에 주목하며 다음과 같이 언급했다. "소셜 미디어는 젊은 세대들에게 부모나 교사의 간섭 없이 자신들의 정체성과 문화를 탐구하고 발전시킬 수 있는 무대를 대표한다고 할 수 있다."[4]

스마트폰은 또한 편리함을 상징한다. 자유롭게 놀 시간이 점점 부족해지는 상황에서 대부분의 아이가 친구들과 가장 쉽게 어울리는 방법은 스마트폰을 이용하는 것이다. 방과 후 학원에 가기 전까지 1시간밖에 남지 않았고 몇 시간씩 걸리는 숙제를 취침 시간 전에 끝마쳐야 한다면 친한 친구와 직접 만나기보다는 영상통화를 하는 편이 훨씬 효율적이다.

안전 문제와 계획을 실천에 옮기는 문제도 스마트폰이 해결해줄 수 있다. 당신이 중학교 1학년이라고 가정해보자. 다른 동네에 사는 친구와 놀고 싶은데 부모님이 일하느라 친구 집까지 데려다줄 수 없는 상황이다. 30년 전이라면 자전거나 버스를 타고 가거나, 심지어 걸어서 갔을지도 모른다. 하지만 요즘 부모들은 그 정도 거리를 아이 혼자 이동하는 것이 안전하다고 생각하지 않는다. 이제는 아이 혼자 걸어가거나 대중교통을 이용해 멀리 가게 하는 일이 사회적으로 용납되지 않는다. 그럼 차라리 둘이 함께 엑스박스Xbox로 온라인상에서 게임을 하는 편이 더 낫지 않을까? 인터넷에 연결되어 있고 함께 즐길 게임과 헤드셋만 있다면 각자의 집에서 안전하면서도 서로 즐거운 시간을 보낼 수 있지 않을까?

온라인에서 관계를 맺는 방식

스마트폰과 소셜 미디어, 게임은 특히 젊은이들 사이에서 대표적인 의사소통 수단으로 자리 잡았다. 젊은이들이 소셜 미디어와 인터넷을 사용하는 여러 가지 이유 중 가장 중요하게 꼽는 것이 의사소통이라는 사실은 여러 연구를 통해 거듭 확인되고 있다.

스마트폰을 통한 의사소통은 다른 사람과의 연결을 용이하게 하지만 항상 친밀감을 느끼게 하는 것은 아니다. 여러 나라에서 이뤄진 수많은 조사에 응답한 아이들은 모두 온라인에 연결되어 있으면 친구를 쉽게 사귈 수 있고 또래와 유대감을 쌓을 수 있다고 말한다. 청소년기의 친구 관계가 건강한 정서 발달과 정체성 확립에 중요한 역할을 한다는 점을 고려해본다면 부모 입장에서는 참 반가운 일이다.

그럼 이런 친구 관계는 어떻게 형성되는가? 아이들은 인스타그램이나 스냅챗 같은 소셜 미디어뿐만 아니라 엑스박스나 플레이스테이션 같은 가정용 게임기를 통해 온라인상에서 친구를 사귄다고 말한다. 아이들이 새로운 친구와 서로 친해지는 과정에서 처음 주고받는 정보 중에는 어떤 소셜 미디어를 하는지, 어떤 게임기를 갖고 있는지가 포함된다. 과거에 우리가 새로운 친구를 만나거나 호감 가는 이성을 만났을 때 전화번호를 주고받았던 것처럼 요즘 아이들은 서로의 SNS 아이디를 묻는다.

여자아이들에게 친구를 사귀고 서로 어울리기 위한 수단이 인스타그램 같은 소셜 미디어라면 남자아이들에게는 게임이다. 여자아이들이 친해지고 싶을 때 인스타그램이나 스냅챗 아이디를 교환하는 것처

럼 남자아이들은 게임 아이디를 공유한다.

2015년 퓨 리서치센터의 보고서를 보면 아이들이 친구와 소통하기 위해 기술을 활용하는 모습에서 재밌는 점을 발견할 수 있다. 마치 단계가 나눠진 것처럼 친분 정도에 따라 다른 형태의 의사소통 수단을 선택한다는 것이다. 실제로 아이들의 소통 방식을 자세히 들여다보면 상당히 흥미로운 점이 드러난다.

당신이 중학교 3학년이라고 가정해보자. 아마도 전화 통화를 하는 경우는 드물고 영상통화를 더 자주 하는데 그나마도 아주 친한 친구

10대들의 스마트폰 사용 유형별 이용 현황

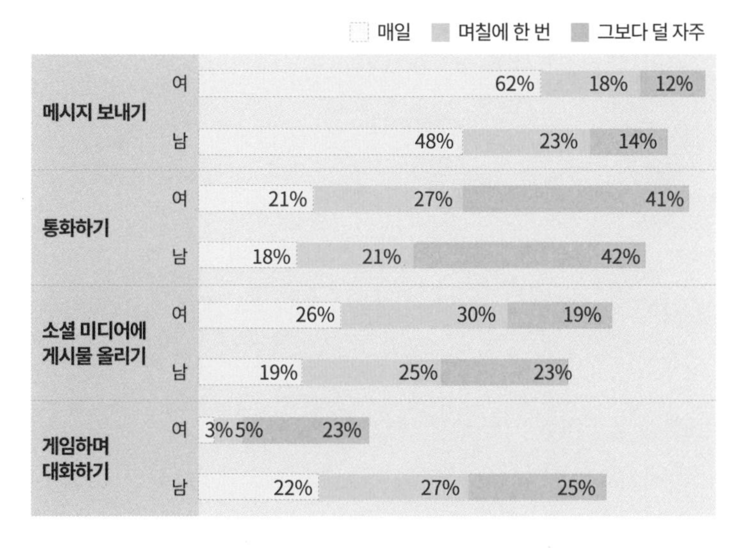

친구들과 어울리기 위해 여자아이들은 주로 메시지 보내기와 소셜 미디어 활동을 하는 반면 남자아이들은 주로 게임을 한다.

출처: 퓨 리서치센터 '10대 대인 관계 실태 조사'(기간: 2014년 9월 25일~10월 9일, 2015년 2월 10일~3월 16일 / 대상: 만 13~17세 1,060명)

끼리만 할 것이다. 스냅챗 스트릭streak(스냅챗에서 두 사람이 3일 이상 연속으로 서로 사진을 주고받으면 이름 옆에 불꽃 모양의 이모티콘이 생기고 그 옆에는 며칠 동안 서로 사진을 주고받았는지 알려주는 숫자가 뜨는데 이를 스트릭이라고 한다. 하루 24시간 이내에 서로 사진을 보내지 않으면 스트릭이 사라진다 – 옮긴이)을 여러 사람과 주고받는데 그중에는 내가 좋아하는 친구도 있지만 그냥 아는 사람도 있다. 같은 학교에 다니지만 서로 얼굴만 아는 누군가의 인스타그램 사진에 계속 '좋아요'를 누를지도 모른다. 그럼 상대방이 그 보답으로 당신의 인스타그램 사진에 '좋아요'를 눌러주기 때문이다. 당신에게는 인스타그램 계정이 여러 개 있을 것이다. 하나는 남들에게 보여주기 위한 (좀 더 잘 꾸며진) 공식 계정, 또 다른 하나는 친구와 공유하기 위한 음악이나 '짤' 보관용 계정 그리고 나머지 하나는 진짜로 친한 친구들에게만 공개되어 언제든지 마음 내키는 대로 아무 게시물이나 편하게 올릴 수 있는 '스팸' 또는 '핀스타(가짜fake+인스타그램Instagram의 합성어 – 옮긴이)' 계정이다.

아동·청소년기의 건강한 발달을 위해 친구와 끈끈한 우정을 유지하는 것이 중요하다는 사실을 입증하는 자료는 차고 넘친다. 그럼 주로 이모티콘으로 대화하는 요즘 아이들이 서로 끈끈한 우정을 다질 수 있게끔 도우려면 어떻게 해야 할까?

작가이자 심리학자인 래리 로젠 박사는 디지털 네이티브들은 대부분 소셜 미디어를 통해 서로 더 친밀해졌다고 여기지만 사실 그들 사이에는 진정한 친밀감이 쌓였다기보다는 단순히 연락을 주고받는 일만 늘었을 뿐이라고 말한다. 대표적인 예가 스냅챗의 스트릭 기능이

다. 스냅챗 앱으로 하루도 빠지지 않고 매일 사진을 주고받으면 스트릭이 몇 달씩 유지되는데, 아이들은 그 숫자를 무척 중요하게 여긴다. 그 이유는 나도 정말 설명하기 어렵다. 내가 인터뷰한 아이들은 별생각 없이 시작된 스트릭에 어떻게 하다가 건잡을 수 없을 정도로 빠져들었는지에 대해 농담을 했다. 친구가 이사를 가서 서로 대화를 나눌 일이 없다고 하더라도 스트릭은 계속 유지될 것이다. 그런데 만약 한 친구가 와이파이가 연결되지 않는 지역으로 여행을 떠나서 스트릭이 사라진다면 두 아이는 그제야 서로에게 공통점이 거의 남아 있지 않다는 사실을 깨달을 것이다. 하지만 그런 일만 아니라면 스트릭은 1년이 되도록 지속할 수도 있다.

우리는 자녀들이 친구들과 얼굴을 맞대고 직접 만나서 어울리는 진짜 관계를 맺도록 독려해야 한다. 우리 자신의 친구 관계와 인간관계에서 공감과 연민을 드러내는 모습을 보여주면 아이에게 모범이 될 수 있다. 매일 아이와 대화하며 의사소통 기술을 연마하고, 다른 사람과 대화할 때는 스마트폰을 만지작거리는 대신 상대방의 말에 관심과 존중을 표현해야 한다. 더 나아가 자녀가 좋아하는 일을 찾도록 격려해 공통 관심사를 가진 사람들과 많이 어울릴 수 있도록 도와야 한다.

온라인 의사소통은 오프라인과 어떻게 다를까?

현실 속 인간관계에 대비되는 온라인 친구 관계와 사회적 상호작용의 속성을 우려하는 목소리가 많다. 구체적으로 말하면 어떤 사람들은 온라인 친구 관계가 대면 접촉을 통해 상호작용이 이뤄지는 인간관계에 비해 '진정성'이 부족하다고 여기며, 직접 만나서 대화하고 함께 시간을 보내는 것이 소셜 미디어를 통한 교류보다 훨씬 더 의미 있다고 주장한다.

한 연구는 온라인 친구 또는 주로 온라인을 통해 연락하는 친구 관계는 전통적인 인간관계에 비해 유대감이 약하다고 지적했다. 실제로 사회학자들은 이 둘을 약한 유대 관계 vs 강한 유대 관계 구도로 놓고 비교한다. 하지만 온라인상에서 주로 만나는 친구들을 매우 중요하게 여기고 이들과 맺는 관계 역시 진정성 있고 의미 있다고 굳게 믿는 내 입장에서는 받아들일 수 없는 주장이다. 사교 활동에서 현실과 디지털의 경계를 구분 짓지 않는 청소년들 입장에서는 더 그럴 것이다.

만약 온라인상에서 이뤄지는 친구들과의 의사소통이 당신에게 의미가 있다면 그런 의사소통을 통해 맺은 관계 역시 소중할 것이다. 그러나 만약 그 의사소통이 단지 스냅챗 스트릭에 그친다면 진지한 관계 맺기가 아닌 정보나 사진 교환이라고 하는 편이 맞을 것이다. 또래와 어울리기를 갈망하는 아이들이 그 둘의 차이를 구별하기는 쉽지 않다. 그럴 경우 부모들이 개입해 아이들에게 진정한 친구 관계가 무엇인지 반드시 이해시켜야 한다.

약한 유대 관계와 강한 유대 관계

소셜 미디어 덕분에 우리는 좋든 싫든 많은 사람과 관계를 맺게 됐다. 인맥의 확장이라는 측면은 소셜 미디어의 확산에 주도적 역할을 담당했다. 하지만 우리는 그 거대한 인맥에서 얻을 수 있는 사회적 지지와 유대감을 훨씬 낮게 평가하는 경향이 있다. [5]

이 문제와 관련해 자녀들과 우리 자신에게 질문을 해볼 필요가 있다. 우리는 왜 인맥을 넓히길 원할까? 친구와 관계를 돈독히 유지하는 데 그만한 시간과 노력을 쏟고 있는가? 우리가 올린 게시물을 잘 모르는 사람들과 공유하고 싶은가? 만약 그렇다면 '좋아요'를 더 많이 받고 팔로워 수를 늘릴 좋은 기회라고 생각하기 때문인가? 온라인에서 만난 사람들이 진짜 친구일까? 그냥 아는 사람일까? 아니면 다른 무엇일까?

게임이나 소셜 미디어를 통해 쌓은 온라인 인맥은 약한 유대 관계weak-tie로 분류된다. 그렇다고 이 관계가 중요하지 않다는 뜻은 아니다. 넓은 인맥을 보유할 수 있다는 것은 어른에게든 아이에게든 매우 가치 있는 일이며 소셜 미디어 참여로 얻을 수 있는 이점 중 가장 흔하게 언급되는 것이기도 하다.

심리학자들과 기술 전문가들에 따르면 온라인 사회적 자본은 주로 나와 강한 유대 관계strong-tie를 맺고 있는 사람들보다 약한 유대 관계를 맺고 있는 지인들에게서 나오는 경우가 많다고 한다. 약한 유대 관계인 사람들은 다양한 집단에 소속된 사람들 사이에서 교량 역할을 하며 정보와 자원, 기회 등을 서로 나누는 데 도움을 줄 수 있다. 여기서 우리가 알아야 할 중요한 사실은 강한 유대 관계와 약한 유대 관계는 각자 맡은 역할이 다르다는 점이다. 성인들은 그 차이를 직감적으로 알아챌 수 있지만 아이들이 그 개념을 이해하기는 쉽지 않다.

온라인에서 사람들은 오프라인에서와는 다른 방식으로 의사소통을 한다. 뇌는 직접적 상호작용을 할 때와 디지털 의사소통을 할 때 완전히 다른 반응을 보인다. 더 중요한 점은 직접적으로 이뤄지는 진짜 상호작용이 아이들의 사회성 기술 발달에 도움을 주는 것은 물론 우울감의 중요한 보호 기제로 작용한다는 것이다.[6]

대부분의 연구에서 온라인 의사소통이 덜 충동적이고 좀 더 계획적인 특징을 보이는 것으로 나타났다. 채팅방에서 아무리 빠른 속도로 대화를 주고받는다고 하더라도 온라인에서 이뤄지는 상호작용은 비동시적이다. 다시 말해 대화에 참여하고 있는 사람들이 상대방에게 반응하기 전에 잠깐 멈추고 생각할 시간을 갖게 된다는 뜻이다. 아이들도 온라인상에서 대화할 때 무슨 말을 할지 그리고 어떻게 자신을 표현해야 할지 충분히 생각할 여유를 갖는다. 이런 면에서 온라인 의사소통이 아주 유용할 때가 있다. 수줍음이 많거나 충동적인 아이들에게 다음에 무엇을 하고 싶은지 곰곰이 생각해보거나 '보내기' 버튼을 누르기 전에 신중히 고민해볼 기회를 주기 때문이다.

부정적 측면

온라인 의사소통의 비동시성에는 유해한 면도 있다. 아이들이 어떤 상황을 지나치게 생각하게 하거나 상대방에게 어떻게 반응해야 할지, 또는 자신을 어떻게 표현해야 할지 몰라 초조해하는 경우도 있기 때문이다. 게다가 또래들을 괴롭히는 성향이 있는 아이들에게는 악의적인 게시물을 정교하게 꾸며낼 시간과 공간을 제공하기도 한다. 이를

전투기 조종사가 실전에서 목표물을 겨냥하기 위해 얼마만큼의 거리를 두어야 하는지에 비유해 '콕핏 효과'cockpit effect라고 부르기도 한다. 하지만 직접적인 의사소통을 할 때는 우리가 하는 말에 즉석에서 바로 책임을 져야 한다.

또한 시각적 신호를 읽고 내 말에 대한 다른 사람의 반응을 몸소 느끼는 것이 공감 능력을 키우는 데 도움이 된다는 측면에서 볼 때도 가상현실 속 의사소통은 유익하지 않다. 공감 능력은 성공적이고 행복한 삶을 위해 갖춰야 할 중요한 요소이며, 더 큰 맥락에서 봤을 때 좀 더 나은 시민사회를 만드는 데 도움을 준다.

셰리 터클Sherry Turkle은 자신의 저서인 『대화를 잃어버린 사람들: 온라인 시대에 혁신적 마인드를 기르는 대화의 힘』에 이렇게 썼다. "대화가 이뤄지지 않으면 공감 능력과 친밀감이 약해지고 창의력이 떨어지며 성취감을 느끼지 못한다는 연구 결과가 있다. 우리는 점차 위축되고 퇴보하고 있다. 그러나 이 연구에서 상실했다고 주장하는 것들은 휴대폰으로 문자메시지를 보내며 자라온 세대가 느끼지 못하는 감정일 것이다."[7]

긍정적 측면

여러 면에서 볼 때 기술은 유용하다. 10대들이 원하는 또래와 디지털 미디어를 통해 관계를 맺는다는 사실은 분명하다. 사회적 유대감과 소속감은 아이들에게 유익하며 삶의 여러 방면에서 긍정적 감정을 느끼는 데 도움이 된다. 수줍음이 많거나 불안감이 높은 사람들 또는 사회에 소속감을 느끼지 못하는 사람들에게도 유익하다. 또한 소외되거나 외로운 아이들이 친구를 찾는 데 도움이 될 수 있다.

소셜 네트워크는 성 정체성으로 고민하는 아이들이 동료 집단이나 역할 모델을 찾고 우울증과 불안감에 시달리는 아이들이 도움이나 지원을 요청하고 점심을 같이 먹을 친구가 없는 아이들이 온라인에서 잘 알려지지 않은 일본 애니메이션 캐릭터를 좋아하는 취미를 공유하는 수많은 사람과 어울리는 데 도움을 줄 수 있다.

그런 청소년들에게 소셜 미디어는 생명줄이나 다름없다. 하지만 안타깝게도 통계상으로 볼 때 이 아이들은 온라인에서도 괴롭힘이나 따돌림을 당할 가능성이 높다. 이 문제는 뒤에서 다시 다루기로 하자.

다른 사람에게 내 본모습을 드러내고 내가 누군지 솔직하게 말할 용기를 낼 수 있을 때 진정한 소속감이 생긴다는 점을 이해하는 것은 매우 중요하다. 따라서 소셜 미디어는 자기 노출을 촉진하고 소속감을 높이는 긍정적 결과를 낳을 수 있다.

아이들의 감정이입 능력에 미치는 영향

온라인상에서 지나치게 많은 시간을 보내면 뇌가 영향을 받아 다른 사람의 감정을 헤아리는 능력이 떨어진다는 추측은 많지만 이에 관한 결정적인 연구 결과는 없다. 스마트폰에 할애하는 시간은 늘었지만 감정이입 능력은 줄어들었다는 점에 비춰볼 때 아마도 이 둘은 나르시시즘과 소셜 미디어의 관계처럼 서로 관련이 있을 가능성이 높다. 하지만 이런 종류의 기술에 관한 다른 연구 결과에서 나타난 것처

럼 이 둘은 인과관계가 아닌 상관관계라고 할 수 있다. 인과관계는 한 변수(소셜 미디어)가 다른 변수(감정이입 능력)에 변화를 일으키는 경우를 말한다. 그러나 이런 결론을 뒷받침하는 실질적인 연구나 증거는 없다. 상관관계는 단순히 두 변수 간의 관련성을 의미한다. 상관관계는 음의 상관관계(한 변수가 증가하면 나머지 변수가 감소함), 양의 상관관계(두 변수가 동시에 증가함), 또는 중립(두 변수 사이에 아무런 관련이 없음)으로 나눌 수 있다. 다시 나르시시즘을 예로 들어보면 소셜 미디어의 사용이 많을수록 자기애적 성향이 높다는 상관관계가 존재하지만 소셜 미디어가 나르시시즘을 유발하지 않는다는 사실이 이미 확인됐다.

온라인 활동과 감정이입 능력의 관계를 살핀 여러 연구 결과를 보면 소셜 미디어 사용은 감정이입을 하고 공감을 표현하는 능력에 부정적인 영향을 주지 않는 것으로 드러났다. 하지만 또 다른 한 연구에 따르면 특정 비디오게임은 감정이입 능력의 경미한 저하와 관련이 있었다. 비디오게임에 관해서는 5장에서 좀 더 구체적으로 논의해볼 것이다.

연구 결과는 가상공간에서의 감정이입도 의미가 있지만 직접 만나서 표현하는 공감은 훨씬 더 강력한 효과를 발휘함을 보여준다. 하지만 모든 사람이 직접적인 공감 표현을 쉽게 할 수 있는 것은 아니므로 가상공간에서의 감정이입을 통해 사람들은 타인에게 지지와 격려를 표현하는 연습을 할 수 있다. 그 과정을 거치며 다른 사람과 직접 만났을 때는 물론 또 다른 형태의 의사소통이 이뤄질 때도 자신의 감정을 좀 더 쉽게 표현하게 될 가능성이 있다.

어떤 사람들은 온라인에서 자신의 감정을 표현하는 것이 더 수월해 공감 능력이 향상되고 타인이 어려운 시기에 힘이 되어줄 수 있다고 한다. 퓨 리서치센터의 자료를 보면 대부분의 아이들이(70%) 소셜 미디어를 사용하면 친구들의 감정을 더 잘 이해할 수 있다고 대답했고 상당수의 아이들이(68%) 소셜 미디어가 어렵고 힘든 시기를 지탱할 수 있는 힘이 되었다고 대답했다.

온라인상의 갈등과 다툼, 압박

소셜 미디어는 '현실'의 친구 관계와 인간관계를 비추는 거울 역할을 한다. 거울은 현실을 그대로 비추는 만큼 쉽게 왜곡하기도 한다. 10대들 사이에 갈등과 충돌이 있을 때는 특히 더 그렇다. 그 상황은 소셜 미디어를 거치면서 더욱 과장되고 왜곡될 수 있다. 갈등이 생겼을 때 남자아이들보다는 여자아이들이 소셜 미디어에서 차단, 친구 끊기, 태그나 사진 삭제를 할 가능성이 높다. 친구의 SNS에서 삭제된다는 것은 친구 관계가 끝났다고 공개적으로 통보받는 셈이다. 극단적인 행동으로 보일 수도 있지만, 이런 식의 디지털 인간관계 청산은 친구와 절교한 후 흔히 하는 일이다.

갈등 상황은 온라인과 오프라인을 넘나들기도 한다. 다툼과 관련된 사진이나 대화 내용이 제3자에게 공개되거나 몇 주 또는 몇 달이 지난 후에 다시 등장한다면 문제는 다시 꼬이고 갈등은 재점화된다. 퓨 리서치센터의 2018년 자료에 따르면 10대의 44%가 팔로우 취소, 친구 끊기 경험이 있다고 답했으며, 그 이유로 가장 많이 꼽은 것은 '지

소셜 미디어에서 다음과 같은 경험을 한 10대들의 비율

	자주	가끔	합계
갈등 상황을 부추기는 사람들이 있다	23%	45%	68%
힘든 시기를 견딜 수 있도록 지지해주는 사람들이 있다	18%	50%	68%
내가 초대받지 않은 일에 관한 게시물을 올리는 사람들이 있다	11%	42%	53%
내가 바꿀 수 없거나 통제할 수 없는 나의 행동에 관한 게시물을 올리는 사람들이 있다	9%	33%	42%

출처: 퓨 리서치센터 '10대들의 인간관계 조사'(기간: 2014년 9월 25~10월 9일, 2015년 2월 10일~3월 16일 / 대상: 소셜 미디어를 사용하는 10대 789명)

나친 신경전'으로 인한 피곤함이었다.[8]

소셜 미디어에서 10대들이 느낄 압박감을 생각해보자. 그들은 남들에게 매력적이고 인기 있는 모습으로 비치길 원하며 소셜 미디어 속 모습을 자신의 본모습으로 봐주길 기대한다. 그들은 또래들과 부모의 인정을 받길 원하는 동시에 자신들이 영구적으로 남기게 될 디지털 발자국의 무게에 중압감을 느낀다. 이 아이들이 주변의 또래와 어른들에게 받는 상충하는 압력 사이에서 균형을 잡고 자신의 소셜 미디어 피드를 각 청중이 원하는 '올바른' 요건에 맞추기 위해 애쓰는 모습을 상상해보라. 또 호르몬이 솟구치고 전전두엽 피질에 성난 벌떼가 윙윙대는 상태에서 이 모든 임무를 수행해내야 한다고 생각해보자.

삶의 여러 복합적 측면을 소셜 미디어 피드에 나타내기 위해 하나로 뭉뚱그리는 일은 혼란스럽고 힘들다. 이는 어른들에게도 꽤 어려운 일이다. 아마도 아이들이 다양한 SNS 플랫폼에 여러 개의 계정을 갖고 있는 이유가 바로 여기에 있을 것이다.

온라인상의 친구 관계가 의무적으로 느껴지기 시작할 수도 있다. 그 많은 친구들의 소식을 다 꿰고 있기에는 일이 너무 많아지고, 그만한 중압감도 분명히 있을 것이다. 이런 중압감은 이 책에 소개된 청소년들의 사연에도 여러 번 언급되었다. 디지털 미디어 사용법을 교육하는 비영리단체 커먼센스미디어에서 실시한 한 연구는 "많은 10대들이 쉴 새 없이 문자를 보내고 소셜 미디어에 게시물을 올려야 한다는 중압감으로 거의 성인과 비슷한 수준의 피로감을 호소한다"고 보고했다.[9]

사회성 기술과 의사소통 능력을 길러주자

10대들이 소셜 미디어에 어떻게 반응하는지 논의할 때 반복되는 주제 중 하나는 부익부 현상이다. 이게 도대체 무슨 말이냐고? 연구 결과에 따르면 의사소통 및 상호작용 능력이 뛰어난 아이들은 소셜 미디어의 이점을 최대한 누리는 경향이 있다고 나타났다. 그리고 소셜 미디어를 사회적 상호작용의 대체물(오락과 눈팅, 게임, 웹 서핑 등)이 아닌 타인과의 의사소통을 증진하고 함께하는 시간을 용이하게 해주는 수단으로 여기는 사람들 또한 소셜 미디어 사용으로 이득을 얻고 사

회생활에서 만족감을 느낀다. 부모가 소셜 미디어를 사용해 부모에게 인정받고 신뢰받고 있다고 느끼는 아이들도 자의식과 자존감이 더 강한 편이다. 친구와 굳건한 유대 관계를 유지하고 있는 아이들도 마찬가지다. 가진 자가 더 많이 갖게 되는 것이다.

결국 행복한 아이들이 원래 행복한 자신의 삶을 더 나아지게 만드는 방향으로 소셜 미디어를 사용하는 셈이다. 인기가 많은 아이들은 소셜 미디어를 활용해 더 많은 친구들과 어울린다. 자존감이 높은 아이들은 소셜 미디어 사용을 통해 만족감을 얻을 새로운 길을 반드시 찾아낸다. 나는 이렇게 인기 많고 자신감 있는 (그리고 대체로 매우 매력적인) 청소년들을 보면 흐뭇하다. 그들에겐 정말 잘된 일이다.

하지만 그 외에 나머지 아이들의 경우는 어떨까? 나는 이런 사실을 바탕으로 두 가지 질문을 떠올렸다. 첫째로 없는 자는 그마저도 잃게 될까? 사회성이 부족하고 학교에서 왕따를 당하는 아이들은 온라인에서 더욱 괴롭힘을 당할까? 우울하고 걱정이 많은 아이들은 더욱 불안감을 느낄까? 이 질문의 답은 다음 장에서 자세히 논의하겠지만 안타깝게도 대부분 '그렇다'고 답할 수밖에 없다.

둘째로 이 연구는 모든 아이들의 보호인자를 파악해 강화하고 자신만의 티핑포인트를 깨달을 수 있도록 가르쳐야 한다는 주장을 강력하게 뒷받침한다. 사회성 기술은 배워서 익힐 수 있으며 의사소통 능력은 연습과 격려로 향상될 수 있다. 부모들은 아이들이 온라인 활동을 할 때 자신들의 감정을 주의 깊게 살피도록 도와야 하고, 온라인 상호작용 때문에 부정적 기분이 들거나 스트레스를 받을 때 잠시 휴식을 취하는 것이 매우 중요하다는 사실을 강조해야 한다. 무엇보다도 우리는 자녀들이 강한 유대 관계를 형성할 수 있는 직접적인 만남을 최우선순위에 두도록 도와야 한다.

#직접 해보기

01

뛰어난 의사소통 능력과 사회성 기술은 연습이 필요한 보호인자다. 아이들이 편안하게 여기는 장소를 살짝 벗어나 사람들과 소통해야 하는 상황을 만들어주자.

- 아이에게 의사소통 기술을 설명할 때는 구체적으로 이야기해야 한다. 상대방의 눈을 바라보고 반응을 살펴가며 의사소통을 할 수 있도록 격려해 주자. 몸짓언어와 얼굴 표정을 읽고 미묘한 차이를 해석하고 어조와 말투의 변화를 이해하는 것이 어떻게 의사소통 기술에 포함되는지 이야기를 나눠보자.

02

자녀의 대면 사교 활동을 최우선순위에 두도록 하자. 아무리 바쁘더라도 시간을 쪼개 아이들이 친구들과 직접 만날 수 있게 해주자. 직접적인 만남은 사회성 발달과 유대 관계 강화에 도움이 된다. 특히 친구와 잘 어울리지 못하는 아이에게는 이런 기회를 만들어주는 것이 매우 중요하다. 온라인상에서의 다툼이나 오해가 커지는 이유는 의사소통 태도의 문제로 인한 경우가 많다.

- 곤란한 대화를 직접 만나서 하는 것과 글로 인한 다툼, 특히 많은 사람이

모이는 단체 채팅방 또는 공개적으로 댓글을 주고받는 도중에 벌어질 수 있는 논쟁의 소지를 없애는 것이 얼마나 중요한지 이야기를 나눠보자. 서브트위팅(트위터에 누군가에 관해 비판적이거나 모욕적인 글을 올리는 것으로 상대방의 이름은 언급하지 않지만 누구를 향한 말인지 다 알 수 있도록 우회적으로 표현하는 행위 — 옮긴이)처럼 온라인에서 타인을 험담하는 행위는 삼가도록 주의를 주자. 이렇게 소극적인 방식으로 적대감과 분노를 표출하는 수동 공격적 행동은 상대방의 감정을 상하게 하고 관계를 해칠 수 있다.

- 만약 당신이 굉장히 바빠서 대면 사교 활동을 최우선순위에 두는 것이 정말 어려울 경우, 아이에게 하나를 얻으려면 하나를 포기해야 한다는 점을 분명히 알려줘야 한다. 부족한 시간을 어떻게 하면 가치 있게 쓸 수 있는지는 그들의 선택에 달려 있다. 친구 집에 놀러 가거나 축구 경기를 보러 가거나 생일파티에 참석하는 날은 집에 돌아와도 휴대폰을 할 수 없다는 점을 분명히 이해시켜야 한다.

03

친구와 지인의 차이에 관해 이야기를 나눠보자. 소셜 미디어는 특히 청소년들 사이에서 '친구'라는 단어의 일상적인 의미를 바꿔놓았다. 아이들이 말하는 친구는 당신이 생각하는 개념과 다를 수 있다.

- 지인과 친구의 중요성을 주제로 이야기를 나눠보자. 물론 둘 다 중요하다! 넓은 인맥을 보유하고 있는 것은 매우 긍정적이며, 소셜 미디어와 게임은 인맥을 쌓는 데 도움이 된다.

04

부모들은 점점 커지는 자녀의 독립 욕구와 아이의 삶에서 친구 관계와 인간관계가 차지하는 중요성을 존중해야 한다. 그렇지만 처음 온

라인 활동을 시작할 때는 아이가 어릴수록 더 철저한 지침이 필요하다. 실생활에서 아이들의 사생활을 관리하는 규칙을 디지털 활동에 적용할 때는 온라인의 특성을 고려해 누구나 상식적으로 납득할 수 있도록 적절히 바꿔야 한다는 사실을 명심하자. 감시하고, 지도하고, 신뢰해야 한다는 점을 기억하자.

- 연구에 따르면 아이들은 부모들이 온라인 활동을 지켜보는 것을 원하지 않고 어른들이 지켜본다고 생각하면 다르게 행동하는 것으로 나타났다. 여기에는 장점도 있고 단점도 있다. 단점을 꼽자면 자녀는 부모 몰래 온라인 활동을 하려고 하고 부모는 자녀 몰래 감시하려 한다는 것이다. 서로를 속이는 행위는 부모와 자녀 간의 신뢰를 무너뜨릴 수 있다. 신뢰는 중요한 보호인자이므로 이런 행동은 피해야 한다.
- 스마트폰과 인터넷 사용을 어떻게 감시하고 있는지 자녀에게 직접적으로 솔직하게 이야기하자. 자신들의 문자메시지나 SNS 게시물을 자기 부모뿐만 아니라 다른 어른들이 볼 수도 있다는 점을 아이들이 인식하도록 반복해서 일깨워주자.

05 아이들이 스마트폰이나 기기를 사회적 상호작용을 대신하기 위한 수단이 아닌 다른 사람과 소통하기 위한 수단으로 사용하도록 도와주자.

- (동영상 시청, 소셜 미디어 둘러보기, 게임하기 등) 수동적인 콘텐츠 소비만을 하며 매일 몇 시간씩 스마트폰을 사용하는 아이와 (문자 보내기, 친구와 함께 계획 세우기, 유튜브 동영상 제작 등) 다른 사람들과 관계를 맺거나 온라인 활동

에 참여하기 위한 매개체로 스마트폰을 활용하는 아이 사이에는 중요한 차이가 존재한다는 사실을 설명해주자.

- 소셜 미디어를 의사소통 수단으로 사용하면 친구 사이의 우정을 돈독히 할 수 있다는 연구 결과가 많다. 무엇보다 부모로서 해야 할 가장 중요한 일은 자녀에게 모범을 보이는 것이다.

4장

좋아하는 티를 덜 내려면 파란색 하트

소셜 미디어와 새로운 연애 기준

들어가기 전,

부모 스스로 묻고 답하는 시간

★ 질문 1. 연애할 때 지켜야 할 선에 관해 아이와 대화해본 적이 있는가?

★ 질문 2. 아이와 사귀는 친구가 성적인 사진을 요구한다면 어떻게 대처해야 할까?

★ 질문 3. 온라인상에 떠도는 음란물에 관해 아이와 대화해 본 적이 있는가?

★ 질문 4. 아이의 성적 취향을 알고 있는가?

나만의 시간이 필요해

열여덟 살 존의 이야기

2018년, 내가 열일곱 살이었을 때 7개월 동안 사귄 여자친구가 있었다. 우리는 처음부터 어긋났다. 그 애는 내가 문자를 자주 보내길 바랐다. 내 입장에서는 거의 쉴 틈 없이 연락을 주고받았지만 그 애의 기대를 채워주지 못하는 기분이었다. 할 일이 너무 많았고 학교 수업과 운동, 다른 친구들과의 만남에 그 애와의 연락이 계속 방해가 됐다. 하지만 여자친구가 기대하는 것이 그런 것이었고 그 애를 많이 좋아했기 때문에 실망시키고 싶지 않았다.

나도 그게 이상하다는 걸 알았다. 이전에 더 어렸을 때 다른 여자친구와 만난 적이 있지만 문자를 이 정도로 많이 보내지는 않았다. 당시에는 서로 그런 기대를 아예 하지 않았다. 여자친구를 사귀는 주변의 다른 친구들만 봐도 우리 커플이 정상적이지 않다는 걸 알 수 있었다.

여자친구는 내가 끊임없이 관심을 가져주길 바랐다. 예를 들어 둘이 함께 있다가 헤어지면 집에 돌아오자마자 영상통화를 하고 싶어 했다. 그럴 때면 나는 굉장히 스트레스를 받았다. 내가 친구 집에 놀러 가서 TV를 보거나 하면서 시간을 보내고 있을 때도 그 애는 계속 문자를 보냈다. 속으로 이런 생각이 들 정도였다. '내가 친구 집에 있는 동안에는 제발 내버려두란 말이야. 계속 너랑 문자를 주고받으면 너랑 있는 거지 친구랑 있는 게 아니잖아.'

학교에서 문제가 있었거나 운동경기가 잘 안 풀려서 기분이 좋지 않을 때도 그 애는 밤에 문자를 보내 화를 돋우거나 시비를 걸었다. 내게 무슨 일이 있다는 걸 알면서도 말이다. 나는 단지 내 앞에 놓인 문제를 처리할 시간이 필요한 것뿐이었다. 내가 경기를 망친 것은 그 애랑은 아무 상관이 없는 일이었다. 그냥 혼자 우울해하면서 고민 좀 하다가 한숨 푹 자면 풀릴 일이었다.

결국 문제가 곪아 터지기 직전이 되어서야 내가 얼마나 화나고 힘들었는지 깨달았다. 나는 지쳐버렸다. 그 애를 정말 아꼈기 때문에 상처를 주고 싶지 않았다. 하지만 더 이상은 그렇게 할 수 없었다. 어느 날 그 애랑 헤어지면 어떨까, 만약 그렇다면 내가 잃는 것은 무엇이고 얻는 것은 무엇일까 진지하게 생각해봤고, 그 질문이 머릿속을 떠나지 않았다. 나는 2주간 고민한 끝에 이젠 그만둬야겠다는 결론을 내렸다. 이 관계를 끝내야 했다.

우리가 헤어진 후 그 애는 완전히 이성을 잃었다. 자기가 우울증에 걸렸고 그건 다 나 때문이라고 계속 문자를 보냈다. 나는 그 애가 상처를 많이 받아 힘들어한다는 것을 알고 있었다. 하지만 그런 행동은 마치 나도 똑같이 고통스러워하는지 확인하고 싶어 하는 것처럼 느껴져 소름이 끼쳤다.

그 애는 또 하루에 네다섯 번씩 문자를 보내 나와 대화를 시도했다. 학교에 있을 때는 물론 하교 후에도 두어 번 문자를 보냈고 밤늦은 시간에도 문자를 보냈다. 나는 어떻게 대답해야 할지 몰랐다. 적당히 예의는 지키고 싶었지만 다시 엮이긴 싫었다. 매몰차게 굴기 싫어서 짧게 답을 보내고 그 정도면 눈치챌 거라고 생각했지만 문자는 계속 이어졌다.

그 애는 가상 번호를 생성해 문자를 보낼 수 있는 앱으로 나뿐만 아니라 내 친구들에게도 문자를 보냈고 내 험담을 했다. 한번은 내 친구들과 내 사이를 갈라놓으려고까지 했다. 내가 그 애한테 내 친구들과 말도 섞지 말고 친해질 생각도 하지 말라는 문자를 보냈다고 내 친구들에게 거짓말을 한 것이다. 나와 친한 여자애들에게 접근해서는 걸레니 창녀니 하는 온갖 끔찍한 욕설을 퍼붓기도 했다. 부모님께는 우리가 성관계를 했다고 문자를 보내서 날 곤경에 빠뜨리려고 했다. 그뿐만 아니라 내게 멘토나 다름없는 선생님께 나를 험담하는 문자를 보내 선생님이 나와 그 일에 관해 이야기하러 찾아오신 적도 있다.

다행히도 그동안 그 애와 주고받은 문자메시지를 모두 보관하고 있었기 때문에 나는 사람들에게 그걸 다 보여주고 결백을 증명할 수 있었다. 사람들이 내가 그 애에게 못되게 굴거나 상처를 주려 하지 않았다는 말을 믿어줘서 얼마나 다행인지 모른다. 맹세코 그런 짓을 한 적이 없기 때문이다.

나는 일이 커지지 않도록 혼자 해결하려고 했다. 하지만 결국 무슨 일이 있었는지 부모님께 다 털어놓았다. 엄마가 그 애 엄마에게 문자를 보내서 타이르게 했지만 그 후에도 그런 행동은 계속됐다. 그래도 부모님께 이야기할 수 있어서 다행이었다. 어느 순간 내가 감당할 수 없을 정도로 일이 커지면서 부모님의 도움이 필요했기 때문이다.

이 일은 두세 달 정도 지속되었다. 내 생각엔 전 여자친구가 이별의 충격에서 헤어나기로 결심한 후에야 모든 걸 그만둔 것 같다.

돌이켜보면 전 여자친구는 나를 믿지 못했기 때문에 계속 문자를 보낸 듯하다. 나를 감시하는 방법이었던 셈이다. 내가 헤어지자고 할까 봐 걱정돼서 한 행동이었을 텐데 아이러니하게도 결국 우려했던 일이 벌어졌다. 나는 이제 한 사람은 확신이 있고 나머지 한 사람은 확신이 없는 불안정한 관계는 어느 누구에게도 유익하지 않다는 사실을 깨달았다. 그 애가 원하는 만큼 관심을 충분히 주면서 그 균형을 맞추려고 노력했지만 달라지는 것은 없었다.

이제는 누군가와 관계를 맺을 때 한 걸음 물러서서 객관적인 시각으로 바라보는 것이 얼마나 중요한지 잘 안다. 가끔 지나치게 빠져들어 상황이 어떻게 돌아가는지 제대로 파악하지 못하다가 문제가 불거지면 갑자기 큰 상처를 입게 된다. 만약 균형 잡힌 시각으로 상황을 바라보고 문제가 생겼을 때 솔직하게 대화를 나눌 수 있다면 그렇게 되지는 않을 것이다.

인간관계를 보는 눈도 달라졌다. 나만의 시간 그리고 친구나 가족과 함께 보내는 시간을 더욱 소중히 여기게 됐다. 내게는 이런 점을 이

해하고 당연하게 생각하는 것은 물론 독립적이고 자기 할 일로 바쁜 여자친구가 필요하다는 사실도 깨달았다. 지금 만나는 여자친구는 그 점을 잘 이해하고 있다. 그 애는 내게 수업과 운동에 집중할 시간이 필요하다는 것을 존중할 뿐만 아니라 나처럼 자신만의 시간을 보내는 것을 즐긴다.

디지털 세대가 연애하는 법

스마트폰을 사용하는 많은 아이들의 '상시 접속' 심리는 연애 중에 얼마나 자주 연락하는 것이 적절한지를 잘못 이해하게 할 수 있다. 학교에서 이야기하는 것 외에도 하루 수백 통의 문자를 주고받고 밤에 몇십 분 동안 영상통화를 하는 것이 과한 일일까? 아니면 단지 커플 사이뿐만 아니라 전반적인 청소년 의사소통의 새로운 기준을 제시하는 걸까? 만약 내가 고등학교 때 남자친구와 밤마다 3시간씩 통화를 했다고 말한다면 누군가는 너무 과하다고 할 것이고 부모님들은 당연히 시간 낭비라고 생각했을 것이다. 지금은 과거에 비해 많은 것이 달라졌지만 변함없이 그대로인 몇 가지 중 하나는 전부를 다 바쳐가며 강력한 사랑의 감정을 주고받는 청춘들의 모습이다. 2,000년도 훨씬 더 전에 아리스토텔레스는 이런 글을 썼다. "술 취한 사람이 와인에 흥분하듯 젊은이들은 타고난 욕구로 흥분한다."

청소년기는 아이들이 자신의 정체성을 형성하고 사랑 많은 부모에게서 벗어나기 시작하며 성적 호기심이 커지고 타인과 친밀한 관계를 맺고 연애를 시작하는 시기로 정상적인 발달 과정에서 매우 중요한 단계다. 그렇다고 해도 청소년기의 사랑과 성은 부모 입장에서 극도로 당황스러운 문제다. 아이가 어른이 되어가는 과정에서 중요한 부분이라는 사실은 이성적으로 잘 알고 있지만 더 나아가 자녀들을 바라보는 시각에 전환이 필요하다는 의미도 있다. 만약 우리가 여전히 10대 자녀를 어린애로 여긴다면(솔직히 말해 여러 면에서 볼 때 아직 어린애

이긴 하다), 그 아이들이 누군가에게 매료되고 누군가를 매료할 수 있는 성적인 존재라는 개념은 부적절하게 보일 것이다. 나도 이 문제로 많이 고민했다. 눈에 콩깍지가 씐 엄마가 볼 때 연애와 성적 모험의 대가(마음의 상처, 임신 또는 감염)는 지금 내 집에 사는 사랑스러운 아이에게는 아주 먼 미래에나 닥칠 만한 일이다.

나는 에이즈 및 HIV 교육을 담당하면서 수천 명의 사람들과 안전한 성관계에 관해 이야기를 나누고 있지만, 내 자녀와 그 문제를 이야기해야 한다면 상황은 완전히 달라진다. 수업 시간에는 훅업**hookup**(애정 없는 가벼운 성관계를 즐기는 연애 – 옮긴이) 문화와 의도치 않은 임신, 성병 감염, 성폭행 등의 주제를 놓고 학생들과 자주 토론을 벌이지만 내 아이와 그런 이야기를 한다는 것은 여전히 힘든 일이다.

청소년들은 건전한 성과 연애를 위한 조건의 개념이 아직 형성되지 않았을 뿐만 아니라 주변의 유혹에 휩쓸리기 쉽기 때문에 부모의 지도가 필요하다. 지도라는 것은 평소 부모로서 해야 하는 모든 일들과 별다를 것이 없다. 이 문제에 관해 부모가 자신의 가치관과 기대를 반영해 기초적인 판단 기준을 마련해주지 않으면 우리 아이들은 자신만의 기준을 만들 수밖에 없다. 그 기준은 보통 친구들과 대중매체, 인터넷 검색 등을 통해 긁어모은 (잘못된) 정보를 바탕으로 한다. 솔직히 아무리 좋은 의도로 아이와 많은 대화를 나눈다고 하더라도 어쨌든 부모들은 이런 정보와 경쟁할 수밖에 없다.

부모들뿐만 아니라 아이들도 성과 관련된 대화를 어렵게 생각한다. 차라리 상대적으로 비밀이 보장되는 스마트폰이나 태블릿, 노트북을 사용해 스스로 답을 찾는 편이 훨씬 쉽다. 아이들은 궁금증에 답을 얻기 위해 채팅방부터 웹사이트, 음란물까지 무엇이든 이용한다. 그 결과 아이들에게 적합하지 않고 어떤 맥락이나 관점에서 이해해야 하는지 알 수 없는 내용들을 온라인을 통해 점점 더 많이 접하게 된다. 이런 환경은 아이들의 성과 연애에 대한 인식을 바꾸고 사회적 규범을 변화시킬 뿐만 아니라 일부 아이들에게 태도의 변화를 일으키기도 한다.

소셜 미디어와 성 규범, 훅업 문화

인터넷과 소셜 미디어, 스마트폰은 아이로 산다는 것의 의미를 완전히 바꿔놓았다. 이미 연애와 성이라는 진흙탕에 발을 담근 아이들일 경우에는 특히나 더 그렇다. 지금은 모든 것이 끔찍한 시대이므로 우리는 두려움에 떨 수밖에 없다고 부모들은 입을 모아 말한다. 나는 그 말이 반은 맞고 반은 틀리다고 주장하고 싶다. 하지만 그중에 나쁜 소식을 먼저 전할 테니 조금만 참아주길 바란다.

인터넷 때문에 음란물에 노출되는 아이들의 연령이 더 낮아졌을까? 그렇다. 게다가 청소년기에 발현하는 성적 욕구가 잘못된 방향으로 표출될 수도 있다. 온라인상에서는 섹스팅과 성희롱에 관련된 우려할 만한 경향이 나타나고 있다.

오늘날 10대 대부분이 성적으로 문란하고 성관계를 놀이로 치부하며 파트너를 번번이 갈아치우고 이 모든 활약상을 스냅챗에 올린다는 내용을 보도하는 기사와 블로그 게시글은 셀 수 없을 만큼 많다. 이런 기사들은 대부분 강압적이고 폭력적인 관계와 폭행, 그로 인한 비

극적인 결말 등 순전히 충격적이고 당황스러운 행동만을 조명한다. 기사를 접한 사람들은 대부분 훅업 문화와 청소년들의 삶 구석구석에 스며들어 있는 기술이 결합해 치명적인 결과를 초래했다고 비난한다.

이 모든 것의 의미를 이해하기 위해서는 여러 요인들을 고려해야 한다. 우선 훅업이 정확히 무엇을 뜻하는지에 대한 일치된 견해가 없다. 키스부터 성관계까지 서로에게 진지한 만남을 기대하지 않고 하는 모든 행위를 지칭할 수도 있다. 그 말도 맞긴 하지만 훅업은 보통 교제를 시작하거나 연애 상대를 찾는 수단이 된다.

현재 우리는 10대들의 연애에 관한 전반적인 태도를 통틀어 훅업 문화라고 지칭한다. 그리고 그 안에서도 성별에 따라 적용되는 규칙과 나타나는 결과가 다르다. 특히 여자아이들은 이중 잣대의 희생양이 되기 쉽다. 똑같은 행위에 참여한 여자아이는 사회적 위치와 평판에 손상을 입는 반면 상대편 남자아이는 이득을 본다. 여자아이들과 남자아이들 모두 철저히 이런 이중 잣대를 들이대며 서로의 행동을 감시하고 강요한다. 이는 그리 새로운 모습은 아니지만 기술과 소셜 미디어로 인해 상황이 좀 더 복잡해졌다.

하지만 현대의 훅업 문화가 미국 모든 10대들의 삶을 대표한다고 생각해서는 안 된다. 우리가 우려하는 만큼 그런 문화가 만연해 있다면 건강 조사 결과 보고서상에 그에 상응하는 전반적인 변화가 나타났을 것이다. 주요 뉴스에서 보도되는 내용을 근거로 본다면 첫 성 경험 연령이 낮아지고 성 행동이 활발한 아이들의 비율과 성적 파트너를 더 많이 두고 있다고 대답한 아이들의 비율이 늘어날 것이라고 예

미국 질병통제예방센터*Centers for Disease Control and Prevention*에서 고등학생들을 대상으로 실시한 청소년 건강 위험 행태 조사

	1995년	2005년	2015년
성관계 경험이 있다	53.1%	46.8%	41.2%
만 13세 이전에 성관계 경험이 있다	10.2%	6.2%	3.9%
지금까지 만난 파트너가 4명 이상이다	18.7%	14.3%	11.5%

상할 수 있다. 또한 만 13~18세 사이 청소년의 성병 감염률이 높아지는 것은 물론 원치 않는 임신과 낙태, 10대 출산 비율 또한 높아지리라는 예상이 가능하다.

하지만 실제로 그런 일은 하나도 일어나지 않았다. 미국 10대들의 성관계 빈도수는 줄었고 적극적인 성 행동이 활발해지는 연령은 높아졌으며, 성적 파트너 수, 임신율, 낙태율은 줄어들었다. 이런 현실은 많은 부모들이 일어날 것이라 우려했던 상황과 10대들의 문란한 행실이나 성생활을 보도하던 뉴스와는 극명한 차이를 보인다. 하지만 오늘날 청소년들이 부모 세대보다 성관계도 덜 하고 성적 파트너 수도 적다는 것은 엄연한 사실이다.

소셜 미디어와 연애

10대들은 성관계를 적게 하고 늦은 나이에 첫 성 경험을 하는 것은 물론 데이트도 적게 하고 늦은 나이에 데이트를 시작한다. 데이트와 연애를 하는 미국 10대들의 비율은 35%에서 75% 사이로 조사마다 큰 차이를 보이지만 대부분의 아이들이 10대 시절 어느 시점에 이르면 연애의 세계에 발을 들이게 된다. 10대들의 연애는 일정 부분 온라인을 통해 이뤄진다. 2015년 퓨 리서치센터 조사에 따르면 10대의 50%가 소셜 미디어 등 정보통신 기술이 관계를 발전시키는 데 중요한 역할을 한다고 생각하는 것으로 나타났다.[1]

연구 결과 자신의 속내를 남에게 솔직하게 이야기하는 자기 노출은 직접적인 만남보다 온라인상의 만남에서 더 수월한 것으로 나타났다. 많은 10대들이 휴대폰 그리고 친구들과 항상 연결되어 있으며 디지털 데이트는 이와 결합해 친밀감을 급속도로 촉진한다.

데이트의 의미를 둘러싼 견해는 아이들마다 굉장한 차이를 보였다. 특히 나이에 따라 답변이 갈렸다. 예를 들어 중학생과 갓 고등학생이 된 아이들에게 '데이트'는 사실상 큰 의미가 없는 용어라고 할 수 있다. 서로 문자를 주고받고 학교 복도를 지나가면서 인사하는 게 전부인 아이들도 있는가 하면, 학교 밖에서 함께 시간을 보내기도 하고 가능한 한 오랜 시간을 같이 있고 싶어 하는 아이들도 있다. 그러다가 운전대를 잡기 시작하는 시기부터는 아이들이 더 성숙해지고 사회적 경험도 쌓이며 독립성이 커지면서 관계에 훨씬 진지해진다.

아이들은 소셜 미디어를 자신이 좋아하는 사람에 관해 더 많이 알아내고 그 사람에 대한 애정을 표현하기 위한 수단으로 활용한다. 자신이 좋아하는 사람의 SNS를 찾아서 친구 요청을 하거나 팔로우를 하기도 하고 그 사람의 게시글에 '좋아요'나 댓글을 남기면서 감정을 표현한다. 이런 의사소통 방식에서는 모든 것이 중요하므로 하나하나를 면밀히 살펴야 한다. 이모티콘 선택이 중요함은 말할 것도 없다. 얼마나 많은 게시물에 반응할지와 어떤 형식의 댓글을 남길지는 각 SNS마다 존재하는 암묵적 규칙에 따라 달라진다.

나와 대화를 나눈 한 10대 소녀는 이렇게 말했다. "좋아하는 사람과 문자메시지를 주고받을 때면 동시에 친한 친구들과 단체 채팅방에서 그 메시지 내용을 돌려 봐요. 그럼 친구들이 메시지를 분석해서 그 상대가 지금 사귀는 사람은 없는지, 전에 사귀던 사람은 없었는지 알아내는 걸 도와줘요. 그리고 관심이 있다는 표현을 어떻게 할지 함께 머리를 짜내기도 하고 그 사람의 인스타그램을 조사하기도 하는 그런 종류의 일을 함께하는 거죠. 좀 소름 끼치게 들린다는 거 알아요. 하지만 정말 다들 그렇게 하는걸요. 제 말은, 제가 좋아하는 사람한테 하트 이모티콘을 보냈는데 단체 채팅방에 있던 친구들이 완전히 흥분하며 무슨 색이었냐고 묻는 거예요. 당연히 좋아하는 티를 덜 내려면 분홍색보다는 초록색이나 파란색 하트가 낫죠. 이런 식으로 모든 걸 분석하는 거예요. 10대 소녀들만의 과학이죠."

연애를 하고 있는 대부분의 10대들은 하루에도 여러 번 문자메시지를 보내거나 소셜 미디어에 접속한다. 퓨 리서치센터의 조사 결과를 보면 연애를 하고 있는 10대 중 84%가 매일 상대방에게 연락을 받길 기대하고 있으며 11%는 매시간마다 연락을 받길 기대하고 있다고 답했다. 38%는 상대방이 적어도 몇 시간에 한 번씩은 연락 받기를 바라는 것 같다고 답했다. 이는 상당히 주목할 만한 결과로 존의 이야기

연애 경험이 있는 10대들의 연락 횟수 기대치

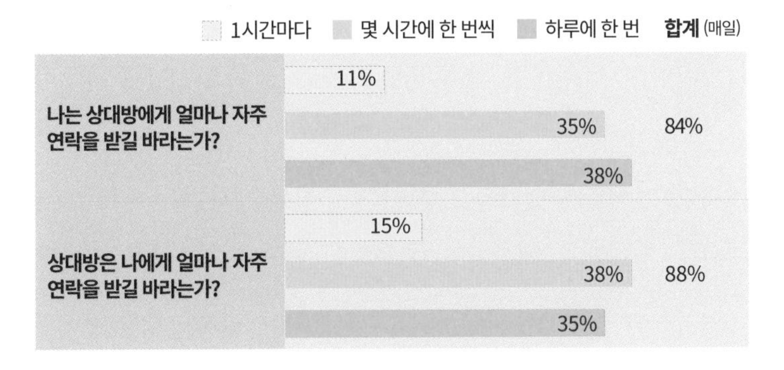

연애를 하는 10대들은 대체로 상대방에게 자신이 연락하는 만큼 연락받길 기대한다.

출처: 퓨 리서치센터 '10대들의 연애 실태 조사'(기간: 2014년 9월 25일~10월 9일, 2015년 2월 10일~3월 16일 / 대상: 연애 경험이 있는 만 13~17세 361명)

에 언급된 내용을 명확히 뒷받침한다.

많은 10대들이 정보통신 기술이 지속적으로 서로를 연결해주고 있다는 사실을 잘 알면서도 그 지속적 연결이 얼마나 큰 좌절과 고통을 초래하는지에 관해 불만을 호소한다. 온라인이나 소셜 미디어를 통해 연인과 연결되어 있는 상태에서 다른 친구들과 어울리며 게시물을 올리다가 연인의 문자메시지에 답을 하지 못할 때가 있다. 그럴 경우 온라인 감시 체계 탓에 질투와 다툼이 생기기 쉽다. 항상 서로에게 접근이 가능하므로 연인들은 상대방이 지금 무엇을 하고 있는지 바로 확인할 수 있다. 이는 연인 사이에서 프라이버시의 경계가 어디까지인가 하는 문제로 이어질 수 있다.

한 10대 아이는 내게 이런 얘기를 했다. "답문 문화도 꽤 긴장감 넘쳐요. 누군가의 문자에 곧바로 답을 해서는 안 될 때도 있어요. 문자가 오기를 기다리고 있었던 것처럼 보일 수 있잖아요. 그냥 휴대폰을 만지작거리고 있을 뿐이고 그 문자에 꼭 답을 해야 하더라도 마찬가지예요. 전 타이머를 설정해놓는 사람도 봤어요. 40분이 지나도 답문을 보내지 않는 사람도 있거든요. 그러면 40분을 기다리는 거예요. 스냅챗에서는 더 심해요. 메시지를 보내면 상대방이 언제 읽었는지 알 수 있는데 열어보기 전까지는 무슨 내용인지 알 수 없으니까요."

게다가 디지털 데이트를 하면서 과거에는 주로 사적 영역에서 이뤄지던 연인 간의 소통이 기본적으로 공적 영역에서 이뤄지게 됐다. 그 결과 또래들과 학교 친구들이 지켜보고 댓글을 달 수 있는 소셜 미디어상에서 연인 간의 다툼이나 분노 표출을 자주 목격할 수 있다.

디지털 시대에도 연인 간의 이별은 (항상 그래왔듯이) 쉬운 일이 아니다. 많은 젊은이들이 연애를 시작할 때처럼 (문자메시지와 같은) 정보통신 기술을 활용해 쉬운 길로 빠져나가려 한다. 2015년 퓨 리서치센터의 연구에 따르면 10대 중 31%가 문자메시지로 차였다고 응답했다. 하지만 여전히 나쁜 소식을 접하는 가장 흔한 방법은 직접적인 통보였다(47%).[2]

헤어진 이후 10대들은 대부분 상대방을 차단하고 사진을 지우거나 사진에서 태그를 삭제한다. 그러나 관계를 유지하는 동안에는 끊임없이 이어져 있었기 때문에 이별 후 힘들고 외로운 느낌이 더욱 커진다. 만약 아이들이 전 연인과 소셜 미디어로 아직 연결되어 있는 상태라면 그 사람이 무엇에 관심을 갖는지, 어떤 사람과 함께 시간을 보내는

지 확인하기도 한다. 그럴 경우 이별을 받아들이기가 더 힘들어질 수 있다. 퓨 리서치센터에서 조사한 바에 따르면 63%의 10대들이 소셜 미디어의 긍정적 요소로 꼽은 한 가지는 이별이 공개적으로 알려졌을 때 친구들이 위로하고 기분을 달래주는 수단으로 소셜 미디어를 활용할 수 있다는 점이었다.[3]

디지털 데이트 폭력

휴대폰과 소셜 미디어 시대의 데이트에는 어느 정도 건전하지 못한 측면이 존재한다. 디지털 데이트는 대부분 지속적인 연락으로 시작해 상대방의 행동을 감시하는 것으로 끝을 맺는다. 디지털 데이트에서 문제가 되는 행동에 관한 일관된 정의는 없지만 연구를 통해 밝혀진 몇 가지 문제 행동은 다음과 같다.

- 소유욕을 드러내며 온라인을 통해 지속적으로 감시한다.
- 수치심을 불러일으킬 수 있거나 사생활이 담긴 자료를 허락 없이 공개하거나 공개하겠다고 협박한다.
- 상대방에 관한 모욕적이고 굴욕적인 게시물을 올리거나 근거 없는 소문을 퍼뜨린다.
- 상대방 계정의 비밀번호를 요구한다.
- 상대방의 이메일, 문자메시지 등을 훔쳐본다.
- 친구들과 가족들의 접근을 차단한다.
- 강압적이거나 공격적으로 온라인 활동을 한다.

- 섹스팅을 강요하거나 요청받지 않은 성적인 문자나 사진을 보낸다.
- 문자메시지나 소셜 미디어를 이용해 상대방에게 성관계나 성적 행위를 강요한다.
- 상대방을 위협하거나 위협적인 메시지를 보낸다.

디지털 데이트 폭력과 괴롭힘은 꽤 흔히 일어나지만 그 수치를 파악하기는 힘든 실정이다. 여러 연구 결과에 따르면 10대들의 범죄 피해율은 12~56% 사이인 것으로 나타났다. 문제의 원인 중 일부는 무엇이 건전하고 무엇이 건전하지 않은 행동인지, 어떤 행동이 용납되는지에 대해 젊은이들이 (잘못된) 인식을 갖고 있다는 것이다. 공격적이거나 위협적인 행동, 성적 강요, 공개적으로 파트너의 명예에 손상을 입히는 행위는 용납되지 않는 것은 물론 불법적인 행동이다.

그런데 지켜야 할 선이 어디까지이냐는 문제는 좀 더 까다롭다. 무엇을 불건전한 디지털 행동이라고 인식하는지는 성별에 따라 다르게 나타났다. 남자아이들은 보통 여자친구에게 온라인 감시를 받는 것이라고 답하는 경우가 많은 반면 여자아이들은 직접적인 디지털 공격과 더 높은 수준의 위협을 불건전한 행동이라고 답하는 경우가 더 많다. 여자아이들은 잦은 연락을 사생활 침해가 아닌 배려로 여긴다는 연구도 있다.

10대와 디지털 데이트 관련 연구에서 지적하는 불건전한 행동 중에는 경계가 조금 모호한 행동이 있다. 한 가지 행동을 두고 유쾌한/세심한/빈번한 연락이라는 의견과 불쾌한/집착적인/빈번한 연락이

라는 의견이 동시에 존재할 수 있다는 것이다. 누군가는 질투심과 통제 욕구라고 생각하는 행동을 또 다른 누군가는 보호본능과 배려심이라고 생각할 수 있다. 그 행동이 어느 쪽에 속하는지에 대한 인식은 사람에 따라 그리고 관계 특성에 따라 달라지긴 하지만 이런 의견 차이 탓에 더 큰 문제가 발생할 수 있다.

데이트 경험이 있는 10대 중 과거 또는 현재의 연인에게 다음과 같은 일을 당한 경험이 있는 아이들의 비율

항목	비율
인터넷 또는 휴대폰을 통해 연락해서 내가 어디에 있는지, 누구와 함께 있는지, 무엇을 하는지 하루에 몇 번씩 확인한 적이 있다	31%
인터넷 또는 휴대폰을 통해 나에게 욕을 하거나 깎아내리는 말을 하거나 폭언을 한 적이 있다	22%
허락 없이 내게 온 문자메시지를 읽은 적이 있다	21%
전 여자친구 또는 전 남자친구를 페이스북, 트위터, 텀블러 등 소셜 미디어 친구 목록에서 삭제하라고 강요한 적이 있다	16%
인터넷이나 문자메시지를 통해 원치 않는 성 행동을 강요한 적이 있다	15%
인터넷이나 휴대폰으로 나에 관한 나쁜 소문을 퍼뜨린 적이 있다	15%
내 이메일과 인터넷 계정의 비밀번호를 알려달라고 요구한 적이 있다	13%
인터넷이나 휴대폰을 통해 협박하거나 상처를 준다	11%
인터넷에 게시된 정보를 이용해 나에게 적대적인 행동을 하거나 괴롭히거나 창피를 준 적이 있다	8%

출처: 퓨 리서치센터 '10대들의 연애 실태 조사'(기간: 2014년 9월 25일~10월 9일, 2015년 2월 10일~3월 16일 / 대상: 연애 경험이 있는 만 13~17세 361명)

내 입장에서 사생활을 침해하고 통제하려 드는 행동(예를 들어 매시간 뭘 하는지 확인하는 행동)을 10대들의 입장에서 바라보면 또래 집단의 행동 기준에 부합하는 지극히 정상적인 행동일 수도 있다. 친구들 무리나 소셜 미디어 그리고 기존의 대중매체를 통해 접한 것 외에는 연애 경험이 거의 없는 아이들의 경우에도 제대로 된 판단을 하지 못한다. 간단히 말해 그 아이들은 자신이 어떤 행동을 하는지 잘 알지 못한다. 그렇기 때문에 부모들은 아이들에게 명백히 폭력적이고 잘못된 행동뿐만 아니라 경계가 모호한 행동이 무엇인지 지도해야 한다.

아이가 온라인상에서 성적 위험 행동을 한다면

조사 결과에 따르면 10대의 약 24%가 소셜 미디어에 성적인 언급을 하거나 자기표현을 하는 것으로 나타났으며 그중 대부분은 10대 후반이다.[4] 이런 게시물은 때로 부모들에게 충격을 준다. 부모로서 보는 자녀 모습과 온라인상에서 보이는 자녀 모습이 일치하지 않기 때문이다. 10대들, 특히 어린 10대들이 섹시한 셀카를 게재하거나 훅업, 데이트, 연애와 관련된 언급을 한다면 부모들은 경계해야 한다. 어떤 형태로든 어린 10대들이 지나치게 성적 호기심을 드러내는 행동을 한다면 위험인자 또는 적신호일 수도 있다.

인터넷 등장 이전 시대에 우리도 엄마가 절대 허락하지 않을 옷을 입어본다든지, 록그룹 멤버로 보일 만큼 덕지덕지 화장하는 등 어느 정도는 이와 비슷한 행동을 했다. 여기서 중요한 점은 새로 발현되는 성적 또는 로맨틱 정체성을 공개적으로 드러내는 시기가 언제인지에 따라 위험한 행동인지, 아니면 성장하고 성숙해가는 과정에서의 정상적인 행동인지 알 수 있다는 점이다.

몇몇 연구에 따르면 섹시한 셀카나 성적 게시물을 올리는 아이들은 실제 성관계를 할 가능성이 높지 않은 것으로 밝혀졌다. 적어도 지금 당장은 그렇다는 것이다. 하지만 성관계를 할 의향은 높은 것으로 나타났는데, 이 말은 소셜 미디어에 섹시한 이미지를 드러내는 것이 미래의 왕성한 성생활을 준비하기 위한 그들 (그리고 또래 집단) 나름의 방법일 수 있다는 뜻이다. 행동 데이터는 꽤 정확하다. 의도를 보면 행동을 예측할 수 있다. 따라서 의도가 변할 기미가 보이기 시작할 때 행동도 바뀌는지 유심히 살펴야 한다.

아이들은 섹시한 셀카가 지금 내 감정 또는 미래에 느끼고 싶은 감정을 표현한다고 생각할 때 SNS에 올릴 가능성이 높다. 이런 표현은 또래의 영향을 받기 쉽고 친구들 사이에서 정상적이라고 인정되는 행동을 따라 하고 싶은 충동을 느낄 때 나타난다. 그러므로 아이가 소셜 미디어에 공유하는 것뿐만 아니라 아이가 속한 사회적 공간을 살펴보는 것도 매우 중요하다. 즉, 우리는 자녀들의 소셜 미디어 게시물을 주시하는 것 이상으로 그들의 소셜 피드에 무엇이 올라오는지도 확인할 필요가 있다.

이 문제에 관해 자녀와 대화를 나누는 일도 대단히 중요하다. 성적인 내용 게재를 어느 정도 허락받았다고 생각하는 아이들은 스스로를 긍정적으로 생각하게 된다. 그 결과 의도와 궁극적 행동도 영향을 받는다. 하지만 이런 태도가 아무 문제 없을지, 큰 혼란을 주게 될지는 자녀의 연령과 성숙도에 달려 있다. 로맨틱하거나 성적인 내용의 게시물을 올리는 데 부모 또는 공동체가 인정한다는 느낌을 받는 아이들도 마찬가지로 성에 대해 긍정적이고 솔직한 태도를 갖는다.

이런 종류의 공개 게시물이 불러일으킬 수 있는 남녀의 반응에 관한 이야기도 나눠봐야 한다. 여자아이들이 적절하다고 생각하는 것은 무엇이고, 그들에게 어떤 반응을 얻었는가? 남자아이들의 반응은 달랐는가? 게시물을 올리고 공유하는 데 남자와 여자에게 각각 어떤 기대와 압력이 있었는가?

또 한 가지 꼭 짚고 넘어가야 할 점은 만약 아이가 성관계나 데이트에 아무런 관심이 없더라도 공개적으로 성적인 표현을 한다면 남들에게 성관계를 할 마음이 있다는 인상을 주게 된다는 것이다. 그것이 사실이 아니더라도 다른 사람들은 사실로 받아들일 수 있다. 부당해 보이긴 하지만 그럴 가능성을 염두에 두고 있으면 적어도 청소년들은 누군가가 자신의 의도와 다른 반응을 보일 경우에 대비할 수 있을 것이다. 또한 아이들은 성적인 내용까지도 친구들의 기준에 맞춰 정상적으로 여겨지는 범위에 포함하기도 한다.

성적 위험 행동의 유형

성적 호기심은 청소년기에 정점을 찍는다. 유감스럽게도 요즘 아이들은 대부분 호기심을 해결하기 위해 인터넷을 꽤 끈질기게 헤매고

다닌다. 성과 성행위에 관한 질문이 생기는 것은 지극히 정상적인 일이다. 뭔가의 답을 찾기 위해 인터넷을 뒤지며 조사하는 것도 지극히 정상이다. 하지만 이 둘이 합쳐진다면? 생각만 해도 가슴이 답답해져 소화제라도 한 알 삼켜야 할 것 같다.

연구를 통해 밝혀진 온라인상의 성적 위험 행동을 몇 가지 예로 들어보면 온라인을 통해 성적 대화를 나눌 기회를 엿보는 행위, 성적 파트너 찾기, 음란한 사진이나 영상을 보내거나 요구하는 행위(섹스팅), 전화번호와 집 주소 등 개인 정보를 낯선 사람에게 알려주는 행위 등이 있다. 만약 다른 사람들(특히 또래들)이 무턱대고 이런 행동을 하는 것을 보거나, 이 행동이 재밌거나 멋진 일로 포장되면 청소년들은 따라 할 가능성이 높다.

온라인 성 행동에 참여한 적이 있다고 대답한 남녀 청소년의 비율

	남자 청소년	여자 청소년	전체
인터넷으로 포르노를 본 적이 있다	84.4%	46.4%	59.1%
나체 또는 반나체 사진을 받은 적이 있다	38.9%	23.5%	28.6%
나체 또는 반나체 사진을 보낸 적이 있다	14.4%	13.4%	13.8%
온라인에서 성적인 대화를 한 적이 있다	41.1%	41.3%	41.2%
온라인에서 낯선 사람과 성적인 대화를 한 적이 있다	11.1%	10.1%	10.4%

출처: L. F. O'Sullivan, "Linking Online Sexual Activities to Health Outcomes Among Teens," New Directions for Child and Adolescent Development 144, (2014): 37–51.

10대들은 어리석지 않다. 그들은 이 같은 행동에 위험이 따를 수 있으며 위태로운 상황에 처하게 될 수 있다는 사실을 잘 알고 있다. 하지만 이 시기 청소년들은 대부분 자신을 천하무적으로 여기게 된다. 앞서 설명한 개인적 우화를 기억하는가? 이런 행동에 수반되는 위험을 인지하고 있으면서도 많은 아이들이 다른 사람이라면 몰라도 자신에게는 그런 위험한 상황이 절대 생기지 않을 것이라고 굳게 믿고 행동한다. 연구에 따르면 개인적 우화와 자신이 천하무적이라는 착각, 온라인상의 성적인 위험 감수 행동은 서로 연관이 있다.

섹스팅

대부분의 성인들, 특히 부모들은 10대의 섹스팅 문제를 충격적으로 받아들인다. 단 한 번의 실수가 아이의 인생을 송두리째 바꿔놓을 수도 있기 때문이다. 여기서 또다시 뉴스가 부모들의 불안감을 자극한다. 뉴스를 보면 나체 사진이 유포되어 괴롭힘을 당하다가 사회적으로 매장되고 자살에 이르렀다는 사건이나 방황하던 15세 소년이 아동 음란물 소지 혐의로 처벌 대상이 되어 성범죄자로 등록된 채 평생 살아가야 할 위기에 처해 있다는 내용 등이 연신 보도된다.

섹스팅을 스마트폰 등장 이후 태어난 세대들이 정상적인 성적 발달 과정에서 자연스럽게 할 수 있는 행동으로 보는 의사들과 연구자들도 점점 늘어나고 있다. 하지만 부모들이 그런 맥락에서 가볍게 넘기기에 섹스팅은 장기적으로 심각한 영향을 미칠 수 있는 결과로 이어질 위험이 너무 크다.

아이와 섹스팅에 관해 이야기를 나누는 것은 매우 중요하다. 이때는 섹스팅이 도덕적 또는 법적으로 옳은지 생각해보게 하는 차원을 넘어 남자아이든 여자아이든 자신들이 옳지 않다고 생각하는 행동을 따르게 하는 또래들의 압력에 대처하는 방법을 고민해보게 해야 한다. 대부분의 아이들은 섹스팅이 위험하고 불법이란 사실을 잘 알고 있다. 그럼에도 전혀 개의치 않는 아이들도 있다. 따라서 자녀가 섹스팅 같은 행동을 하지 않게 막으려면 친구와 (잠재적) 연애 상대를 포함한 다른 아이들에게 받는 압박감을 어떻게 견뎌야 할지 가르치는 것이 무엇보다 중요하다.

10대들이 섹스팅에 관심을 갖는 가장 흔한 이유는 그것이 애정 표현이고 연애의 일부라고 생각하기 때문이다.[5] 이런 사실을 뒷받침하는 많은 연구 결과에 따르면 섹스팅을 하는 10대들은 보통 연애를 하고 있거나 연애를 하고 싶어 하는 것으로 나타났다. 즉, 10대들은 대부분 좋아하는 사람에게 애정 어린 관심을 얻기 위한 방법으로 섹스팅을 활용한다는 것이다. 이 시기에 발현되는 자신의 성 정체성을 시험해보기 위한 수단으로 섹스팅을 하는 아이들도 있는 반면 단순히 장난이나 농담 정도로 치부하는 아이들도 있다. 여기서 주목할 만한 사실은 가장 최근의 청소년 인터넷 안전성 조사**Youth Internet Safety Survey-3, YISS-3** 결과 31%의 청소년이 섹스팅 목적으로 동영상이나 사진을 찍을 때 약물이나 술 같은 요소들을 포함하는 것으로 나타났다는 점이다.

정서 조절 및 충동 조절 능력에 문제가 있는 아이들은 섹스팅을 하거나 위험한 행동 또는 자신을 위험에 노출할 만한 행동을 소셜 미디어에 공유할 가능성이 더 높다. 그들에게는 온라인 탈억제 효과disinhibition effect(인터넷의 익명성과 비대면성 덕분에 심적 부담이 적어지면서 감정과 욕망에 대한 억제가 풀리는 심리 현상 – 옮긴이)가 나타나기 쉽다. 아이들은 보통 더 대담하고 더 노골적인 내용을 올릴수록 호응을 얻는다. 자신의 행동에 사회적 보상 또는 승인을 받으면 피드백의 순환 고리를 형성해 더 자주 이런 행동을 하게 된다.

섹스팅에 관한 조사 자료는 우리가 자주 접하는 뉴스 보도와는 달리 고무적이다. 클릭을 유도할 만한 자극적인 뉴스 제목의 근거가 된 많은 연구들은 나체 또는 반나체 사진을 보내는 섹스팅과 나체 사진을 포함하지 않은 성적인 이미지만 보내거나 사진 없이 성적인 내용이 담긴 문자만 보내는 섹스팅을 구분 짓지 않았다. 게다가 이런 메시지를 받는 것과 보내는 것 그리고 만들어내는 것도 구분하지 않았다. 나는 외설적인 사진을 찍어서 보내는 것과 요청하지도 않은 사진을 받는 것 사이에는 큰 차이가 있다고 주장하고 싶다. 이미지 없이 노골적인 내용만 적어 문자를 보내는 것과 나체 사진을 보내는 것 역시 큰 차이가 있다. 10대 후반 아이들을 대상으로 한 연구에서 만약 미국 청소년의 절반이 섹스팅을 하고 있다는 통계를 제시한다면 우리는 그 수치를 적당히 가감해서 받아들여야 한다.

미국소아과학회American Academy of Pediatrics의 최근 연구에 따르면 15~28%의 10대들이 섹스팅을 하고 있는 것으로 나타났는데, 그 중에서도 대학생 연령대 아이들의 비율이 가장 높았다. 성관계와 마

찬가지로 섹스팅을 해본 청소년 비율은 나이가 많을수록 높아졌다. YISS-3 결과를 보면 만 10~17세 청소년 9.6%가 사진을 공유하는 일종의 섹스팅을 해본 경험이 있다고 응답했다. 본인의 모습을 찍거나 이미지를 직접 만들어 공유한 아이들은 단 2.5%뿐이었다. 그중 여자아이들이 차지하는 비율이 61%였고 만 16~17세 사이의 아이들 비율이 72%였다. 즉, 청소년 97.5%는 자신의 나체 사진을 찍어서 보내지 않는다는 뜻이다. 그러니 안심하길 바란다.

YISS-3에 따르면 노골적인 이미지를 주고받은 청소년 중 약 28%는 어른에게 그 사실을 이야기했다고 한다. 대부분의 경우 이미지를 만들거나 보낸 사람은 만 18세 미만으로 메시지를 받은 10대들과 아는 사이였다. 이미지를 전달하거나 공유한 아이들의 비율도 매우 낮았다. 이미지를 누군가에게 받아서 전달한 아이들이 3%, 본인 사진을 찍거나 이미지를 만들어서 공유한 아이들이 10%였다. 사진이나 성적인 메시지를 요구하는 쪽은 주로 남자아이들이었고 그런 요구를 받는 쪽은 주로 여자아이들이었다.

섹스팅을 한다고 해서 꼭 성관계를 하는 것은 아니지만 적신호임에는 틀림없으므로 주의해야 한다. 섹스팅이 성 활동과 관련이 있는지 알아보기 위해서는 섹스팅에 수동적인 태도를 보이는지, 능동적인 태도를 보이는지 살피는 것이 가장 중요하다. 능동적인 섹스팅은 노골적인 이미지를 다른 사람에게 요청하거나 직접 만들거나 공유하는 것을 말하고, 수동적인 섹스팅은 다른 사람에게 노골적인 이미지를 전송받거나 요청받는 것을 말한다. 성관계 또는 다른 위험 행동을 할 가능성이 높은 쪽은 수동적 섹스팅이 아닌 능동적 섹스팅이다.

섹시한 셀카를 올리는 행동과 마찬가지로 섹스팅을 하는 10대가 실제로도 성관계를 갖는다고 말할 수는 없지만 의도가 변했음을 알리는 신호로는 볼 수 있다. 정확히 말하면 아이가 섹스팅을 한다고 해서 지금 당장 성관계를 하고 있다는 뜻은 아니지만 미래의 행동을 가늠할 수 있는 중요한 예측인자가 된다는 것이다.

다른 위험 행동처럼 (섹스팅을 포함한) 성 활동이 또래 사이에서 용인된다고 생각하는 10대들은 그 행동에 더 몰두할 가능성이 높다. 더 나아가 자신의 행동을 또래들에게 인정받으려 애쓰고, 사회적으로 볼 때 정상적인 행동으로 만들려는 시도를 할 수도 있다. 그러나 이런 행동은 아직까지 부끄러운 일로 여겨지며, 여자아이들은 남자아이들보다 더 큰 사회적 대가를 치러야 한다. 섹스팅을 하는 사람들이 자신의 행동이 정상적인 규범에 부합한다는 사회적 승인을 얻으려 하는 데도 타당한 이유가 있는 셈이다.

능동적 섹스팅에도 여러 종류가 있고 그중 몇몇은 다른 것들보다 문제가 더 심각하다. 비판하기 애매한 것도 있지만 악의적인 의도를 갖고 있는 섹스팅은 범죄다. 예를 들어 강제 섹스팅, 2차 섹스팅(합의 없이 이미지나 동영상을 전달하거나 공유하는 것), 성폭력 중에 찍은 사진과 동영상, 리벤지 포르노, 성 착취는 모두 범죄행위다.

섹스팅과 법적 처벌

결론부터 말하자면 섹스팅 관련 범죄를 처벌할 명쾌한 법은 없는 실정이다. 2017년 말 기준, 섹스팅에 관한 법률 규정이 있는 주는 25개뿐이다. 만약 섹스팅에 관련된 구체적인 법규가 없는 주에서 경범죄로 기소되었다면 기존의 아동 음란물 제작 및 유포 혐의가 적용될 가능성이 높다. 이런 혐의는 일반적으로 중죄에 해당하는 성범죄로, 전국 성범죄자 등록부에 평생 신상 정보가 등록된다. 섹스팅 관련 법률을 제정한 주에서는 합의하에 이뤄진 섹스팅은 아동 음란물 관련 범죄와 다르다는 입장이다.

섹스팅 관련 법률이 없는 주에서는 검사가 다양한 방법으로 절차를 진행할 수 있다. 많은 경우 검사가 불기소처분을 내리지만 기소하는 경우도 있다. 섹스팅 사건을 담당했던 검사들을 대상으로 한 조사에 따르면 미성년자가 섹스팅 혐의로 기소될 수 있는 주요 조건 네 가지는 다음과 같다.

- **36%** 악의적인 의도, 따돌림, 강요, 괴롭힘이 있는 경우
- **25%** 사진이나 동영상을 유포한 후 그만두라는 경고를 받고도 멈추지 않은 경우
- **22%** 가해자와 피해자의 나이 차가 많거나 피해자가 아주 어린 경우(만 12세 미만)
- **9%** 불쾌할 정도로 생생한 이미지 또는 성폭력 중에 촬영된 사진 등 폭력적인 내용이 담긴 경우 6

온라인 음란물

솔직히 말해 인터넷은 음란물 천지다. 나는 성적으로 노골적인 내용을 담고 있는 웹사이트가 전체 인터넷의 4~12%를 차지할 것으로 추정된다는 사실을 알고 굉장히 놀랐다. (그리고 충격 받았다.) 만 13~17세 사이의 10대 59%가 인터넷 음란물을 본 적이 있다고 보고됐다. 그 안에는 직접 찾아본 아이들뿐만 아니라 우연히 보게 된 아이들도 포함되어 있다.[7] 미국소아과학회의 조사에 따르면 음란물에 '원치 않게 노출'되었다고 응답한 아이들의 수는 인터넷 사용율과 비례해 점점 증가하고 있다.

이 조사는 온라인 음란물을 성적으로 노골적인 인터넷 자료SEIM, Sexually Explicit Internet Material로 지칭했다. 남자아이들은 여자아이들보다 이런 자료에 노출될 가능성이 높다. 온라인에서 음란물을 찾아서 보는 10대들은 성적인 행동을 승인하게 되고, 또래들 역시 성적인 행동을 승인한다고 생각하면서 성 활동을 활발히 하는 방향으로 의도가 변할 가능성이 높아진다.

SEIM 노출이 이른 성 경험, 성관계 횟수와 파트너 수의 증가, 성을 자유롭고 가볍게 즐기는 오락으로 여기는 경향 심화, 전통적인 남녀 성 역할에 대한 믿음 강화와 관련이 있다는 사실이 여러 연구를 통해 밝혀졌다.[8] 음란물을 보는 10대들 또한 실제 성 경험에서 만족감을 얻지 못하고 부정적인 신체상을 가질 우려가 있으며 더 이르고 '좀 더 강도 높은' 성 경험을 할 가능성이 높다.[9]

음란 영상 매체 내용을 분석해본 결과 음란물은 성과 관련해 여성이 남성에 의해 대상화되고 지배될 수 있는 존재이며 성관계는 아무런 책임감 없이 자유롭게 즐길 수 있는 것이라는 왜곡된 인식을 드러낸다고 밝혀졌다. 성적 호기심이 많고 순진한 10대들은 이런 시각을 정상적인 것으로 받아들이기 쉽다. 대학생 중 남성 70%와 여성 30%가 SEIM을 소비한다고 답한 것으로 미뤄보면 10대들은 나이가 들수록 SEIM에 자주 노출되는 것은 물론 이를 자연스럽게 여기게 된다는 사실을 알 수 있다. 한 연구에 따르면 대학생 연령대 남성과 여성은 성에 관해 더 자세히 알기 위해 음란물을 활용하는 것으로 나타났다. 조사에 응한 대학생들은 대부분 그것이 바람직한 방법은 아님을 인지하고 있지만 SEIM이 "마땅한 대안이 없는 상태에서 청소년들이 편견을 피해 성적 지식을 얻을 수 있는 유일한 통로"라고 언급했다.[10]

아이의 성 정체성을 존중한다면

인터넷은 사회적 지지를 얻기 힘들고 상호 교류 기회가 부족한 청소년 성 소수자들에게 매우 중요하다. 아이들은 누구나 질문에 답을 얻고 자신의 정체성을 형성하며 또래와의 연결을 용이하게 하기 위해 인터넷을 활용하지만, LGBTQ(레즈비언, 게이, 양성애자, 성전환자, 성 정체성이 모호한 사람을 모두 지칭하는 용어) 아이들은 인터넷에 훨씬 더 많이 의존할 것이다. 인터넷은 어떤 청소년들에게는 생명줄이나 다름없다. 하지만 불행히도 온라인으로 자신들의 성을 탐구하는 아이들에게 희망과 정보를 주는 바로 그 인터넷이 오히려 더 심각한 위험을 초래할 수 있다.

우리가 온라인상에서 성적으로 위험한 행동이라고 여기는 많은 일들은 LGBTQ 10대들에게 더 흔하게 일어난다. 이 부류에 속하는 청소년들은 학교 교육과정에서 제외되기 쉬운 기본 건강 및 성 건강 문제에 답을 얻기 위해 온라인을 찾을 가능성이 높다. 성소수자 공동체에 속한 많은 사람에 대한 낙인과 안전 문제를 고려해볼 때, 그들은 성에 관한 이야기를 나누고 연애 상대를 구할 수 있는 공간을 찾기 위해 인터넷을 검색할 가능성이 더 높다. 자녀들이 온라인에서 질문에 답을 구할 때 안전한 공간을 찾도록 교육하는 것은 매우 중요하며 LGBTQ 청소년이라면 특별히 더 주의를 기울여야 한다. 10대들이 문제가 생겼을 때 부모나 다른 어른들보다 친구에게 먼저 도움을 요청한다는 사실을 감안해 성소수자의 권리를 지지하는 이성애자 청소년들의 교육 또한 무척 중요하다.

#직접 해보기

01 **연애할 때 지켜야 할 적정선에 관해 10대 자녀와 대화를 나눠보고, 얼마나 자주 연락하면 정도가 지나치다고 말할 수 있는지 이야기해보자. 아이 입장에서 납득할 수 있는 수준은 어느 정도인지, 아이가 어떤 압박감을 느낄지 알아보자.**

02 **자녀가 어울리는 친구들이 생각하는 정상적인 데이트는 무엇일지 짐작해보자. 자녀와 자녀의 친구들 그리고 다른 부모들과도 이야기를 나눠보자. 당신이 납득할 만한 점은 무엇이고 자녀가 기대하는 점은 무엇인지 알아보자.**

03 **자녀가 누군가를 사귈 때 오프라인 대화를 하면서 서로 알아갈 수 있도록 용기를 북돋워주자. 두 사람이 그 나이에 어울리는 방식으로 즐겁게 만날 수 있는 시간을 마련해주자.**

04 **상대방의 기분을 불편하게 만들 수도 있는 상황을 가정해 대처 방법을 연습해보자.**

- 귀찮게 구는 사람이나 낯선 사람에게는 거절을 표현하기 쉽다. 하지만 좋

아하는 사람에게 거절을 표현하기란 어려운 일이다. 따라서 상황별 대처 요령이 담긴 시나리오를 준비해 연습한다. 남자인 친구가 여자인 친구에게 문자를 보내 사진을 요청하면서 사진을 보내지 않으면 다시는 말을 걸지 않겠다고 협박하는 경우, 또는 여자인 친구가 요청하지 않은 나체 사진을 남자인 친구에게 보냈을 경우 어떻게 대처해야 할까?

- 자녀가 변명거리로 삼을 말을 항상 준비해두도록 하자. 예를 들어 "만약 그러면 난 우리 엄마한테 죽어. 엄마가 항상 내 휴대폰을 감시하시거든" 이라는 식으로 빠져나갈 수 있다.

05 자녀와 이야기를 나누며 사랑과 연애, 성과 관련된 주제에서 자녀의 친구들이 온라인에서 어떤 태도를 보이는지 살펴보자.

- 이런 태도는 시간이 갈수록 어떻게 변했나? 작년과 비교했을 때 지금 많이 달라졌나?
- 소셜 미디어상에서 볼 때 관계를 순조롭게 이끌어가고 이별에 잘 대처하는 친구는 누가 있을까? 그들이 잘하고 있다는 생각이 들게 만드는 게시물에는 어떤 것이 있었나?
- '이건 아니다' 싶어 고개가 절로 저어지는 게시물을 올리는 친구는 누가 있을까? 그런 게시물에 대한 반응은 어땠나? 그 게시물의 어떤 점이 불만스러웠나?

06 10대 자녀가 외설적이거나 성적인 게시물을 올린다면 실제 위험 행동으로 이어질 우려가 있으므로 적신호가 켜진 상태임을 인지해야 한다.

07 **온라인 활동으로 시간을 보내는 아이들은 성적으로 노골적인 자료를 접할 가능성이 높다.**

- 아이가 부모의 도움 없이 인터넷에서 자료를 찾아볼 만한 나이가 되면 노골적인 자료에 관한 대화를 시작해야 한다.
- 아이가 인터넷을 사용하다 보면 우연히 음란물을 접할 수 있다는 점을 이해하고 있으며, 그것 때문에 곤란에 처할 일은 없을 것이라고 아이에게 분명히 인지시켜야 한다. 만약 그런 일이 생겼다면 무슨 일이 있었는지 부모에게 이야기해 도움을 받을 수 있도록 용기를 북돋워주자.
- 조금 더 큰 아이들에게는 음란물이 연애와 신체상, 실제 관계에서의 만족도에 어떤 영향을 주는지 솔직히 이야기해주는 것이 좋다.

08 **자녀에게 성관계로 인한 정서적 · 신체적 영향을 이야기해주자. 부모가 무엇에 가치를 두고 있는지, 아이에게 어떤 행동을 기대하는지 자녀가 100% 명확히 이해해야 한다.**

09 **아이가 성적인 의문이 생겼을 때 부모에게 물을 필요 없이 답을 얻을 수 있는 자료를 제공하거나 안전한 온라인 웹사이트 주소를 알려주자. 특히 LGBTQ 자녀를 두었다면 반드시 그래야 한다. 이런 웹사이트는 자녀가 성소수자를 지지하는 이성애자일 경우에도 알아두면 친구를 지원하고 보호하는 데 도움을 받을 수 있다.**

10 **성적으로 노골적인 이미지나 동영상을 만들거나 요청하거나 공유했을 때 어떤 결과가 초래되는지 자녀에게 정확히 인지시켜야 한다.**

- 조사에 따르면 소셜 미디어 활동에 많은 시간을 쏟는 아이들은 그렇지 않은 아이들보다 뭔가를 공유하는 것을 편하고 쉽게 생각하는 경향이 있다. 게시물을 너무 자주 올리는 것으로 미뤄보아 그들은 소셜 미디어 활동을 할 때 어느 정도 탈억제 상태에 놓여 있을 가능성이 있다. 따라서 밤에 아이 침실에 휴대폰을 두지 않는 것은 물론 사용에 제한을 둘 필요가 있다.

11 **섹스팅을 하든지 데이트를 하든지 합의와 존중이 중요하다는 사실을 일깨워주자. 이런 종류의 대화는 되도록 이른 시기부터, 자주 하는 것이 좋다.**

12 **온라인에서 혐오스러운 뭔가를 우연히 봤을 때 아이들은 대부분 어른에게 이야기하지 않는다. 판단을 보류하고 침착함을 유지하면서 안심하고 비밀을 털어놓을 수 있는 사람이라는 신뢰를 준다면 아이들이 섹스팅, 포르노, 데이트 등 온라인에서 맞닥뜨릴 수 있는 모든 일을 솔직하게 털어놓을 가능성이 높다. 만약 자녀가 부모에게 이야기하는 것을 내키지 않아 한다면 다른 믿을 만한 어른을 찾아주는 것도 좋은 방법이다.**

5장

게임은 은둔형 외톨이만의 것?

부모가 모르는 게임 문화

들어가기 전,

부모 스스로 묻고 답하는 시간

★ 질문 1. 아이가 즐겨 하는 게임을 알고 있는가?

★ 질문 2. 아이가 게임을 하면서 낯선 사람과 채팅하는가?

★ 질문 3. 게임을 통해 어떤 능력을 키울 수 있을까?

★ 질문 4. 자녀와 함께 게임을 해본 적이 있는가?

게임은 나의 힘

스물여섯 살 안드레의 이야기

나는 엄마와 새아빠 밑에서 외동으로 자랐다. 새아빠는 언어폭력이 심했고 우리 둘 사이는 내가 기억하는 한 아주 나빴다. 언제부턴가 새아빠가 하는 모든 말을 내면화하기 시작한 나는 정서적 문제로 누가 나에 관해 하는 말을 심각하게 받아들일 때가 잦았고 비사교적인 편이었으며 남을 믿지 못했기 때문에 친구가 많지 않았다.

그러다 열 살 때 할머니에게 가정용 게임기인 닌텐도 64를 선물 받으면서 내 삶은 달라졌다. 게임기를 갖기 전에 나는 주로 다른 아이들이 하는 이야기를 듣기만 했다. 구경꾼이었고 친구들 무리에 끼지 못하고 겉돌았다. 하지만 게임기가 생긴 이후 몇 시간씩 게임을 하게 됐고 어느 순간 다른 아이들과의 이야깃거리가 생겼다. 공통점이 생기면서 서로 통하는 느낌을 받았다. 나는 친구들을 집에 초대하기 시작했고 다른 친구 집에도 놀러 갔다. 내 친구들은 나를 받아들여줬고 나와 함께 게임하길 원했다. 집에서는 그런 대접을 받아보지 못했기에 기분이 무척 좋았다.

어린 시절 내게 게임은 감정의 분출구 그 이상이었다. 게임은 정말로 힘들었던 가정생활을 극복하는 데 도움이 됐다. 게임 덕분에 집에 있을 때 새아빠 눈치를 보지 않게 되었고 집을 빠져나올 구실이 생기기도 했다. 또 친구들을 사귀었고 자신감도 생겼다. 마침내 내가 잘하는 뭔가를 찾은 기분이 들었다. 게임을 첫판부터 끝판까지 다 깨고 난 후에는 성취감을 얻기도 했다. 실제로 뭔가를 할 수 있을 것 같은 기분이 들었고 그 이후 자신감은 상승했다.

나는 게임이 나를 안전하게 지켜주고 있다고 생각했다. 게임을 하면 새아빠와의 문제에서 도피할 수 있었을 뿐만 아니라 곤란한 상황에 휘말릴 일도 없었다. 내가 자랐던 동네는 환경이 열악했다. 밖에서 노는 아이들이 할 일이라곤 싸움이나 농구뿐이었다. 게임을 하지 않았다면 나도 그랬을 것이고, 내게 별 도움이 되지는 않았을 것이다.

게다가 게임은 몰입감이 상당했다. 완전히 게임에 빠져들어 다른 삶을 경험할 수 있었다. 내가 아닌 다른 사람이 되어 어마어마한 일을 해낼 수 있었고 180도 다른 세계를 탐험할 수 있었다. 게임을 통해 나는 실수에 대처하고 전략을 세우는 법을 배웠다. 다양한 경험을 하면서 시야와 사고의 폭을 넓힐 수 있었고 어휘력도 향상됐다. 실제 현실에서는 결코 있을 수 없는 경험을 한 것이다.

내게는 창조성을 발산할 수 있는 또 다른 분출구가 있었다. 바로 시와 음악이었다. 나는 그쪽에 꽤 소질이 있다는 사실을 알고 있었지만 어떤 반응을 얻을지 두려워 누구에게도 공개하지 못했다. 그동안 집에서는 늘 쓸모없는 아이 취급을 받아왔기 때문이다. 내가 처음으로 작곡한 음악은 즐겨 하던 게임인 '건틀릿 레전드'에 관한 것이었다. 그건 내 전부나 다름없었다. 커가면서 자신감이 붙고 난 후에야 나는 내 음

악과 시를 사람들에게 공개했고 그들에게 좋은 반응을 얻으면서 자신감은 더욱 커졌다.

더 나아가 나는 게임을 통해 전문가들과 친분을 쌓을 수 있었다. 그 인맥 덕분에 어린 나이에 공연도 할 수 있었다. 게임이 맺어준 사회적 인맥과 친구 관계는 게임을 시작한 이후 지금까지 끊긴 적 없이 잘 유지되고 있다. 나는 게임을 하면서 형성된 공동체의 일원이기도 하다. 스물여섯 살이 된 지금까지도 말이다.

그렇다. 게임을 한다는 것은 하나의 공동체에 소속된다는 뜻이다. 마치 가족처럼 말이다. 게임을 통해 사귄 친구들은 항상 내 곁에 있어주었다. 내가 고등학생일 때 온라인으로 만난 게임 친구들은 내 숙제를 도와주기도 하고 수학 문제를 설명해주기도 했으며 학교생활에 도움이 될 만한 조언을 해주기도 했다. 부모님 대신 게임 친구들이 의지가 돼준 셈이었다. 우리는 서로 보살펴주고 누군가에게 도움이 필요할 때는 똘똘 뭉쳤다. 캘리포니아에 살든지 태국에 살든지 상관없이 그들은 항상 내게 큰 힘이 되어준다.

이상하게 들릴 수도 있지만 닌텐도 64는 내 삶을 새로운 방향으로 이끌어줬다. 많은 사람이 비디오게임을 부정적으로 보고 아이들에게 나쁜 영향을 끼친다고 생각한다는 것을 잘 안다. 하지만 내게 나쁜 일은 일어난 적이 없다. 게임은 내가 살면서 정말 필요한 순간에 나를 긍정적인 방향으로 이끌었다.

게임을 어떻게 바라볼 것인가

게이머들 사이에는 실제로 공동체 의식이 존재한다. 개인의 삶을 바꿀 수도 있는 소속감의 중요성은 나도 익히 알고 있다.

"마음이 맞는 사람을 찾아라!"라는 말은 블로거 사이에서 구호처럼 쓰인다. 안드레가 한 일이 바로 그것이었고, 그 결과 여러 방면에서 도움을 받을 수 있었다. 게임과 관련된 그의 경험은 독특해 보이지만, 게임에 대한 애정과 게임은 나쁘지 않다는 사실을 어떻게든 논리적으로 설명하고 싶은 간절한 소망은 내가 인터뷰한 게이머들의 공통된 정서였다. 나는 비디오게임에 애정을 가진 사람들 대부분이 게임을 변호하고 싶어 한다는 느낌을 받기 시작했다. 그러다 내 아들도 그렇다는 생각이 들었다. 내 아들도 게임을 엄청 좋아하는데, 내가 비디오게임을 부정적으로 말해도 인정하지 않는다. 열세 살에 벌써 그렇게 느끼는데 20대 청년들 입장에서는 어떨지 겨우 짐작만 할 뿐이다.

이 얘기를 하다 보니 문득 내가 한창 블로그를 할 때가 떠오른다. 엄마 블로거로서(이 단어를 듣는 사람들은 어이없다는 눈초리를 보내거나 코웃음을 친다), 나는 내가 하는 일을 하찮게 보는 사람들을 만나는 일에 익숙하다. 무례한 말을 하거나 사실이 아닌 말을 하는 사람도 있고, 어떤 한 사람의 태도 또는 자신의 나쁜 경험을 근거로 일반화하는 사람도 있다. 나는 그들의 비판이 기분 나빴다. 그들에게 그럴 의도가 없었다고 하더라도 말이다. 나는 방어적인 태도를 취하게 됐고 내가 아주 중요하게 여기고 많은 투자를 한 일을 진정으로 이해하려는 노력도 하

성인의 게임에 관한 인식 관련 문항의 응답 비율

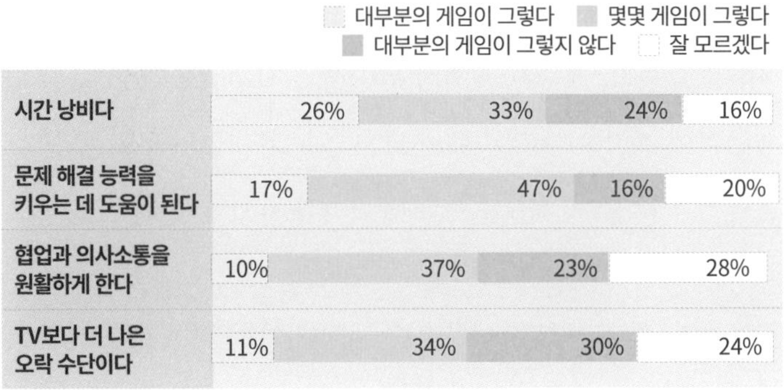

	대부분의 게임이 그렇다	몇몇 게임이 그렇다	대부분의 게임이 그렇지 않다	잘 모르겠다
시간 낭비다	26%	33%	24%	16%
문제 해결 능력을 키우는 데 도움이 된다	17%	47%	16%	20%
협업과 의사소통을 원활하게 한다	10%	37%	23%	28%
TV보다 더 나은 오락 수단이다	11%	34%	30%	24%

출처: 퓨 리서치센터 조사(기간: 2015년 6월 10일~7월 12일)

지 않은 채 비판적으로만 바라보는 사람들과 관계를 끊었다.

내가 비디오게임을 하는 내 아이에게 보인 태도가 바로 그랬다는 사실을 이제야 깨달았다. 나는 아이가 게임하는 것을 좋아하지 않았다. 아이가 게임을 하고 있으면 초조해지고 스트레스를 받았다. 아이는 내가 좋아하는 일을 편견 없이 인정해줬지만 나는 아이가 게임을 할 때만은 아이에게 받은 호의를 돌려줄 수 없었다. 결국 나는 아이가 게임을 시작할 기미가 보이면 말문을 닫아버렸다. 그러다 보니 아이가 게임을 하다가 속상한 일이 생겨도 내게 와서 말할 가능성은 점점 더 줄어들었다.

부모들이 비디오게임에 관해 걱정한다고 말하는 것은 그나마 절제된 표현이다. 게임하는 자녀를 지지해주고 스스로도 게임을 즐기는 부모도 있지만 대부분의 부모에게 게임은 심각한 걱정거리다. 부모들은 게임을 하는 것이 엄청난 시간 낭비일 뿐이라는 것부터 비디오게임, 특히 폭력적인 게임은 해롭다는 것까지 갖은 이유를 들어 게임에 우려를 표명한다. 게다가 게이머라고 하면 사람들은 흔히 혼자 골방에 틀어박혀 게임을 하는 10대 후반의 은둔형 외톨이를 떠올린다.

많은 연구를 통해 게임을 하면 긍정적인 효과를 얻을 수 있다는 사실이 밝혀졌다. 게임이 시간 낭비인지 아닌지는 일상생활에서 다른 활동과 어느 정도 균형을 이루고 있는지에 따라 결정된다. 게임을 지나치게 많이 하는 사람이 있을까? 물론이다. 하지만 나는 기술 사용의 부작용은 게이머들에게만 국한된 것이 아니라 사회 각 분야의 모든 사람에게 나타난다는 점을 지적하고 싶다. 길을 걸어가는 사람들이나 식당에 앉아 있는 사람들을 살펴보길 바란다. 모두가 스마트폰을 들여다보고 있다. 그런데도 우리는 여유 시간을 보내면서 TV 시청을 하거나 페이스북, 트위터를 확인하거나 '워즈 위드 프렌즈'(페이스북용 낱말 맞추기 게임 – 옮긴이)를 하는 것보다 게임하는 것을 더 나쁘게 보는 경향이 있다.

그러고 보니 '워즈 위드 프렌즈'도 일종의 비디오게임이다. '캔디 크러쉬'나 '앵그리버드'를 비롯한 수많은 소셜 네트워크 퍼즐 게임을 거의 매일 즐기는 성인들이 수백만 명에 달한다. 여기서 두 가지 중요한 질문이 제기된다. 우리는 무엇을 비디오게임이라고 생각하는가? 그리고 비디오게임은 누가 하는가? 사실 게임하는 사람이 모두 10대 남자아이들과 은둔형 외톨이인 것만은 아니다.

비디오게임은 누가 하는가?

2017년 시장조사 보고서를 보면 비디오게임 인구 중 남자 청소년 비율은 18%에 불과하다. 실제로 남성 게이머의 평균 연령은 33세, 여성 게이머들의 평균 연령은 37세였다. 같은 자료에 따르면 비디오게임 인구의 41%는 여성이 차지했다('워즈 위드 프렌즈', '캔디크러쉬', '팜빌' 같은 모바일 게임을 비롯한 모든 게임을 포함한 수치다). 미국에서 일주일에 3시간 이상 게임을 하는 사람이 거주하는 가정이 65%라고 하니 그들이 다 은둔형 외톨이는 아니라고 봐도 무방할 것이다.[1]

게이머들이 사람들과 어울리기 싫어한다는 생각은 최근의 전자 게임이 어떻게 진행되는지만 봐도 잘못된 고정관념임을 알 수 있다. 아이들은 대부분 친구와 온라인 또는 오프라인에서 만나 함께 게임을 한다. 지난 3년간 가장 많이 팔린 게임들은 거의 모두 멀티플레이어 게임이다. 이 말은 아이가 골방에 혼자 있다고 하더라도 실제로는 게임을 하면서 친구들과 어울리고 있다는 뜻이다. 많은 아이들이 비디오게임에 끌리는 주된 이유가 게임의 사교적 측면이므로 비디오게임을 하는 아이를 외톨이에다 비사교적 성향의 아이로 보는 것은 편견이다.

몇 년 전 아이가 6학년 때 같은 동네에 사는 친구들과 엑스박스 게임인 '데스티니 가디언즈'를 하며 노는 소리를 듣게 됐다. 아이들은 게임 때문에 흥분한 나머지 얼굴을 벌겋게 붉혀가며 웃고 장난치고 서로 고함을 쳤다. 바로 1년 전, 그 아이들이 너프 건을 들고 총싸움을 하면서 지금처럼 고래고래 즐거운 비명을 질러가며 앞마당을 뛰어다니던 모습이 떠올랐다. 나는 창밖을 내다보며 한숨을 내쉬었다. 너프 건으로 총싸움하던 시절은 이제 끝났다. 엑스박스의 시대가 시작된 것이다.

나는 비디오게임이 온 동네를 신나게 뛰어다니던 아이들을 죄다 끌어모으는 것을 똑똑히 지켜보았다. 그러면서 또 아이들이 모두 엄청나게 바쁘기 때문에 친구들과 어울릴 여유 시간을 내기가 거의 불가능하다는 것도 말이다. 게다가 남자아이들은 부모가 계획한 놀이에 참여하는 것이 어색하고 창피할 나이가 되었다. 아이들은 서로 어울리는 동시에 사생활을 지키고 싶어 한다. 그래서 갈수록 아이들은 부모와 어른들의 기대를 피해 온라인에서 어울린다. 어떤 아이들에게는 게임이 어른들이 지켜보거나 개입하는 일 없이 또래들과 일관된 상호작용을 해보는 첫 경험일 수도 있다. 그러다 보면 싸우기도 하고 해결 방법을 찾을 수도 있다. 우정은 쌓이고 두터워지다가 허물어지기도 한다. 이길 때도 있고 질 때도 있고 좌절도 하고 포기하지 않고 끝까지 밀고 나가서 결국 성공하기도 한다. 이 사실을 깨닫자 나는 비디오게임이 아이들의 삶에 끼치는 영향을 재평가할 필요가 있다는 생각이 들었다.

2015년 퓨 리서치센터 보고서에 따르면 게임은 10대 소년들의 사교 생활에서 매우 중요한 요소로 이들에게 게임은 10대 소녀들의 소셜 미디어에 상당하는 역할을 하는 것으로 나타났다. 인스타그램이나 스냅챗과 마찬가지로 게임은 사람들과 어울리며 관계를 끈끈히 유지하는 데 도움이 될 수 있다. 게임이 의사소통 수단인 동시에 함께하는

놀이로 자리 잡은 것이다. 84%의 소년들이 비디오게임 덕분에 친구들과 더 가깝게 느끼게 됐다고 응답했고 10대 소년의 약 50%가 거의 매일 온라인에서든 오프라인에서든 친구들과 만나 비디오게임을 한다고 대답했다. 남자아이들 중 38%는 기본적으로 게임 닉네임을 주고받는데 이는 여자아이들보다 다섯 배 많은 수치다.

게임을 자주 하는 아이들은 온라인에서 새로운 친구를 사귈 가능성도 높다. 매일 온라인 게임을 하는 아이 중 74%가 온라인상에서 친구를 사귀었으며 그중 37%는 온라인 게임을 하면서 다섯 명 이상의 친구를 사귄 것으로 나타났다.[2]

보통 10대들이 게임을 통해 사회적 자본을 형성하고 새로운 친구를 사귈 수 있다는 부분은 매우 긍정적으로 여겨지지만, 한편으로는 낯선 사람과의 교류로 인해 생길 수 있는 문제를 우려하는 목소리도 있다.

비디오게임을 안전하게 즐기려면

10대들 사이에 가장 인기 있는 게임은 멀티플레이어용 온라인 게임이다. 즉, 친구와는 물론 낯선 사람과도 똑같이 게임을 즐길 수 있다는 뜻이다. 낯선 사람과 채팅을 하거나 다이렉트 메시지를 주고받는 것은 온라인 위험 행동으로 분류되지만 어린 게이머들 사이에서는 아주 흔한 일이다.

대규모 멀티플레이어 온라인 롤플레잉 게임Massively Multiplayer Online Role-Playing Games, MMORPGs을 비롯한 여러 게임에서 지원하는 채팅 또는 다이렉트 메시지 기능은 10대에게 또 다른 위험 요인이 될 수 있다. 다시 한 번 말하지만 게임을 하는 동안 서로 소통하는 것은 게이머들에게는 자연스러운 활동이다. 특히 임무를 완수하고 캐릭터를 성장시키기 위해 서로 협력해야 하는 게임에서는 더욱 그렇다. MMORPGs는 어마어마한 인기를 끌고 있으며 보통 PC를 활용한다. '월드 오브 워 크래프트', '클래시 오브 클랜', '로블록스'는 가상세계를 배경으로 수백만 명의 이용자가 서로 소통하는 온라인 게임이다. 이들은 대부분 성 중립적인 특징을 갖고 있다고 알려져 있으며, 남녀노소가 함께 게임을 하는 것도 드문 일은 아니다.

이런 게임들의 채팅 기능 탓에 어린 게임 이용자가 괴롭힘이나 스토킹을 당하거나 성적 유혹을 받는 등 언론에 대서특필된 사건들이 많이 발생했다. 그중 한 사건이 발단이 되어 2012년 뉴욕 검찰총장 에릭 슈나이더만은 마이크로소프트, 소니, 디즈니 인터랙티브 등 게임업체들과 협약을 맺고 '오퍼레이션 게임 오버'Operation Game over라는 이름하에 뉴욕의 성범죄자 3,500명의 게임 계정을 폐쇄하기에 이르렀다. 이 책 8장은 MMORPGs를 하는 도중 범죄자와 만난 어린 소녀의 사연에서 시작된다.

무시무시한 이야기이지만, 미국 전역에서 매주 비디오게임을 하는 다수의 사용자 가구 수(정확히 65%)에 비하면 이런 일이 일어날 가능성은 상대적으로 드물다는 점에 주목해야 한다. 온라인에서 범죄자를 만날 위험이 존재하는 것은 사실이지만 그 위험성은 상대적으로 낮다. 위험을 최소화하기 위해 부모들은 자녀 보호 기능을 활용하고 PS4나 엑스박스 같은 게임 콘솔에 접속할 때는 나이에 맞는 게임

을 할 수 있는 '어린이' 계정을 사용하게 해야 한다. 또 게임과 의사소통이 어떤 방식으로 이뤄지는지 감시하고 자녀가 하는 게임을 충분히 숙지해 게임 내용이 아이의 수준에 적절한지 확인하는 것은 물론 다른 사용자와 어떻게 소통하는지, 긍정적인 경험을 할 수 있는 요건을 충족하는지 충분히 파악해야 한다.

다른 사람의 게임을 구경하는 아이들

자녀가 유튜브나 트위치(아마존 소유의 게임 생중계 플랫폼으로 2017년 기준 이용자 수는 4,500만 명이다)를 통해 다른 사람들이 게임하는 영상을 몇 시간씩 들여다보는 모습을 본 부모들이 많을 것이다. 대부분의 부모 입장에서는 도무지 이해가 가지 않는 일이다. 차라리 직접 게임이라도 한다면 그나마 납득하기 쉬울 것이다. 그런데 다른 사람들이 게임하는 것을 몇 시간씩 지켜본다? 그건 납득이 가지 않는다.

나는 업계 전문가로서 조지 메이슨 대학교에서 비디오게임 디자인을 가르치는 제임스 케이시James Casey와 이야기를 나눴다. 그는 아이들의 게임 영상 시청을 논리적인 선택이라고 보았다. "오늘날 주요 운동경기 장면을 한번 보세요. 아주 광적으로 축구 경기를 관람하는 사람들이 얼마나 많은지 아십니까? 사람들은 선수 선발 등 스포츠의 부수적인 요소까지 관심을 갖고 지켜봅니다. 하지만 그 사람들이 직접 경기에 참여하지는 않죠. 다른 사람이 하는 게임을 지켜보는 것도 마찬가지입니다. 내게 친숙한 뭔가를 잘하는 사람을 보는 것이 즐겁기 때문이죠. 축구 경기를 왜 보느냐고 누군가에게 물어보면 아마도 '재

있으니까요! 흥미진진하잖아요'라고 대답할 겁니다. 저는 아이들도 게이머들이 경쟁하는 모습을 보면서 비슷한 즐거움을 느낀다고 말하고 싶습니다."

다른 사람이 하는 게임을 구경할 때 아이들은 소극적으로 보일 수 있다. 직접 게임을 할 때에 비하면 물론 그렇다. 하지만 그게 다는 아니다. 게이머들의 수준 높은 게임을 보면서 관찰 학습이 이뤄진다. 게이머들이 어떤 전략을 구사하고 어떻게 움직일지 예측하는 것이다. 또한 수천 명의 구독자를 보유한 게이머를 중심으로 서로 유대감과 동질감을 느끼는 구독자 사이에 커뮤니티가 형성되기도 한다.

많은 관중이 관람하는 스포츠로서 비디오게임의 인기는 쉽게 사그라들지 않을 것이다. 실제로 2017년 시장조사 보고서에 따르면 e스포츠라고 불리는 프로 게임은 매년 40% 이상의 성장률을 보이는 것으로 나타났다.[3] e스포츠 챔피언십은 TV에서 정기적으로 중계되고 있고 디즈니XD 같은 케이블 TV 채널은 유명 유튜버 파커 코핀스가 비디오게임을 하면서 해설과 적절한 농담을 곁들이는 30분짜리 쇼를 포함해 게이머를 위한 방송 제작에 투자하고 있다. e스포츠의 성장과 트위치의 성공, TV를 통한 게임 중계방송의 증가 추세 속에서 다른 사람이 하는 게임을 관람하는 행동은 비디오게임의 진화 과정에 필연적으로 나타나는 현상으로 볼 수 있다.

비디오게임과 젠더 문제

(일반 대중이 아닌) 스스로를 게이머라고 인정하는 사람들을 대상으

로 한 전국적 규모의 게임 동기조사 자료를 보면 하드코어 게이머 중 여성은 약 18.5%다. 코어 게이머 중에서도 어떤 게임을 어떻게 하는지는 성별에 따라 다르다. 같은 조사에서 여성들은 '심즈'나 '매치 3' 같은 퍼즐 게임을 더 많이 하는 편으로 나타났다. 이 조사 결과는 내가 인터뷰한 성인 게이머들의 얘기와 상당 부분 일치했다.

인터뷰를 하다가 그들 중 한 명이 트위치에서 누가 무슨 게임을 하는지 둘러보면서 어떤 게임이 인기 있고 어떤 게임이 인기 없는지 알려주었다. 그러면서 그는 '여자들이 좋아할 만한 게임'을 언급했다. '심즈' 같은 게임은 여자들이 즐겨 하지만 남자들은 대부분 그런 게임을 꺼린다고 말하며 이렇게 덧붙였다. "여자들이나 하는 게임이라는 생각이 들면 남자들은 그 게임을 절대 하지 않아요. 남자들이 하는 게임이라고 생각하는데 여자들이 한다면 상관은 없어요. 하지만… 고등학교 농구 경기에 여자애가 끼는 것과 같다고나 할까요. 여자들도 얼마든지 도전해볼 수는 있어요. 그런데 잘해야 할 거예요. 만약 팀에 낀다면 좋겠지만 그 안에 있는 게이머들 중 여자는 자기 혼자라는 점을 알아야 해요. 분위기는 대다수를 차지하는 남자들 위주로 돌아가거든요. 그 안에서 대화할 때는 보통 남자들끼리 있을 때 쓰는 말을 많이 써요. 일종의 게임 문화라고 할 수 있죠. '리그 오브 레전드'나 '오버워치' 같은 게임은 성 중립적인 편이라서 누구나 즐길 수 있어요. 전 그런 게임을 정말 좋아해요. 그렇지만 그 안에서도 대부분의 남자들이 꺼리는 역할이 있어요. 이를테면 '오버워치'에서 남자가 서포트를 한다면 놀림감이 될 겁니다."

이 말은 사실상 스스로를 코어 게이머로 여기는 여성들에게는 게임을 하는 데 성 구분이 무의미하다는 인식을 간명히 드러낸 것으로 이를 뒷받침하는 연구 결과도 있다. 한 연구에 의하면 1인칭 슈팅 게임을 즐기는 여성들은 훨씬 자신감이 넘치고 자존감이 높은 것으로 드러났다.[4] 발달 단계상 사춘기 초기의 여자아이들은 남성 취향의 게임 내용에 공감하기 쉬운 편인 반면 남자아이들은 여성 취향의 게임 내용에 공감하지 못한다.[5]

액션 게임이나 1인칭 슈팅 게임 같은 비디오게임은 과거부터 남성 캐릭터를 더 많이 등장시키고 여성 캐릭터의 성적 매력을 과도하게 부각해왔다. 여성들이 점점 더 게임에 많이 참여하고 게임업계도 언론의 비판을 수용한 결과 이런 경향은 바뀌고 있는 추세다. 비디오게임업계의 여성 노동자를 향한 혐오가 살해 및 강간 위협으로까지 이어진 일련의 게이머게이트Gamergate 사건을 포함해 여성을 대하는(때로는 여성을 표적으로 삼는) 비디오게임 문화의 문제는 언론에 많이 보도됐고 그 결과 커뮤니티 내에 깊게 뿌리박힌 여성 혐오 하위문화의 실체가 드러났다.

여성 게이머들과 인터뷰를 하고, 여성이 1인칭시점에서 기술한 에세이를 읽고, 미국 최대 커뮤니티 사이트 레딧Reddit에 수없이 올라온 여성 게이머들의 최고·최악의 경험담을 검토한 결과, 비디오게임을 하는 여성들은 자신들이 어떤 게임을 하느냐에 따라 남성들이 압도적으로 많은 공간에 발을 들이게 될 수도 있다는 점을 잘 이해하고 있었다.

여성과 소녀의 이야기에서 공통적으로 발견할 수 있는 한 가지 주

제는 게임에 대한 애정이다. 다른 게이머들과 마찬가지로 그들도 자신이 좋아하는 게임을 변호하려는 모습을 보이며 게임은 모두를 위한 것이라는 말로 나를 안심시키려 했다. 그들 중 몇몇은 자신들의 경험으로 볼 때 성별에 기반을 둔 폭력에 관한 언론 보도는 과장된 측면이 있다고 단호히 말했다. 또 게임을 하면서 한두 번 부정적인 경험을 했을 수도 있지만 게임을 쉽게 그만두지는 않는다고 했다.

자녀와 함께 비디오게임 즐기기

부모와 자녀가 함께 비디오게임을 하면 관계가 증진될 수 있다는 연구 결과가 있다. 스테트슨 대학교Stetson University에서 비디오게임과 관련된 심리학 연구를 하고 있는 학자이자 『도덕적 전투: 폭력적인 비디오게임에 대한 전쟁, 무엇이 문제인가Moral Combat: Why the War on Violent Video Games Is Wrong』의 공동 저자인 크리스토퍼 퍼거슨Christopher Ferguson 박사는 부모가 자녀와 함께 게임을 하면 여러 가지 이점이 있다고 주장했다. "우선 자녀와 시간을 보내며 친밀감을 나눌 수 있습니다. 설령 부모가 비디오게임에 아무런 관심이 없다고 하더라도, 함께 게임을 하면 자녀의 취미를 이해하게 되고 자녀에게 부모가 관심을 기울이고 있다는 것을 보여줄 수 있는 계기가 됩니다. 또한 아이가 뭘 하며 시간을 보내는지, 게임과 기술이 어떻게 작동하는지 배우고 이해할 수 있게 됩니다. 그 과정에서 당신이 좋아하지 않는 뭔가를 보게 될 수도 있지만, 그럴 경우 부적절한 내용에 관한 규칙을 정하거나 제한을 두더라도 아이가 부모를 신뢰하게 됩니다. 아니면 당신이 직접

보고서 안심할 만하다는 생각이 들 수도 있습니다."

퍼거슨 박사는 부모들에게 아이들이 접하는 미디어를 제대로 파악하려 들지 않고 무작정 제한하거나 개인적 판단에 따라 결정하기 전에 잠시 멈추고 곰곰이 생각해보기를 권했다. 판단을 내리기 전에 제대로 아는 것이 먼저다.

비디오게임의 위험성: 막말과 괴롭힘, 공격성

게임 세상에서 흔히 볼 수 있는 의사소통 방법 중 하나는 기선 제압용 막말이다. 몇몇 아이들은 이를 우습고 재밌다고만 생각할 뿐 심각하게 받아들이지 않는다. 받아들이기 힘들어하는 아이들도 물론 있지만 대부분 막말을 게임 문화의 일부라고 여긴다. 어떤 게임 또는 어떤 장르의 게임은 다른 것보다 훨씬 더 심한 편이라 막말이라기보다 욕설에 가깝다.

게임 플레이어의 민감도에 따라 다르지만 막말은 기분을 망칠 수도 있다. 나는 몇몇 젊은 게임업계 종사자들을 인터뷰했다. 막말을 대하는 태도는 얼마나 오래 게임을 했느냐에 따라 달랐다. 그중 한 사람은 내게 이렇게 말했다. "기분이 나쁠 수도 있지만 심각하게 받아들일 필요는 없어요. '자살해라', '나가 죽어라', '네 엄마는 널 낳지 말았어야 했어' 같은 막말은 어떤 게임에서는 아무렇지도 않게 쓰이는 말입니다. 게임을 하다 보면 매일 듣게 되죠."

그 게이머가 아무렇지도 않게 쓰인다고 하는 말에 나는 무척 화가 났다. 특히 이런 말을 직접 들었을 때 어떻게 반응해야 할지 모르는 어

린아이들의 안전이 우려된다. 아이가 어떤 게임을 하기로 결정했느냐에 따라 아이들이 하는 게임에서 통용되는 일반적인 규범이 무엇인지 그리고 막말과 욕설에 노출될 가능성이 얼마나 되는지 알아두는 것이 좋다. 내가 아는 중학생들에게 이런 종류의 표현을 흔히 쓰는지 묻자 한 아이는 이렇게 대답했다. "어디서요? 게임에서요? 그럼요. 하지만, 뭐, 학교 식당 같은 데서도 쓰는걸요." 누구나 들으면 소름 끼칠 만한 '자살이나 해라' 같은 말이 게임과 상관없이 젊은 사람들 사이에서 점점 아무렇지도 않게 쓰이고 있는 것이다.

막말이 전략으로 쓰일 때도 있다. 상대의 집중력을 떨어뜨려 추진력을 잃게 하고 감정적으로 반응하게 만듦으로써 실수를 유도하는 것이다. 이를 '틸팅'tilting이라고 부른다. 야구에서 포수가 공을 치려고 하는 타자의 집중력을 흐트러뜨리려는 작전과 다를 바 없다. 나와 이야기를 나눴던 노련한 게이머는 게임에서는 원래 다 그런 식이라고 설명했다. 이기기 위한 전략 중 하나이기 때문에 감정적으로 받아들이지 않는 법을 빨리 습득해야 한다는 것이다.

그렇긴 하지만 게이머들이 서로 인신공격과 욕설을 하는 것이나 고의적으로 게임을 방해하는 것은 다수의 사용자가 한 사람을 반복적으로 공격하는 괴롭힘과는 다르다. 특히 피해자가 어릴 경우 또는 인종적·성적인 문제로 인한 괴롭힘일 경우는 문제가 더 심각하다. 2017년 영국의 괴롭힘 방지단체인 디치 더 레이블Ditch the Label이 실시한 조사에 따르면 청소년 57%가 게임 도중 괴롭힘을 당한 경험이 있으며 그중 22%가 그 결과 특정 게임을 그만둔 것으로 나타났다.

낯선 사람에게 괴롭힘을 당하는 경우도 있지만 다른 형태의 사이버 폭력과 마찬가지로 오프라인에서 아는 사람이 괴롭힐 가능성이 높으며, 이 문제가 현실로 이어지기 쉽다. 게임은 10대의 사교 생활과 상당히 밀접하게 연관되어 있기 때문에 게임이라는 사회적 경험 속에서 관계적 공격성에 노출되는 일은 불가피하다. 만약 실생활에서 친구끼리 다툼이 있었다면 게임 분위기도 험악해진다. 만약 아이가 친구들 무리에서 소외감을 느낄 경우에는 무리에 끼어 함께 온라인 게임을 한다고 하더라도 그 소외감이 온라인까지 이어지기 쉽다. 이는 소셜 미디어에서 같은 반 아이들이나 예전 친구들에게 왕따를 당하는 청소년들이 겪는 상황과 매우 유사하다.

부모들은 많은 게임에서 드러나는 폭력성이 아이의 행동에 미칠 영향을 크게 우려하고 있다. 이에 따라 연구의 필요성이 대두되었으며 그 결과 발표된 몇몇 연구 결과를 보면 폭력적인 비디오게임은 공격성, 반사회적 행동과 관련이 있을 뿐만 아니라 학업 성취도와 공감능력 하락에도 영향을 미치는 것으로 나타났다. 캘리포니아주에서는 연구 결과를 반영해 아동에게 폭력적인 게임 판매를 금지하는 법안을 마련했다. 게임업계에서는 법안에 이의를 제기해 연방 대법원까지 가게 됐고(2011년 브라운 대 오락물판매인협회 사건), 결국 이 법은 무효화됐다. 대법관들은 이 법의 합헌성을 심사하는 과정에서 비디오게임의 부정적 효과와 관련된 기초연구를 비판하며 "모든 대법관이 타당한 이유를 들어 이 연구 결과를 인정하지 않았다"라고 언급했다.[6]

비디오게임의 영향을 다룬 기존 연구에 의문을 제기한 기관은 연방 대법원만이 아니다. 2015년 비디오게임과 공격성에 관한 한 연구는 다음과 같은 내용을 기술했다. "2005년 미국심리학회는American Psychological Association, APA는 폭력적인 비디오게임 사용과 그에 따른 사용자의 공격성 사이의 관련성을 내포하는 정책 성명서를 발표했다. 그러나 2010년 들어서 APA는 연방 대법원의 브라운 대 오락물판매인협회 사건에, 문헌에 일관성이 없다는 이유를 들어 관여하기를 거부하며 기존의 입장을 철회하는 듯한 태도를 보였다."[7]

이 연구는 만약 비디오게임이 많은 부모들이 믿는 것처럼 해롭다면 1980년대 중반 이후부터 비디오게임 시장의 성장에 비례해 청소년 범죄가 증가했어야 한다고 지적했다. 그러나 법무부 자료에 의하

1980~2015년 만 12~17세 사이 미국 청소년 1,000명당 강력 범죄 발생 건수

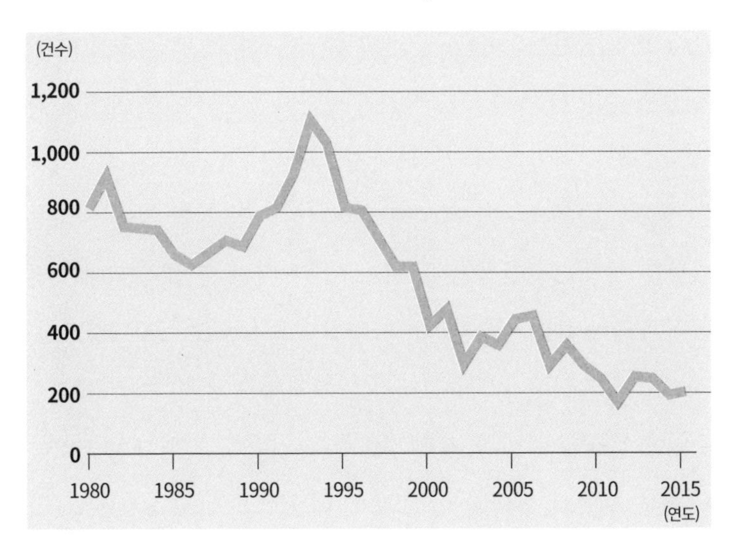

출처: 미국 법무부 사법통계국(https://www.childstats.gov/americaschildren/tables/beh5.asp)

면 청소년 범죄율은 40년 만에 최저치를 기록한 것으로 나타났다.

연방 대법원과 APA가 게임이 해로울 수도 있다는 증거를 지지하는 입장에서 한 걸음 물러서긴 했지만 비디오게임이 아이들에게 전혀 해롭지 않고 아이들의 행동에 영향을 미치지 않는 것은 아니다. 어떤 미디어든 간에 아이들이 꾸준히 상호작용을 하면 어느 정도 영향을 받을 수밖에 없다. 비디오게임의 영향을 제대로 이해하려면 아이들이 왜 게임을 하는지, 무슨 이유로 게임에 집착하는지 살펴볼 필요가 있다. 친구 관계를 돈독히 하는 놀이로 게임을 즐기는 아이들도 있고, 도전 의식에 자극을 받거나 학교와 집에서 받는 스트레스를 해소하기 위해 몰입하는 아이들도 있다.

자료를 살펴보면 비디오게임의 효과는 아이마다 미묘한 차이가 있고 상황에 따라 다르게 나타난다. 특히 ADHD, 자폐증, 우울증 등의 증세를 보이는 아동의 경우 일반 아동과 비교해볼 때 기술에 다른 반응을 보일 수 있다. 부모들은 아이가 얼마나 많은 시간을 게임을 하면서 보내는지 살펴야 한다. 게임을 하는 시간이 길수록 더 크게 영향을 받는 것은 당연하다. 연구에 따르면 적당한 시간 동안 게임을 하는 사용자들은 게임의 긍정적인 효과를 누리며 더 좋은 결과를 내는 반면 지나치게 많이 하는 사용자들은 그렇지 않은 것으로 나타났다.[8]

비디오게임을 제외하고 보더라도 (위험 감수 행동과 함께) 공격성은 사춘기에 정점을 찍은 후 점점 감소한다. 얼마나 오래 게임을 하는지보다 무슨 이유로 아이들이 '그랜드 테프트 오토'Grand Theft Auto, GTA 게임을 하는지 파악하는 것이 더 중요하다. 한 연구는 학업 성적이 낮은 남자아이들이 폭력적인 비디오게임에 더욱 관심을 갖는 반면 학업 성적이 높은 또래들보다 멀티플레이어용 소셜 게임을 선택할 가능성이 높다는 사실을 밝혔다. 이는 소셜 미디어 이용과 행복감 사이의 관계와 마찬가지로 닭이 먼저냐 달걀이 먼저냐 하는 논쟁을 불러일으킬 소지가 있다.

한 가지 덧붙여 언급하고 싶은 점은 일반적으로 게임은 경쟁적인 태도를 끌어내는 경향이 있는데, 이것이 우리에게 좋다고 볼 수는 없을 것이다. 경쟁은 관계적 공격성을 유발할 수 있다. 하키 경기를 즐겨 보는 사람이라면 폭력성 짙은 '콜 오브 듀티' 같은 게임에서만 막말을 하고 공격성을 드러내는 것이 아니라는 사실을 잘 알 것이다. 자랑스럽게 떠벌릴 만한 행동은 아니지만 언젠가 한번은 나도 예쁘고 사랑스러운 딸에게 "에어하키 경기에서 부모 자식이 어디 있니?"라고 냉정하게 말하며 세 게임 중 두 판을 모두 이기고 승리의 기쁨을 만끽한 적이 있다. 공격성과 막말은 그저 게임에서 목표를 달성하기 위한 수단이라고 볼 수 있으며 비디오게임에만 국한된 것도 아니다.

문제적 게임 이용 vs 유쾌한 게임 이용

기술을 자유자재로 활용하는 자녀를 둔 거의 모든 부모들은 어느 순간 문제적 비디오게임 이용을 하는 아이와 대립하게 된다. 이 문제와 함께 비디오게임 중독 문제는 다음 장에서 좀 더 자세히 살펴볼 예정이다. 아이의 문제적 게임 이용을 대하는 부모들은 "마인크래프트 그만할 시간이야"라는 경고부터 시작해 급기야 "세상에! 대체 몇 시간 동안 밥도 안 먹고 게임만 하는 거니?"라며 경악하기에 이른다.

문제적 게임 이용과 유쾌한 게임 이용은 다르다. 문제적 기술 이용은 일반적으로 '일상생활에 부정적인 영향을 초래하는 인터넷 사용 통제 불능 상태[9]'로 정의할 수 있다. 게임에 지나치게 빠져들어서 게임을 그만둬야 할 때가 오면 심하게 짜증을 부리고 화를 내는 아이의 모습이 부모들은 익숙할 것이다. 만약 이런 일이 반복된다면 부모는 자신의 아이에게 문제가 있다는 결론을 내린다.

그러나 아이가 게임을 할 때마다 주변에 무슨 일이 일어나는지 의식하지 못할 정도로 게임에 강하게 몰두하는 것은 충분히 있을 수 있는 일이다. 그것이 아이가 게임에 중독되었다는 뜻은 아니다. 아이는 단지 자기가 하고 있는 일에 과잉 집중한 상태이기 때문에 게임에서 다음 활동으로 전환하는 데 몇 분의 시간이 소요되며 그동안 심하게 짜증을 부릴 수 있다. 그러다가 뇌가 정상 상태로 되돌아오고 다음 활동을 시작하면 아이는 괜찮아진다. 이는 중독 증상이 아니다. 단지 자신이 즐기고 있는 활동을 그보다 재미가 덜한 활동 때문에 그만둬야 할 때 아직 미성숙한 뇌에서 충동을 쉽게 조절하지 못해 일어나는 일이다. 어린아이가 놀이터에서 신나게 놀고 있는데 갑자기 집에 가자고 하면 어떤 반응을 보일지 생각해보라. 아마 게임을 그만둬야 할 때와 똑같이 자제력을 잃고 흥분할 것이다.

그와 반대로 하루 종일 게임을 하면서도 깊이 몰입하지 않고 무의

식적으로 또는 강박적으로 하는 아이들이 있다. 내 경우에도 의식하지 못하는 사이에 '캔디크러쉬' 게임을 거의 기계적으로 하고 있을 때가 있다. 이럴 때 게임을 하고 있다고 말할 수 있는가? 전혀 그렇지 않다. 내 스스로 게임 횟수를 통제할 수 없을 뿐만 아니라 매일 게임을 하느라 시간을 낭비하고 있다는 사실을 깨닫고 나서 결국 나는 스마트폰에서 게임을 지워버렸다.

한계 설정하기

비디오게임 사용에 한계를 정해두는 것은 문제적 게임 사용을 방지할 수 있는 아주 좋은 방법이다. 한계 설정을 통해 효과를 얻는 비결은 무엇일까? 바로 일관성 있는 규칙 적용이다. 만약 규칙을 정해놓았지만 제대로 적용되지 않거나 가끔씩만 적용된다면 무엇이 괜찮은 행동이고 무엇이 괜찮지 않은 행동인지 경계가 모호해진다. 그런 상황에서 부모가 개입해 아이에게 책임을 물으려고 하면 아이는 부모가 자기 기분에 따라 벌을 준다고 생각할 것이다. 새로운 규칙 또는 한계가 정해지면 아이들은 반발하거나 한계를 시험하려 들 텐데 이때 일관적인 태도를 유지하는 것이 가장 중요하다.

나와 이야기를 나눈 전문가들은 대부분 아이와 상의해 규칙과 한계를 정하라고 권했다. 예를 들어 당신과 당신의 자녀들은 이런 지침을 세울 수 있다. '숙제를 다 마친 다음에만 놀 수 있다', '운동경기나 연습이 있는 전날 밤에는 비디오게임을 할 수 없다' 등이다. 학교 공부 또는 팀에 대한 헌신을 우선시하는 규칙은 아이 입장에서 납득할 만하다. 아이들은 규제가 생기는 것을 좋아하지는 않지만 그럴 만한 타당한 이유가 있다는 사실을 이해한다면 자신이 참여해 만든 규칙을 받아들일 가능성이 높다.

한 연구는 경쟁적인 스포츠에 참여하면 게임 중독의 위험성이 줄어든다는 사실을 밝혔다.[10] 바쁘게 여러 가지 활동을 하는 아이들에게는 단지 비디오게임을 할 여유 시간이 부족하기 때문일 수도 있다. 하지만 아이들은 여러 활동에 참여하면서 자신이 하고 싶은 일을 우선순위에 두고 게임에 얼마나 시간을 쓸지 한계를 정하게 된다. 만약 자녀가 그렇게 하고 있다면 긍정적인 시각으로 바라보며 아이가 소중한 자원 중 하나인 시간을 어떻게 배분해야 할지 깊이 고민하고 결정했다는 점이 자랑스럽다고 말해주자.

게임기가 가족 공용 공간에 있을 때보다 아이 방에 있을 때 일주일 평균 게임 시간이 더 늘어났다는 연구 결과도 있다. 이 연구는 게임 시간을 제한하는 동시에 아이가 숙면을 취할 수 있도록 게임기를 아이 방이 아닌 공용 공간에 두라고 권했다.[11]

또 다른 연구에 따르면 부모와 안전한 인터넷 사용에 관해 이야기를 나누는 아이들이 일주일에 게임을 하며 보내는 시간이 적었다. 아마도 이런 가정에서는 부모가 안전 우려로 게임 시간을 제한할 가능성이 높기 때문일 수도 있고, 부모가 정한 규칙을 아이가 쉽게 이해하고 받아들이기 때문일 수도 있다. 같은 연구 결과, 부모와 자녀 간에 원활한 의사소통이 이뤄질 때 아이가 온라인 위험 행동을 할 가능성이 줄어드는 것으로 나타났다.[12]

게임의 긍정적 효과를 활용하자

10대들이 소셜 게임에 끌리는 이유 중 하나는 이 장의 앞부분에서 언급한 것처럼 독립 및 사생활 보호 욕구를 충족하고 부모의 감시 없이 친구와 어울리길 원하기 때문일 것이다. 많은 아이들이 학교에서의 극심한 경쟁으로 강한 심리적 압박에 시달린다. 팀에 속하지 못했거나 시험에 통과하지 못했을 때 자신이 무능하다고 느낄 수도 있다. 또는 성적은 좋지만 공부를 잘하는 데 아무런 만족감을 느끼지 못할 수도 있다. 비디오게임은 자율적이고 독립적으로 즐기는 활동에서 능력을 발휘하고 싶은 아이들의 욕구를 충족하는 역할을 할 수 있다.

게임으로 충족될 수 있는 또 다른 욕구에는 무엇이 있을까? 이에 대한 내 의견은 진화심리학과 관련이 있다. 사춘기가 되면 사회적 위계 구조 속에서 자신의 위치를 자리매김하기 위해 위험을 감수하고 공격적인 행동 등을 통해 우월성을 드러내려는 욕구가 생긴다. 비디오게임은 청소년들이 공격성과 우월성을 드러내고 위험 감수 욕구를 발산할 수 있는 친사회적 수단일 것이다. 대부분의 10대들은 자신들이 속한 사회적 환경에서 자연스러운 욕구와 충동을 해소하기 힘들다고 느낀다. 게임은 사실상 청소년들의 욕구를 매우 직접적인 방식으로 충족해준다고 할 수 있다.

비디오게임은 또한 오늘날 청소년들이 꼭 배워야 할 한 가지를 가르쳐준다. 바로 실패하는 방법이다. 게임을 하다 보면 실수를 할 때가 있고, 가끔은 큰 실수를 해서 기분이 우울해지거나 여러 사람 앞에서 창피를 당할 수도 있다. 그런 일이 생기면 게이머들은 둘 중 하나를 선택해야 한다. 하나는 게임을 그만두는 것이고, 나머지 하나는 다시 시도해보는 것이다.

게임은 기본적으로 좌절감을 유발한다. 특히 새로운 게임을 처음 배울 때는 더욱 그렇다. 규칙도 명확하게 알지 못하는 상태에서 적이 어디에서 오는지, 목표를 달성하기 위해 동료를 어떻게 찾아야 하는지 알 수 없다. 게다가 처음 얼마 동안은 게임을 잘하지도 못한다. 여기서 우리는 또다시 선택을 해야 한다. 하나는 게임을 그만두는 것이고, 나머지 하나는 좌절감을 극복하고 어떻게 해야 이길 수 있는지 배워나가는 것이다.

게임은 회복력을 키워줄 수 있다. 아이들이 이미 즐기고 있는 게임으로 더 많은 이점을 누리기 위해서는 게임을 통해 얻을 수 있는 것이 무엇인지 잘 알고 있어야 한다. 아이들과 게임을 하면서 이에 관해 이야기를 나눠보자. 아이들에게 게임을 하며 무엇을 배웠는지 물어보고 삶의 다른 분야에서 문제에 부딪혔을 때 배운 점을 어떻게 적용할 수 있을지 이야기해보자. 필요할 경우 부모가 아이에게 표현 방법을 설명해줄 수도 있다. 부모들은 아이들이 게임에 대한 분석적 사고의 틀을 갖춰 게임으로 얻을 수 있는 긍정적 효과를 인식하고 이를 최대한 활용할 수 있게 도와야 한다.

#직접 해보기

01 플레이스테이션이나 엑스박스 같은 게임 콘솔의 가족 계정 설정 기능이나 자녀 보호 기능을 잘 알아두자. 가족 계정을 설정하는 데는 시간이 많이 걸리므로 아이의 도움을 받는 것이 좋다. 가능한 선택 사항은 무엇이 있는지, 어떤 기능을 설정해야 할지 함께 자세히 살펴보고 결정하자.

02 아이가 즐겨 하는 게임은 물론 아이가 원하는 게임을 배워보는 시간을 갖자.

03 오락소프트웨어등급위원회Entertainment Software Rating Board, ESRB의 등급 체계를 알아두자. 간단하지만 게임 분류 기준을 이해하는 데 가장 유용하다.

04 커먼센스미디어의 웹사이트나 앱을 활용해 아이가 관심을 갖는 게임을 검색해보자. 이 단체는 부모들이 우려할 만한 비디오게임(그리고 그 외의 수많은 미디어)에 대한 평가 보고서를 제공하고 해당 게임을 이용한 부모와 자녀 들이 평가 항목 아래 후기를 남길 수 있게 했다.

자녀에게 게임을 사주기 전에 미리 어떤 게임인지 알아보는 좋은 방법이다.

05 **게임 내용과 방법을 소개하는 영상을 시청해보자. 유튜브에서 흔히 볼 수 있는 최신 비디오게임 리뷰 영상에서는 플레이어가 직접 게임을 하면서 설명을 한다. 자녀와 함께 영상을 시청하면 부모가 자녀의 관심사를 제대로 알기 위해 노력하고 있다는 점을 알려주는 동시에 게임에 대한 비판적 사고 능력을 키워줄 수 있다.**

06 **자녀의 안전이 우려된다면 다음과 같은 몇 가지 질문을 던지며 대화를 시작해보자.**

- 멀티플레이어용 게임이니?
- 함께 게임하는 사람들이 점잖은 편이니?
- 네가 하는 게임에서 다른 플레이어와 어떻게 의사소통을 하니?
- 이 게임에 채팅 기능이 있니?
- 게임을 하면서 다른 플레이어와 헤드셋으로 대화하거나 채팅한 적이 있니? 만약 그렇다면 그 플레이어들은 다 모르는 사람들이니?
- 만약 누군가 화를 내거나 다른 플레이어를 공격하면 어떻게 해야 할까?
- 사람들이 게임을 하면서 막말을 하니?
- 너는 막말을 어떻게 생각하니? 불편하니 아니면 재밌다고 생각하니?

07

자녀와 함께 게임을 해보자. 이때 온라인 게임은 잠시 멈출 수 없다는 점을 우선적으로 이해해야 한다. 온라인 게임을 잠시 멈추라는 말은 아이가 게임에서 맡은 역할을 수행하지 못한다는 것을 뜻하며, 이런 일이 자주 벌어지면 아이의 계정이 정지당할 수도 있다. 그러므로 아이에게 잠시 멈추라고 하는 대신 최대한 빨리 마무리 지으라고 하는 것이 좋다. 경우에 따라 마무리를 짓는 데 몇 분이 채 안 걸릴 수도 있지만 아이들은 부모가 이해해준다는 사실에 고마워할 것이고, 뒤이어 다음 활동을 시작하기 위한 준비를 할 수 있다.

08

아이가 왜 게임에 빠져 있고 게임의 어떤 면에 이끌리는지 자세히 관찰하고 이야기를 나눠볼 시간을 갖자. 행동의 원인을 이해하면 게임이 아이에게 대체로 어떤 영향을 주는지 그리고 게임을 어떻게 제한할지 파악할 수 있다.

09

특정 게임을 통해 자녀가 배울 수 있는 점이 무엇인지 파악해보자. 전략 세우기나 협동심, 자원 관리 및 상황 인식 방법 등을 예로 들 수 있다. 만약 아이가 이런 용어들을 이해하지 못한다면 자세히 설명해줘야 한다. 이런 능력이 어떻게 실생활에서 유용하게 쓰일 수 있는지, 실제로 문제가 생겼을 때 어떻게 적용할 수 있는지 이야기를 나눠보자.

10

아이가 하는 게임에서 배울 만한 점을 찾기 힘들다면 인터넷 검색을 해보자. 당신이 찾는 게임의 평을 올린 커뮤니티나 블로그 게시물을

분명히 찾을 수 있을 것이다. 물론 잘 정리된 글이 아닐 수도 있다는 점은 감안해야 한다.

11 밤에 비디오게임을 하면 숙면에 방해가 된다고 알려져 있다. 다른 전자 기기와 마찬가지로 게임은 자극적인 활동이기 때문에 게임을 멈췄다고 해도 쉽게 잠들지 못할 가능성이 있다. 청소년들이 잠을 자고 에너지를 충전해야 할 시간을 게임 시간과 맞바꾸는 셈이다. 게임기를 아이 방이 아닌 공용 공간에 두면 아이가 숙면을 취하는 데 도움이 된다.

12 만약 자녀의 게임 중독이 의심된다면 주저하지 말고 의사의 조언을 받자.

6장

다른 애들도 다 하는데 뭐가 문제예요?

위험 행동과 기술 중독

들어가기 전,

부모 스스로 묻고 답하는 시간

★ 질문 1. 아이의 소셜 미디어 피드에 어떤 게시물이 올라오는지 알고 있는가?

★ 질문 2. SNS 인플루언서의 광고를 본 적이 있는가?

★ 질문 3. 아이가 음주, 흡연 등의 게시물을 온라인에 올리면 어떻게 해야 할까?

★ 질문 4. 아이가 게임을 못하게 했더니 게임기를 집어던졌다면 어떻게 해야 할까?

인기를 얻고 싶었어요

열아홉 살 호프의 이야기

중·고등학교 시절 나는 반항아였다. 5~6학년 때는 그저 반바지에 운동화를 신고 남녀 상관없이 친구들과 운동장에서 뛰어노는 평범한 아이였다. 그런데 중학교에 올라가자 전쟁이 시작됐다.

갑자기 무엇을 입느냐가 중요해졌다. 어떤 운동화를 신느냐도 중요했고 헤어스타일은 생머리여야만 했다. 어린 시절부터 친구라고 해도 남자아이들과 어울리면 헤픈 여자 취급을 받았다. 마치 지옥 같았다.

게다가 나는 우리 학교에서 휴대폰이 없는 몇 안 되는 아이 중 하나였다. 고등학교 1학년이 돼서야 휴대폰을 갖게 됐다. 그전까지는 아이팟으로 인스타그램이나 페이스북 같은 소셜 미디어 계정에 접속할 수 있을 뿐이었다. 트위터 계정을 만드는 것은 허락되지 않았지만 중학교 2학년 때 엄마 몰래 계정을 만들었다.

그 나이대에 스마트폰이 아닌 아이팟으로 소셜 미디어를 한다는 것은 이상한 일이었다. 친구들이 하는 모든 일에 절반 정도만 끼고 나머지 절반은 끼지 못하는 느낌이었다. 아이들이 내게 휴대폰이 있냐고 물었을 때 없다고 대답하면서 부끄러워했던 일이 기억난다. 그럼 아이들은 못 믿겠다는 듯 이렇게 되물었다. "무슨 말이야? 휴대폰이 없다고?"

그때까지만 해도 새로운 매체였던 소셜 미디어가 아이들 사이에서는 이미 꼭 참여해야 할 의미 있는 활동으로 자리 잡았지만, 나는 집에서 와이파이에 연결되어 있을 때만 소셜 미디어에 접속할 수 있었다. 거기서 다른 사람들이 무모한 행동을 하는 모습을 보면 나도 그런 행동을 하고 싶었다. 학교에서는 소셜 미디어에 뭐가 올라왔는지 남들에게 듣는 것이 전부였다. 휴대폰이 없어서 그 사이에 끼지 못한다는 기분이 들어 아이들 사이에서 소외되지 않으려면 더 분발해야겠다고 생각했다.

나는 무리에 끼고 싶은 마음에 하지 말아야 할 행동을 하기 시작했다. 돌이켜보면 참 어리석었다. 금요일 밤이면 친구들과 교외 쇼핑몰 주변의 인적이 드문 숲에 들어가서 대마초를 피웠다. 멋지고 인기 있는 아이로 보이려면 해야 하는 일이 그런 것이었다. 아이들은 학교에서 금요일 밤에 있었던 일을 끊임없이 이야기했고 단체 채팅방에서도 대화가 이어졌으며 비공개 트윗을 올리기도 했다. 그 정도로 그건 우리에게 대단한 관심사였다.

중학교 2학년에게 전자담배는 또 다른 중요한 관심사였다. 나는 친구와 화장실에서 전자담배를 피웠다. 잘나가는 아이들은 다 그랬기 때문이다. 그러다가 사진을 찍어서 단체 채팅방이나 트위터에 올리는 아이들도 있었다. 담배 피우는 모습을 직접적으로 드러내지 않아도 상황을 아는 아이들의 눈에는 뻔히 보였다. 나 역시 그 잘나가는 아이들 중 하나라는 것을 다른 아이들이 알 수 있도록 스냅챗으로 사진을 공유했다.

고등학생이 되면서 우리의 일탈은 훨씬 심해졌다. 축구 경기를 보러 가기 전에 학교 근처 숲에 모여 담배를 피우거나 술을 마셨다. 2학년 때부터 파티가 시작됐고 아이들은 데이트를 하거나 훅업을 하기 시작했다. 당시 나는 큰 중압감을 느꼈다. 학교에서는 이런 행동을 해야 한다는 압력을 받았고, 부모님은 그와 정반대로 나답지 않은 모습을 강요했다. 그리고 나는 반항했다. 내게는 부모님을 기쁘게 해드리고 싶은 마음과 부모님의 통제와 기대가 타당하지 않다는 생각에 저항하고 싶은 마음이 동시에 들었다.

이상하게 들릴지도 모르지만 부모님을 만족시키지 못한다는 생각이 들자 멋진 척하며 친구들에게 인정받고 인기를 얻는 것이 더 중요해졌다. 그 게임에 참여하는 데 소셜 미디어는 중요한 역할을 했다. 하지만 그런 행동은 가족들과의 더 큰 갈등을 불러왔다. 특히 소셜 미디어에 올린 나와 친구들의 사진이 문제가 됐다. 그래도 소셜 미디어를 그만둘 생각은 없었기 때문에 나는 계속 같은 생활을 이어갔다.

교회의 청년부 목사님은 나와 이 문제로 이야기를 나누고 싶어 하셨다. 목사님은 내가 인기를 얻기 위해 얼마나 노력하는지 그 때문에 얼마나 불행한지 눈치채고 계셨다. 나는 내가 아닌 다른 누군가가 되기 위해 내 본모습을 잃어가고 있었다. 어느 날 목사님은 내게 질문하셨다. "이 모든 것들에 그만한 가치가 있을까? 너 정말 행복하니?" 나는 대답할 수 없었다.

나는 상황을 바꾸고 싶었다. 변하기로 마음먹기까지 1년 정도 시간이 걸렸다. 그리고 3학년이 시작될 무렵 전환기가 찾아왔다. 대학교에 들어가려면 정신을 차려야 했다. 하지만 좀 더 철이 들고 난 후에야 학교 수업에 적극적으로 참여하며 공부를 열심히 하기 시작했다. 나는 주변 친구들에게 잘 보이려고 하던 모든 일을 그만두었다. 소셜 미디어 계정도 몇 개 지웠고 휴대폰을 하며 보내는 시간도 줄였다.

대학생이 되어 지난 일을 돌이켜보려니 기분이 이상하다. 나는 인기를 얻는 데만 신경 쓰면서 나 자신을 망가뜨렸다. 아이들은 다들 다른 친구들의 기대에 부응하기 위해 부단히 애를 썼다. 설령 그게 술 마시며 놀고 학교를 빼먹고 SNS에 사진을 올리고 어리석은 행동을 하는 것일지라도, 그리고 그게 관계를 해치고 스스로를 불행하게 만드는 일일지라도 말이다. 그래도 이런 경험을 통해 깨달음을 얻고 더 나은 삶을 살 수 있다면 실수를 해보는 것도 중요하다고 생각한다.

아이들은 왜 위험 행동을 할까?

10대들의 온라인 활동에 대한 부모들의 걱정은 한결같다. 우리는 온라인상에서 충동적으로 벌어진 단 한 번의 잘못이 한 젊은이의 삶을 결정지을 수도 있다는 두려움을 공통적으로 느끼고 있는 듯하다.

10대들의 위험천만하고 충동적인 행동을 부모들이 우려하는 데는 충분한 이유가 있지만 이런 행동은 전혀 새로울 것이 없다. 셰익스피어의 『겨울 이야기』에서 양치기는 이런 말을 했다. "열일곱 살과 스물네 살 사이의 시절이 아예 없거나 그동안 잠이나 푹 잤으면 좋겠네. 그 사이에 하는 일이라고는 여자를 임신시키거나 노인을 모독하거나 도둑질하거나 싸움질하는 것밖에 없지 않은가. 잘 듣게! 스물에서 스물셋 사이의 피 끓는 청춘이 아니면 누가 이런 날씨에 사냥을 가겠는가?"

10대들은 모험을 즐긴다. 사람의 뇌에서 계획, 집행, 결과 예측, 충동 조절을 담당하는 전전두엽 피질은 20대 초반까지는 충분히 발달하지 않는다. 따라서 모든 종류의 위험 감수 행동에 10대들이 참여하는 비율은 상당히 높다.[1]

앞에서도 살펴봤듯이 만 12세 무렵 사춘기가 시작되면서 아이들은 보통 상상적 청중을 인식하고 난 후 개인적 우화 단계로 넘어간다. 이 시기 청소년들은 자신이 천하무적이라도 된 듯 위험한 행동을 하는 것이 특징이다. 위태위태한 아이들은 스마트폰과 인스타그램 계정을 갖게 된 후로 약 1년쯤 지나면 다르게 생각하고 행동하기 시작한다. 연구에 따르면 이런 경향은 중학교 2학년 때 최고조에 달한다고 한다.

흥미롭게도 이때는 많은 교사들이 휴대폰과 소셜 미디어 관련 문제가 가장 심각하다고 말하는 시기와 겹친다.

중학교 3학년 때 내게는 단짝 친구가 한 명 있었다. 객관적으로 봤을 때 우리는 둘 다 똑똑하고 책임감 있었다. 그런데도 둘만 있으면 말도 안 되는 짓을 했다. 하루는 우리 둘이 호수에서 카누를 타고 너무 멀리까지 노를 저어 가는 바람에 오도 가도 못하는 상황이 되어버렸다. 친구 아버지가 우리를 찾으러 오셔서는 고개를 절레절레 흔들면서 이렇게 말씀하셨다. "너희 둘을 보면 1 더하기 1은 2가 아닌 것 같아." 나는 그 명언을 이해하지도 인정하지도 못했다. 내가 부모가 되기 전까지는 말이다. 그런데 알고 보니 이 이론을 뒷받침하는 믿을 만한 연구 결과가 있었다. 10대들이 친구와 함께 있을 때는 1 더하기 1이 반드시 2가 되지는 않는다는 것이다. 살면서 가장 충동적으로 행동하기 쉬운 시기에 친구가 옆에 있으면 위험 행동을 할 가능성이 훨씬 더 높아진다.

이와 관련해 템플 대학교에서 실시한 유명한 실험이 있다.[2] 10대부터 20대 초반의 청년들을 대상으로 모의 운전 실험을 실시했다. 처음에는 혼자 운전을 하게 했고 그다음에는 친구 몇 명과 함께 동승하게 했다. 결과는 어땠을까?

10대들은 운전 습관이 가장 나쁜 것으로 나타났으며 친구들과 함께 있을 때는 더욱 위험하게 행동했다. 대학생 나이대의 그룹은 친구들과 동승했을 때 같은 결과가 나타났으며 정도가 훨씬 덜하긴 하지만 성인들도 마찬가지의 행동을 보였다. 그러나 10대 그룹이 대체로

더 위험 감수 성향이 높았다. 이 결과를 두고 연구원들은 청소년 그룹은 친구들과 함께 있을 때 모험을 할 가능성이 높을 뿐만 아니라 위험을 긍정적으로 인식한다고 설명했다. 또래가 지켜보고 있을 때 아이들은 위험한 행동으로 벌어질 수 있는 부정적 결과보다 위기를 넘겼을 때 얻을 수 있을 보상에 더 집중하는 쪽으로 사고 전환이 이뤄진다.

앞에서 이전의 모든 세대가 10대 시절 저질렀던 실수를 오늘날의 10대들이 온라인상에서 얼마나 많이 되풀이하고 있는지 이야기했다. 온라인에서 저지른 실수는 훨씬 더 많은 청중이 지켜보며 그 자취는 영원히 남을 가능성이 높다. 하지만 주머니 속에서 휴대폰만 꺼내면 친구들이 항상 그 자리에 있다는 점을 감안하면서 다시 생각해보자. 일상의 소소한 부분까지 기록하고 공유하고 싶은 유혹을 강하게 느끼는 아이들이 온라인에서 어리석은 행동을 하는 것이 놀라운 일일까? 오히려 더 나빠지지 않은 것이 기적 아닐까? 솔직히 말해 1970년대와 1980년대 그리고 1990년대 초반에 성장기를 보낸 사람들 중 철없던 어린 시절에 휴대폰이 없어서 천만다행이라고 생각하지 않는 사람이 한 명이라도 있을까?

아이의 관점과 사회적 준거점 이해하기

보건 분야의 중요한 수칙 중 하나는 행위자 관점에서 행동적 의사결정을 바라보는 것이다. 점점 흔해지는 다음과 같은 상황을 가정해보자. 평소에는 영리하고 책임감 있는 10대가 스냅챗으로 대마초를 피우는 사진을 공유한다. 객관적으로 볼 때 멍청한 짓이다. 만 18세 미만의 청소년이 대마초를 피우는 것은 불법이고, 그 사진 때문에 소속된 운동 팀에서 쫓겨날 수도 있고 학교에서 정학을 당하거나 직업을 잃을 수도 있다. 이런 행동을 용납할 수 없어 잔뜩 화가 난 부모가 외출을 금지할 수도 있고 심하면 체포당할 수도 있다.

그러나 아이는 이 행동의 위험성과 결과를 다르게 바라본다. 그 사진에 대한 내 사회적 준거점은 내 관점과 일치한다. 즉, 대마초를 피우는 행동은 물론 그것을 공개한 행동에서 드러난 판단력 결여에 화가 난 평범한 엄마의 관점이다.

아이의 사회적 준거점은 자기 또래 집단의 기준점을 반영하며 그에 따라 자신의 선택이 위험한지 안전한지 판단한다. 아이의 또래들은 그 사진에 문제가 있다고 생각하지 않을 것이다. 그들은 그 사진을 보고 전혀 문제가 없다고 생각할 수도 있고 세련되고 멋지다고까지 생각할 가능성이 있다. 요즘엔 대마초 피우는 것이 세련된 일로 여겨지는가? 글쎄, 잘 모르겠다. 나는 미니밴을 몰고 다니고 코스트코에서 청바지를 구입하는 사람이라 이 질문에 대답할 자격이 없는 것 같다. 어쨌든 10대들 입장에서 자신에게 기대되고 허용되는 행동이 무엇인지 결정하는 기준은 나와 완전히 다를 가능성이 높다.

우리는 사회적 준거점을 결정을 내리기 위한 상대적 기준으로 활용한다. 사회적 준거점은 사회적 손실을 초래하는 것과 사회적으로 아무런 영향을 주지 않는 것 그리고 사회적 이익을 제공하는 것 세 가지로 나눌 수 있다. 사회적 준거점은 규모 또한 중요하다. 규모가 클수록 의사결정에 중요한 역할을 한다. 대규모 집단에 자신을 비교하는

것이 소규모 집단에 비교하는 것보다 더 유의미한 결과를 산출한다.

한 연구에 따르면 의사결정자의 사회적 지위는 위험한 선택을 하는 데 중요한 요소인 것으로 나타났다.[3] 만약 아이의 사회적 지위가 높으면, 특히 대규모 그룹과 비교했을 때, 자신의 지위를 손상할 수 있는 결정은 회피할 가능성이 높다. 반대로 만약 아이의 사회적 지위가 낮으면 위험을 감수함으로써 잃을 것은 적은 반면 대규모 사회적 준거점 앞에서 지위를 향상시킬 기회가 생긴다. 그렇다면 잠재적 손실보다 사회적 이익이 훨씬 크기 때문에 아이는 위험을 감수할 가능성이 높다.

여기서 우리는 왜 아이들이 위험성이 크거나 논란의 여지가 있는 게시물을 올리는지 또는 팔로워나 '좋아요' 숫자에 집착하는지 이해하기 위한 많은 깨달음을 얻을 수 있다. 아이들은 대규모 집단에 비해 손색이 없을 때 기분이 좋아지고, 그만 못하다고 느낄 때 기분이 나빠진다. 사회적 준거집단의 크기가 커질수록 좋거나 나쁜 감정, 이득이나 손실을 봤다는 기분이 증폭된다. 사회적 준거점은 10대들이 온라인에서 선택을 해야 하는 복잡한 환경에 역동성을 부여한다.

소셜 미디어와 요술거울

10대에게 소셜 미디어가 미치는 영향을 살펴보면서 나는 계속해서 요술거울을 떠올렸다. 요술거울은 앞에 있는 물체를 반영하는 동시에 왜곡해 완전히 다른 모습을 보여준다. 위험에 대한 인식 또한 조작될 수 있다. 온라인에서는 많은 관찰 학습이 이뤄진다. 같은 반 아이들이 위험한 행동을 소셜 미디어에 공개적으로 게시한다면 그걸 본 아이들은 그 행동이 어떤 반응을 얻는지도 관심을 갖는다. 이 사진이 '좋아요'를 많이 얻었나? 아니면 악플이 달렸나? 게시물을 올렸다가 바로 내렸나? 사진이 캡처되어 아이들 사이에 돌고 있나? 사진을 공유한 결과가 좋았나, 나빴나?

만약 또래 친구들이 아무런 제재도 받지 않은 채 지속적으로 불법적 행위를 다룬 게시물을 올리는 것을 본다면 그런 행동의 위험성을 바라보는 시각이 바뀌게 될 것이다. 연구자들은 이렇게 말한다. "기회냐 위협이냐는 사회적 영향 요인에 의해 결정되며 다른 사람들이 무엇을 얻고 무엇을 잃는가를 보고 힌트를 얻는 과정에서 자신도 모르게 한쪽으로 치우치게 된다."[4]

이를 가상 상황 속 아이에게 적용해보자. 아이는 힘든 한 주를 보냈다. 친구들 몇 명과 다툼이 있었고 혼자서 휴대폰을 보면서 많은 시간을 보냈다. 아이는 소외될까 봐 두려운 심리 상태인 포모에 빠지기 시작했다. 그래서 친구 집에 가서 대마초를 피웠고 사진을 찍어 그 자리에 없던 친구 두세 명에게 스냅챗으로 보냈다. 그저 친구들에게 금요일 밤에 놀러 나와서 즐기고 있다는 것을 알리려는 의도였다. 만약 친구들 사이에 이런 종류의 사진을 공유하는 것이 흔한 일이거나 다른 사람들에게 호의적인 반응을 얻는 일이라면, 그 사진을 공유하는 것은 위험한 선택이라기보다 사회적으로 중립적이거나 심지어는 이로운 선택일 수도 있다. 적어도 아이가 그 결정을 하는 순간에는 그렇다.

10대의 선택을 사회적 준거점과 소셜 미디어의 요술거울이라는 맥

락에서 바라보는 것은 본인 스스로도 정확히 설명할 수 없는 10대들의 행동을 이해하게 해준다. 만약 가상 상황 속 대마초 흡연자에게 왜 그런 사진을 공유했는지 물어보면 그는 아마도 어깨를 으쓱 추켜올리며 "몰라요"라고 대답할 것이다. 만약 당신이 나와 내 친구에게 중학교 3학년 때 호수에서 어디로 가는지도 모르면서 무작정 노를 저어갈 때 무슨 생각을 하고 있었냐고 묻는다면 아무 생각이 없었다고 대답할 것이다. 우리는 그저 노를 저었을 뿐이었다.

위험 행동이 사회적 규범으로 받아들여질 때

소셜 미디어의 슈퍼 피어 효과는 앞서 논의했다. 우리가 소셜 미디어 피드에서 보는 것들과 우리의 연결망 내에 있는 사람들이 만들어 공유하는 모든 콘텐츠가 무엇이 정상인지를 판단하는 하나의 기준이 됐다. 우리 행동이 어떤지 판단하기 위해 다른 사람과 비교하는 것은 인간의 본성으로, 이제 우리는 거기에 소셜 미디어를 활용한다.

그런데 내가 가장 흥미를 느꼈던 지점은 우리 자신이나 자녀들이 소셜 미디어에 올리는 것은 이야기의 극히 일부분일 뿐이라는 점이다. 부모들은 보통 자녀들이 무엇을 공유하는지를 가장 중요하게 생각하고 그것만 집중적으로 감시한다. 우리는 아이들의 게시물을 살피며 이렇게 질문한다. '우리 아이가 잘못 처신하거나 부적절한 행동을 하지는 않을까?', '이것이 적신호는 아닐까?' 물론 이것을 신중하게 살피는 일은 중요하다. 아이들의 온라인 게시물을 보면 그들이 현재 무엇을 하고 있는지 알 수 있고 무엇을 하려고 마음먹었는지 예측할 수 있다는 수많은 연구 결과가 있다. 하지만 아이들이 소셜 미디어에 올리는 것은 전체적으로 볼 때 극히 일부에 불과하다. 아이들이 약물, 술, 성적 자기 노출, 자해 등을 선택하게 만드는 중요한 요인은 소셜 미디어 피드에서 보이는 것들이다.

사회규범 이론에 따르면 실제로 무엇이 정상이냐가 아니라 무엇을 정상이라고 인식하느냐가 더 중요할 때가 있다고 한다. 이는 우리에게 사람들은, 그중에서도 특히 10대들은 약물, 술과 관련된 위험 행동에 또래들이 어느 정도까지 참여하고 용인하는지를 과대평가하는 경향이 있음을 알려준다. 여러 연구에서 대학생들이 온라인에서 보는 것이 그들의 행동에 미치는 영향을 조사했다. 모든 연구에서 (정도의 차이는 있지만) 약물과 술에 관해 긍정적 이미지를 많이 접할수록 실제로 술을 마시거나 약물을 복용할 확률이 높은 것으로 나타났다. 부모로서 우리는 자녀들이 소셜 미디어에 무엇을 올리는지 살피는 것은 물론 무엇을 보는지도 알고 있어야 한다.

오늘날 10대들의 음주율과 약물복용률은 그들의 부모 세대를 포함한 이전 세대들과 비교했을 때 낮은 편이다. 미성년자 음주를 두고 미국인들은 "어차피 다 마시게 될 텐데, 뭐 어때요"부터 "난 죽어도 그 꼴은 못 봐요"까지 매우 다양한 반응을 보인다. 이 문제에 당신의 입장이 어떻든 간에 주기적으로 술을 마시고 폭음하는 10대에 관한 보건의료 데이터를 보면 결론은 확실하다.

미성년자 음주는 청소년들에게 셀 수 없이 많은 악영향을 끼친다. 일부 예를 들어보면 부상, 사고, 사망, 무방비 상태의 성관계, 원치 않는 임신, 성병 감염, 성폭행, 물리적 다툼, 부모와의 갈등, 범법 행위 가담, 정신 건강 악화, 학업 및 업무 수행 능력 약화 등의 위험성이다. 더구나 더 어린 나이에 술을 마시기 시작할수록 성인이 된 후 알코올 사용 장애 또는 또 다른 중독 문제가 발생할 가능성이 높다.[5]

소셜 마케팅과 인플루언서

최근까지만 해도 솔직히 나는 '친구'가 아닌 우리에게 물건을 팔려는 기업과 낯선 사람들, 봇bot 등이 소셜 미디어 피드를 얼마나 많이 채우고 있는지 인지하지 못했다. 개인적이고 구체적인 관심사에 맞춰 엄선한 이미지와 메시지를 우리에게 보여주는 마케팅과 광고는 점점 늘어나고 있다. 가끔 소름이 끼칠 정도다. 어떤 물건을 사야겠다고 생각한 지 몇 분 지나지 않아 내 페이스북 피드에 그 물건 광고가 뜰 때가 있다. 일종의 독심술일까? 마크 저커버그에게 물어봐야 할까? 이런 메시지는 광고주가 직접 보내는 경우도 있고 팔로워와 공유하는 내용에 협찬받은 제품을 삽입해 광고효과를 내는 SNS 인플루언서influencer를 통하는 경우도 있다.

나 역시 소셜 미디어 인플루언서 중 한 명이라 이런 일이 그리 놀랍지는 않다. 아마도 내 경우에는 성인이기 때문에 친구나 가족에게 받는 메시지와 광고성 메시지를 구분할 수 있을 것이다. 어쩌면 고령인 내게 전달되는 광고성 메시지라고 해봐야 편안한 신발이나 세탁 세제와 관련된 것이 전부여서일지도 모른다. 정확히 나를 겨냥한 광고에는 쉽게 넘어가는 편이지만 나는 그런 광고가 내 행동에 어떤 영향을 끼칠지는 생각해보지 않았다.

광고주가 후원하는 콘텐츠에는 여러 형태가 있으며 그중에는 다른 것보다 직접적인 콘텐츠도 있다. 젊은 사람들은 맥주 등 주류 브랜드의 계정을 팔로우할 가능성이 높다. 그런 브랜드들은 잘나가는 연예인을 기용하고 재밌는 영상을 올리고 세련된 광고를 만들고 젊은 사람들이 좋아할 만한 경품 이벤트를 개최하기 때문이다.

아이들은 가끔 광고라는 것을 감지하기 힘든 콘텐츠를 접하기도 한다. 어떤 브랜드가 10대 팔로워를 많이 보유한 인플루언서와 협업해 광고를 만들어낸다면, 그 콘텐츠는 해당 인플루언서가 공유하는 다른 콘텐츠와 비슷해야 한다. 사실 협찬으로 만들어진 콘텐츠가 해당 인플루언서와 그 청중들에게 '진짜'라고 느껴질 때 진정한 홍보 효과를 볼 수 있다. 구입을 강요당하는 것이 아니라 내 주변의 '힙'한 친구가 내게 뭔가를 추천해준다고 느껴야 하기 때문이다. 인스타그램에 10대 팔로워 100만 명을 보유한 모델이 자신의 계정에 무더운 여름날 코첼라에서 시원한 ○○맥주를 마시는 것을 얼마나 좋아하는지 모른다고 지나가는 말처럼 슬쩍 흘리면 광고주의 후원을 받는 이 게시물은 타깃 광고라는 것을 의식하지 못하는 10대들에게 영향을 끼친다.

음주에 대한 긍정적 메시지는 온라인 곳곳에서 찾아볼 수 있다. 하지만 마약 사용은 불법이기 때문에 마약에 대한 긍정적 메시지를 퍼뜨리는 일은 좀 더 암암리에 이뤄질 것이고(그렇다), 구하기도 쉽지 않을 것이라고(그렇지 않다) 생각한다. 마약이나 마약 사용과 관련된 긍정적 메시지를 담은 사용자 생성 자료와 홍보 자료는 온라인에서 아주 흔히 볼 수 있다. 미국의 여러 주에서 대마초를 합법화했으며 대마초 관련 업체들도 다른 사업체들이 하는 방식대로 소비자들과 소통하기 위해 소셜 미디어를 활용하고 있다.

아직 어려서 구입하거나 사용할 수는 없는 제품 또는 브랜드의 SNS를 팔로우하는 것이 아이들에게 '허용'되는지 궁금할 것이다. 그에 대한 대답은 (대부분의 경우) '그렇다'이다. 브랜드 웹사이트에서는 일반적으로 콘텐츠를 이용하기 전 아이들이 자신의 나이를 인증해야 하지만 소셜 미디어 계정 또는 인플루언서 홍보를 통해 제공되는 콘텐츠는 보통 그렇지 않다. 온라인 광고주들은 자신들의 콘텐츠를 지켜보는 사람들의 나이를 확인하는 데는 별 관심을 두지 않지만 자기 제품의 소비자라고 생각되는 사람들에게 광고성 콘텐츠를 제공하는 데는 뛰어난 능력을 발휘한다. 엄격히 법 적용을 받는 전통적인 미디어 광고와 비교할 때 이런 콘텐츠에 대한 감시나 규제 장치는 거의 없는 실정이다.

대부분의 소셜 미디어 플랫폼이 정한 최소 사용 연령은 만 13세라는 점 역시 고려해야 한다. 조사 자료와 소문을 종합해보면 최소 연령에 미치지 못하는 수백만 명의 사용자가 (흔히 부모의 허락하에) 소셜 미디어 계정을 만들 때 나이를 허위로 기재한다. 자녀의 첫 SNS 계정 생성 허용 여부를 결정할 때는 광고가 미칠 수 있는 영향도 함께 고려해야 할 것이다. 이런 종류의 의사결정을 할 때 부모들은 사전에 사생활 보호와 홍보의 영향을 충분히 고려하지 않는 경우가 많다.

약물, 음주보다 위험한 스마트폰 소유

오늘날 많은 아이들에게 가장 위협적인 일은 약물이나 알코올 관련 콘텐츠에 노출되는 것이 아니라 이 모든 콘텐츠를 전달해주는 수단, 즉 스마트폰을 소유했다는 사실일 것이다. 모든 사람이 스마트폰에 집착하는 이유는 쉽게 이해할 수 있다. 우리 뇌는 스마트폰에게 긍정적 보상을 받을 때마다 행복 호르몬인 도파민을 한 번씩 방출한다. 새로운 문자메시지가 왔을 때 띵! 누가 내 글을 리트윗했을 때 띵! 2017년 테드 강연에서 수상 경력이 있는 저널리스트이자 팟캐스트 진행자인 마누시 조모로디Manoush Zomorodi는 "자신의 고객을 '사용자'라고 부르는 사람들은 마약상 아니면 과학기술 분야 종사자밖에 없다"라는 농담을 했다.

사실 대부분의 기술은 우리의 관심을 사로잡기 위해 신경과학적 근거를 바탕으로 설계됐다. 실리콘밸리의 성공적인 앱 개발업체 중 하나가 도파민 랩스Dopamine Labs(인공지능과 신경과학을 활용해 사용자들이 앱을 더 오래, 더 자주 사용하게 만드는 프로그램을 개발하는 신생 벤처기업 – 옮긴이)라는 것만 봐도 알 수 있다. 우리가 페이스북이나 스냅챗, 캔디크러쉬를 할 때 얻는 자극은 간헐적이고 가변적이고 예측 불가능하다. 소셜 미디어 사용에 의한 긍정적 강화는 뇌의 쾌락 중추와 연관되어 있으며 매우 중독성이 강하다. 그 결과 예측할 수 없는 보상을 기다리거나 추구하는 행동을 반복하게 한다. 사람들은 이런 행동을 지칠 때까지 되풀이한다. 스스로 그만두기가 정말 힘들기 때문이다.

코네티컷 대학교 정신의학과 임상조교수이자 인터넷 및 기술 중독 센터Center for Internet and Technology Addiction 수장인 데이비드 그린필드David Greenfield 박사는 인터넷 사용을 도박에 비유했다. "언제 어디서 긍정적 강화가 나타날지 알 수 없으므로 우리는 그 반응을 얻기 위해 노력하거나 기다릴 수밖에 없다고 느낍니다. 인터넷은 사용자들에게 변동비율 강화계획(행동을 유도하기 위해 어떤 반응을 어떻게 강화할 것인지에 관한 계획을 강화계획이라고 하는데, 변동비율 강화계획은 특정 행동에 불규칙적이고 예측 불가능한 방식으로 보상을 제공함으로써 그 행동을 계속하도록 유도하기 위해 고안된 계획을 말한다 – 옮긴이)을 적용합니다. 인터넷이 슬롯머신과 같다는 말을 고급스럽게 표현한 것이죠."

기술 중독이란 무엇인가?

기술 중독은 사용 형태에 따라 여러 가지로 정의 내릴 수 있다. 커먼센스미디어는 기술 중독을 문제성 있는 미디어 사용으로 정의하며, 휴대폰, 게임, 소셜 미디어, 인터넷을 포함한 전자 기기들을 충동적이거나 중독적 방식으로 사용하는 사례를 나열했다. 연구에 따르면 전 세계 인구의 약 6%가 인터넷 중독 상태이며 북미의 인터넷 중독 비율은 8%인 것으로 나타났다.[6] 참고로 미국의 알코올 사용 장애 비율은 약 6.2%다.[7]

아이들만의 문제는 아니다. 내가 만난 모든 기술 중독 전문가들이 부모들에게도 똑같은 문제가 있는 경우가 많다고 말했다. 커먼센스미디어의 조사를 보면 54%의 아이들이 자신의 부모가 스마트폰을 너무 많이 사용한다고 응답했으며 32%는 부모가 스마트폰에 정신이 팔려 있을 때 자신이 하찮게 느껴진다고 답했다. 우리는 이 연구 결과가 시사하는 바를 진지하게 생각해볼 필요가 있다.

게임과 페이스북 같은 소셜 미디어, 인터넷, 채팅 등의 문제성 사용과 음란물 중독에 관한 연구는 많이 이뤄졌다. 기술 중독이 문제라는 사실은 널리 알려져 있지만 APA에서 발간하는 『정신장애진단 및 통계편람 제5판Diagnostic and Statistical Manual of Mental Disorders, fifth edition, DSM-5』에서 찾아볼 수 있는 것은 '인터넷 게임 장애'가 유일하며 그마저 공식적 진단명으로 등재된 것이 아닌 '추가 연구가 필요한 상태'라고 규정되어 있다. 이런 유의 중독은 화학물질에 중독된 것과는 다르다. 일종의 행동 장애로 코카인보다는 문제성 도박과 비슷하다. 따라서 인터넷 게임 장애에 관한 임상적 정의는 도박 중독을 규정하는 용어에 기초를 두고 있다.

인터넷 및 비디오게임 중독 치료를 전문으로 하는 워싱턴 D.C.의 소아 정신과 의사 클리포드 서스만Clifford Sussman 박사는 내게 이렇게 설명했다. "디지털 중독이란 용어 사용에 크게 반발하는 사람들은 디지털의 과도한 사용을 지나치게 병리적인 문제로 보는 것을 경계합니다. 중독인지 아닌지는 그 행동이 삶에 얼마나 영향을 주는지에 달려 있습니다. 만약 삶에 큰 지장을 주지 않는다면 그다지 큰 문제가 아니라는 거죠. 우리 사회 전체는 기술에 크게 의존하고 있습니다. 그 연장선상에서 문제성 사용과 중독을 바라봐야 합니다."

문제성이 있거나 중독적인 사용을 정의 내리려면 '정상적'인 사용

을 먼저 이해해야 한다. 핵심은 사람들이 매일 우려될 만큼 많은 시간을 미디어와 기술 이용에 할애한다는 것이다. 여기에는 일하고 공부하고 소통하기 위해 사용하는 시간도 포함된다. 기술은 우리 삶에 너무나 깊게 스며들어 있어 무엇이 기능적인 사용이고 무엇이 과도한 사용인지 구분하기 쉽지 않다.

기술 중독은 다른 형태의 물질 남용과 비슷한 증상을 보인다. 성적이 떨어지는가? 자녀가 수면 부족에 시달리는가? 아침에 일어나기 힘들어하는가? 대인 관계에 문제가 있는가? 기술 사용을 멈춰야 할 때 금단증상을 보이는가? 불이익을 당할 줄 알면서도 온라인 활동 외에 다른 모든 활동에 참여하지 않으려고 하는가?

DSM-5에서는 게임 중독을 "다른 사용자와 함께하는 인터넷 게임을 심각한 기능 손상을 불러올 정도로 반복적으로 사용하는 것"이라고 규정했다. 다음 중 다섯 개 이상 항목에 해당되는 행동이 1년 동안 지속된다면 게임 중독으로 볼 수 있다.

1 인터넷 게임에 심취해 있거나 집착한다.
2 인터넷 게임을 하지 않을 때 금단증상이 나타난다.
3 게임에 내성이 생겨 점점 더 오래 게임을 하고 싶다.
4 게임을 줄이거나 그만두려고 했지만 실패했다.
5 다른 취미 활동에 흥미를 잃었다.
6 인터넷 게임이 자신의 삶에 영향을 끼친다는 사실을 잘 알면서도 지속적으로 과도하게 게임을 한다.

7 인터넷 게임 사용에 관해 다른 사람들에게 거짓말을 한다.
8 불안감이나 죄책감을 완화하는 등 다른 문제에서 벗어나기 위해 게임을 한다.
9 인터넷 게임 때문에 대인 관계나 중요한 목표 달성 기회에 위협을 받는다.

소셜 미디어 중독

소셜 미디어 중독성에 관해서는 많은 연구가 이뤄졌으며 연구는 대부분 페이스북을 중점적으로 다루고 있다. 연구에 따르면 남자보다 여자가, 나이 든 사람보다는 젊은 사람이 소셜 미디어에 중독될 가능성이 높은 것으로 나타났다. (그리 놀랍지 않은 결과다.) 또 연애를 하고 있는 사람보다 연애를 하지 않는 사람이 소셜 미디어에 중독될 가능성이 높다는 사실을 밝힌 연구도 있다. 페이스북 중독 척도를 개발한 연구자들은 외향성과 (감정 기복과 불안감을 심하게 느끼는) 신경증적 성향이 높고 자존감이 낮은 사람들이 소셜 미디어를 과다 사용할 가능성이 높다는 결론을 내렸다.

광고 잡지인 《애드위크Adweek》에 따르면 SNS 사용 시간이 전체 미디어 사용 시간의 28%를 차지하며 만 15~19세 사이 청소년의 소셜 미디어 사용 시간은 하루 평균 3시간인 것으로 나타났다. 또 페이스북 사용자의 18%는 몇 시간 간격으로 페이스북을 확인하고, 아이폰 사용자의 28%는 아침에 일어나기 전에 트위터부터 확인하는 것으로 나타났다.[8]

가족 내 문제성 기술 사용에 대처하기

만약 가족 중 누군가가 기술 중독에 빠질 위험이 있다면 거기에 제대로 대처하는 것이 중요하다. 문제가 얼마나 심각한지 알아보려면 이 장에서 소개한 DSM-5 진단 기준과 같은 평가 도구를 활용할 수 있다. 전문가의 도움을 받는 것도 중요하다. 아이들의 경우 먼저 소아과를 방문하는 것이 좋다. 더 나아가 심리학자나 정신과 의사 또는 중독 전문가를 만나서 문제를 제대로 이해하고 회복을 위한 치료를 시작한다면 가장 이상적일 것이다. 하지만 안타깝게도 기술 중독 치료비는 대부분 보험 처리가 되지 않기 때문에 비용 부담이 크다.

가족 내 문제성 사용에 대처하기 위한 규칙을 적용하기로 했다면 처음에는 어느 정도의 반발을 예상해야 한다. 10대들은 변하고 싶은 마음과 변하고 싶지 않은 마음 사이에서 갈팡질팡하는데, 이런 태도는 다른 형태의 중독 문제가 있는 사람들에게서도 똑같이 볼 수 있다. 자신에게 문제가 있다는 것을 알고 있더라도 아이들 스스로 멈추기는 쉽지 않다.

서스만 박사는 이렇게 말했다. "중독된 아이들은 짜증을 잘 내고 거짓말을 할 수도 있으며 욕구를 충족하기 위해 필요하다면 휴대폰이나 컴퓨터에 몰래 접속하기도 할 겁니다. 가정 내에서 처음으로 기술 사용에 제한을 가하기 시작하고 일관성을 유지하기로 결심했다면 부모들은 아이들이 이런 행동을 할 수도 있다는 점을 염두에 두어야 합니다. 될 수 있으면 짜증과 과민성 행동을 무시하세요. 그런 행동에 반응하지 않음으로써 다툼의 빌미를 제공하지 않는 것이 중요합니다.

또 바람직하지 못한 행동에 강화를 주지 않도록 주의하세요. 자녀가 10대라고 하더라도 아이를 진정시키기 위해 단 몇 분이든 타임아웃을 실시하는 것도 좋습니다."

디지털 단식

내가 만난 많은 전문가들은 뇌를 초기화해 나쁜 습관을 없애기 위해 디지털 단식을 권했다. 이 방법은 어른과 아이 모두에게 무척 도움이 되지만 우리가 일하거나 공부하는 데 기술에 얼마나 의존하고 있는지 감안한다면 아주 어려운 도전일 수 있다. 휴대폰이나 컴퓨터를 며칠(또는 몇 주) 동안 꺼놓는 것은 분명 유익한 일이고 노력해볼 만한 가치가 있지만 가능하지는 않을 것이다. 우선 하루에 1~2시간 간격으로 15분씩 디지털 기기 없이 시간을 보내는 것부터 시작해보자. 특히 충동적으로 스마트폰이나 인터넷을 들여다보며 일이나 숙제를 하지 못하고 시간을 낭비하고 있는 사람이라면 꼭 해보길 권한다. 이 시간 동안 할 수 있는 일 몇 가지를 소개한다.

- 동네 산책을 한다.
- 세수를 하거나 간단히 샤워를 한다.
- 누군가와 얼굴을 맞대고 이야기한다.
- 간단한 집안일을 한다. (내 경우 할 일 목록에 적힌 일들을 하나씩 지워나가면서 심리적인 만족감을 얻는다.)
- 야외에 앉아서 자연을 오롯이 느끼며 주변을 자세히 관찰해본다.
- 감사하게 생각하는 일 열 가지를 적어본다. (당연히 종이에 적는다.)

- 음악을 듣는다.
- 만약 연주할 수 있는 악기가 있다면 몇 분간 연습해본다.
- 책, 잡지, 만화책 등 종이에 인쇄된 글을 읽어본다.
- 만약 강아지나 고양이가 있다면 다가가서 칭찬해주고 안아준다.
- 심호흡을 하고 스트레칭을 해본다. 만약 관심이 있다면 마음 챙김 명상을 해보는 것도 좋다.
- 종이에 그림을 그리거나 뭔가를 끼적거린다.
- 편안한 장소에 앉아서 기분을 상쾌하게 만드는 시원한 물을 한 잔 마신다.
- 자전거를 타거나 농구를 하는 등 심장박동 수를 올릴 수 있는 운동을 한다.

앱이나 게임, 소셜 미디어 사용을 하루나 한 주 또는 영원히 멈추는 것도 디지털 단식의 한 방법이다.
디지털 단식을 하려고 마음먹었다면 기기 사용을 줄이려는 노력을 가족들에게 터놓고 솔직히 이야기하는 것 또한 중요하다. 나는 집에서 일할 때는 휴대폰을 항상 다른 방에 놓는다. 그리고 아이들에게 엄마도 휴대폰의 유혹을 떨치기 힘들기 때문이라고 이유를 설명한다. 미리 이런 대화를 해두면 친구들에게 온 문자메시지를 확인하느라 아이들이 숙제에 집중하지 못할 때 아주 유용할 수 있다. 휴대폰을 다른 방에 놓아두라는 요청은 물론 엄마가 모범을 보이지 않은 또 다른 요청에도 엄마가 벌을 주려는 의도가 없다는 것을 이해하고 쉽게 따르기 때문이다.

마시멜로 실험을 기억하자

1960년대 초 스탠포드 대학교에서 유치원 아이들을 대상으로 실시한 유명한 심리학 실험이 있다. 다섯 살 아동에게 마시멜로를 하나 주면서 지금 먹어도 된다고 말했다. 하지만 만약 지금 먹지 않고 잠시 기다린다면 총 두 개를 받을 수 있다고 이야기했다. 다섯 살짜리 아이가 더 큰 보상을 기대하며 만족을 지연시킬 수 있을까? 대부분의 아이들은 그러지 못했다. 30%의 아동들만이 기다릴 수 있었고 그 아이들은 장기적으로 봤을 때 성공적인 결과를 얻었다. "만족을 더 오래 지연시킬 수 있었던 5세 아이들은 나중에 현저히 높은 SAT 점수를 얻었으며 사회 인지 및 정서 대처 능력이 나머지 아이들에 비해 훨씬 더 발달했다. 이 연구 참가자들은 현재 40~50대에 접어들었으며, 최근 조사에 따르면 과거에 만족지연 능력이 높았던 아이들은 현재까지 많은 이점을 누리고 있다고 한다. 그들은 학습 능력이 뛰어나고 자부심이 높으며 스트레스에 잘 대처하고 약물을 남용할 가능성이 낮았다."[9] 스탠포드의 마시멜로 실험은 의지력과 만족지연 능력의 중요성을 일깨워주는 대표적인 사례다. 남들보다 의지력이 강한 사람이 있긴 하지만 의지력 또한 다른 능력과 마찬가지로 개발할 수 있다. 우리의 궁극적 목표는 아이들이 자기 조절 능력을 키우고 소셜 미디어와 게임 같은 기술을 건강하고 생산적인 방식으로 활용해 중독과 문제성 사용을 피하도록 하는 것이다. 내가 만나본 여러 전문가들은 부모들이 자녀들에게 자기 조절 능력을 가르치기 위해 기술 사용을 할 때 만족지연을 연습하도록 거드는 것이 중요하다고 강조했다. 그러기 위해서 아이들이 기기를 사용하다가 준비가 되기 전에 멈추게 하는 조기종료를 연습시키는 것도 또 하나의 좋은 방법이 될 수 있다.

조기종료와 만족지연 능력을 향상시키는 가장 좋은 방법은 무엇일까? 연습이다. 조기종료를 하는 것은 굉장히 짜증 나는 일이지만 그 불쾌함을 견디는 연습을 할 필요가 있으며 익숙해지면 무척 유용한 삶의 기술이라는 점을 자녀에게 설명해야 한다. 내가 이 책을 쓰기 위해 인터뷰한 한 10대 아이는 이것을 스스로 연습한다면서 이렇게 말했다. "만족을 지연시키는 데 성공하면 마치 도파민 주사를 한 대 맞은 것만큼 자부심이 강력하게 솟구쳐 올라요. 우리는 그걸 무기로 활용해야 해요."

기술과의 싸움에서 중심을 잃지 않기 위해서 우리는 동원 가능한 모든 무기를 끌어와야 한다.

#직접 해보기

01 자녀가 자기 조절 능력을 키우도록 도와주자. 부모는 자녀의 기술 사용, 음주, 약물 사용 등의 위험 행동에 가장 큰 영향을 미치는 역할 모델이라는 점을 반드시 기억해야 한다.

02 만족지연과 조기종료를 연습시키자. 만약 자녀가 지금 당장 뭔가를 원한다고 해도 15분만 기다려달라고 요청한다. 그리고 그 15분을 생산적으로 보낼 수 있는 방법에는 무엇이 있을지 물어보자. 부모가 먼저 본보기를 보이는 것이 좋다. 예를 들어 당신은 아이들의 핼러윈 사탕 바구니를 뒤져서 사탕을 꺼내 먹고 싶을 수 있다. 그럴 때 아이들에게 초콜릿 바를 너무나 먹고 싶지만 15분 동안 기다리겠다고 이야기한 후 타이머를 맞춰둔다. 그러고 나서 어떤 기분이 드는지 살펴보자.

03 마음 챙김이나 명상을 배워보고 자녀가 자기 조절 능력을 키우는 데 도움이 되는지 알아보자. 참고로 나는 마음 챙김 명상에 서툴지만 꾸준히 노력하고 있다.

04 만족지연 연습을 게임화하자. 예를 들어 가족 중에 누가 가장 오래 휴대폰을 보지 않고 버틸 수 있는지 시합해볼 수 있다. 가족들이 모두 어떤 앱을 얼마나 사용하고 있는지 파악해둔 다음 늦게 시작해서 일찍 끝내는 것을 목표로 세우고 이긴 사람에게 보상을 제공한다.

05 게임이나 소셜 미디어 등의 활동을 중간에 그만두는 것이 얼마나 힘든지는 이해하지만 절대로 허용되지 않는 행동이 있다는 사실을 자녀에게 반드시 인지시켜야 한다. 가령 부모가 휴대폰을 내려놓으라고 하거나 비디오게임을 그만하라고 이야기했을 때 게임 컨트롤러를 던지거나 화가 나서 고함을 지르거나 문을 쾅 닫거나 욕을 하는 행동은 하지 않도록 지도해야 한다. 하지만 마음의 준비가 되기 전에 뭔가를 중간에 그만둬야 했을 때 한숨을 쉬거나 눈을 치켜뜨거나 잠시 짜증을 내는 것 정도는 이해해줄 수 있다.

06 한 활동을 그만두고 다음 활동으로 넘어가기 위해서는 뇌가 준비할 시간이 필요하다는 점을 감안해 아이에게 그만큼의 시간을 주어야 한다. 그 전환 시간 동안 아이의 기분이 어땠는지 표현해보게 하자.

07 하고 있던 활동을 그만둬야 할 시간이 임박하면 "5분 후에 꺼야 해!"라는 식으로 여러 번 주의를 주자. 하지만 이 방법이 항상 효과가 있는 것은 아니라는 점을 명심해야 한다. 어른인 우리도 게임을 하거나 스마트폰으로 뭔가를 보고 있을 때는 주변에서 무슨 일이 일어나고 있는지 전혀 인식하지 못할 때가 많기 때문이다.

08 더 어린 아이들의 경우 올바른 선택을 하고 자신의 행동을 조절하려는 모습을 보였을 때 적절한 보상을 해주는 것이 좋다. 서스만 박사는 즉각적이고 실질적인 보상을 해주라고 권했다. 만약 기기를 끄라고 했을 때 한 번에 말을 들었다면 칭찬 스티커 다섯 개를 주고 두 번째에 말을 들었다면 네 개를 주는 식이다. 그러면 게임 대신 보상에서 만족감을 얻게 된다. 그렇게 모은 칭찬 스티커는 장난감이나 재밌는 체험으로 교환해주자.

09 더 큰 아이들과 10대들의 경우 (아이들의 의견을 반영해) 한계를 정하고 이 아이들의 활동을 전환하는 데 도움이 될 즉각적이고 실질적인 보상은 무엇이 있을지 생각해보자. 한 가지 방법은 아이들이 스마트폰을 끄고 바로 즐길 수 있을 만한 활동을 제안하는 것이다. 가령 음료를 준다든지 좋아하는 음악을 듣는다든지 하는 것 말이다.

10 아이들이 온라인에 음주, 약물 등의 위험 행동에 관한 게시물을 올리는 행동을 어떻게 생각하는지 가족끼리 이야기를 나눠보자. 실제로 그런 위험 행동을 하지는 않았다고 하더라도 소셜 미디어에 게시물을 올린 것 자체가 그런 행동을 했다는 증거로 남을 수도 있다는 점을 인지시키자.

11 위험한 선택에 관한 게시물을 올리는 것이 다른 사람들의 위험 행동을 부추기는 환경을 조성하는 데 얼마나 기여하는지 이야기를 나눠보자.

12 **온라인에서 또래들이 위험 행동을 저지르고도 아무런 대가를 치르지 않는 것을 보면 잠재적인 위험에 대한 아이들의 시각이 바뀔 수 있다. 아이들에게 당장 눈에 보이지 않는다고 해서 불이익이 없다는 뜻은 아니라는 점을 깨닫게 해주자.**

13 **미성년자 음주 또는 약물복용에 관해 논의할 때 부모들은 자녀에게 다음과 같은 사실을 일깨워주어야 한다.**

- 알코올이 청소년의 뇌와 신체에 미치는 부정적 영향
- 미성년자 음주 및 폭음으로 생길 수 있는 부정적 결과
- 약물복용 시(처방 약물 또는 오락성 약물) 상호작용 위험성

14 **광고와 홍보가 어떤 것인지 설명해주고 브랜드의 소셜 미디어를 팔로우하거나 게시물에 '좋아요'를 누르는 행위가 그들에게 어떤 영향을 줄 수 있는지 이야기해보자. 인플루언서나 유명인을 동원하고 해시태그와 캠페인을 통해 사람들의 참여를 유도해 광고라는 것을 쉽게 감지할 수 없는 콘텐츠에 관해 이야기를 나눠보자.**

15 **미성년자 음주와 약물복용의 위험을 줄일 수 있는 보호인자로써 관계를 해치지 않으면서 거절할 수 있는 기술을 가르쳐줘야 한다. 10대들은 또래 집단에서 자신의 위치를 유지하거나 향상시키고 싶은 마음에 위기를 기회로 인식하는 경향이 있다는 사실을 기억하자.**

16

만약 친구가 위험 행동에 관한 게시물을 올렸다면 어떻게 반응해야 할지 이야기해보자. 이에 대처하는 최선의 방법은 무엇일까? 무시하는 것이 나을까? 비공개 메시지를 보내야 할까? 아니면 직접 이야기해야 할까? 아이들의 선택에는 여러 가지가 있을 수 있다.

7장

소셜 미디어가 날 우울하게 해

온라인 활동과 정신 건강

들어가기 전,

부모 스스로 묻고 답하는 시간

★ 질문 1. 소셜 미디어 휴지기를 가져본 적이 있는가?

★ 질문 2. 오랜 시간 휴대폰을 사용하지 못하면 불안한가?

★ 질문 3. 소셜 미디어에서 본 게시물로 감정이 나빠지거나 우울해진 적이 있는가?

★ 질문 4. 아이에게 주의력 결핍이나 자폐증, 불안 장애, 우울증 등이 있는가?

터놓고 얘기해요

스물다섯 살 새미의 이야기

내가 #터놓고얘기해요TalkingAboutIt를 시작한 지 벌써 2년이 다 됐다. 정말 무모한 짓이었지만 내 삶은 그 이후로 완전히 바뀌었다.

스물네 살이었던 2015년, 나는 대학교를 갓 졸업한 후 펜실베이니아 주의 한 아파트에서 혼자 살고 있었다. 그때 내 삶은 참 비참했다. 진짜 그럴 만한 이유가 있었다. 내가 그곳에 발이 묶인 것은 순전히 남자친구 때문이었지만 우리 관계는 원만하지 못했다. 우울증과 불안 장애를 안고 있던 나는 거의 침대에 누워서 지냈고 글을 쓸 때만 일어났다. (당시 나는 프리랜서였다.) 뭔가에 짓눌린 듯 몸이 무거워 일상적인 일을 하는 것도 불가능했고 의욕도 없었기 때문에 주로 스마트폰으로 트위터를 들여다보며 시간을 보냈다. 놀라운 일을 해내고 세상을 바꾸는 사람들의 트윗을 보면서 '어떻게 저런 일을 할 수 있을까? 나는 샤워하러 일어나기도 버거운데…' 하는 생각을 하던 기억이 난다.

그러던 어느 날 한 친구의 트윗을 보게 됐다. 감기에 심하게 걸려 하루 종일 소파에 누워서 TV나 봐야겠다는 내용의 농담 섞인 트윗이었다. 그걸 본 나는 친구와 내가 거의 같은 상황에 처해 있다는 사실을 깨달았다. 단지 내 경우 감기가 아니라 불안감 때문이라는 점이 다를 뿐이었다. 그런데 왜 나는 그런 식으로 내 불안감을 농담 삼아 이야기하거나 트윗을 올릴 수 없을까?

다행히도 당시 상황에서 가족이든 고용주든 내가 내 정신 건강에 관해 솔직히 이야기한다고 날 비난할 사람은 아무도 없었다. 그래서 그때부터 내 신체 건강 상태를 이야기하는 것처럼 정신 건강 상태도 온라인과 오프라인에서 모두 솔직하게 이야기하기 시작했다. 다만 온라인에서는 '#터놓고얘기해요'라는 해시태그를 사용했다.

"내 불안감이 전보다 더 심해졌다는 이야기를 하는 편이 낫겠다는 생각이 들었어요. 신체적으로 아플 때 내 몸 상태에 관해 트윗을 올리는 게 아무렇지도 않은 것처럼 말이죠." 나는 2015년 12월 13일에 이렇게 트윗을 올렸다. "최근 나는 불안감 때문에 침대에 누워 보내는 시간이 많았어요. 많은 사람 앞에서 이런 말을 하기가 두렵지만 만약 내가 감기에 걸린 것이라면 망설일 필요가 없었겠죠. 만약 여러분이 괜찮다면 신체적 건강 상태를 이야기하듯 정신적 건강 상태도 얘기해주세요. 농담을 해도 좋아요, 함께 솔직하게 터놓고 얘기해요. 다른 모든 문제와 마찬가지로 정신 건강과 관련된 편견을 없애기 위해서는 끊임없이 이야기하는 수밖에 없어요. 만약 여러분이 동참한다면 #터놓고얘기해요 해시태그를 붙여서 내 정신 건강에 대한 더 많은 이야기를 공유하도록 할게요."

당시 나는 친구 몇 명이 동참해준다면 혼자가 아니라는 사실을 상기할 수 있도록 함께 모여 트윗을 보면 좋을 것 같다고만 생각했다. 하지만 이 일이 이렇게 커지리라고는 상상도 하지 못했다. 처음에는 내 예상대로 친구들과 나뿐이었다. 그런데 어느 순간 뜨거운 반응을 얻기 시작하면서 《코스모폴리탄》, 《뉴 리퍼블릭》, 〈메트로〉 등 주요 매체에 소개됐다. 더 나아가 고등학교 때부터 관심을 가졌던 정신 건강 증진을 돕기 위한 비영리단체 '그녀의 팔에 사랑을 새겨줘'**To Write Love on Her Arms**와 함께 일하게 됐고 MTV의 정신 건강 관련 페이스북 라이브 방송도 진행했다. 전문가는 아니지만 그 기회를 통해 정신 건강 문제를 당당하게 이야기하자는 간단한 발상으로 큰 반향을 불러일으킬 수 있다는 사실을 보여줬다.

'#터놓고얘기해요'를 시작한 이후 나는 혼자라는 느낌을 덜 받게 됐다. 혹 가식적이고 허울뿐인 '사회운동'이 어쩌고 하는 헛소리로 들릴 수도 있겠지만, 나는 진심으로 그렇게 느꼈다. 트윗을 올릴 기운조차 없는 날엔 #터놓고얘기해요 해시태그가 붙은 트윗을 쭉 읽어 내려갔는데, 그걸 보면 점점 내가 처음에 바라던 것과 정확히 같은 방향으로 분위기가 흘러가고 있음을 알 수 있었다. 다시 말해 "난 괜찮지 않아"라는 트윗과 "오늘은 정신 상태가 좋은 날이야"라는 트윗이 공존하기 때문에 우리가 지금 무엇을 겪고 있든 그것이 영원히 지속되지는 않는다는 점을 상기하게 됐다. 어두운 날이 있으면 밝은 날도 있기 마련이기 때문이다.

한번은 내가 공황 발작이 일어나기 바로 직전에 트윗을 올린 적이 있었는데, 이 해시태그를 사용하는 사람들이 나를 진정시키는 데 탁월한 능력을 발휘했다. 내 삶에서 중요한 것들을 떠올리라고 말해준 사람도 있었고, 지금 하던 일을 당장 멈추고 물을 한 잔 마시거나 내가 좋아하는 TV 프로그램을 시청하는 등 뇌가 이끄는 대로 빠져들지 않도록 주의를 분산할 뭔가를 해야 한다고 조언한 사람도 있었다. #터놓고얘기해요 해시태그를 사용하는 사람들은 자신의 뇌를 탓하지는 않는다. 중요한 것은 자신의 본모습을 바꾸거나 문제를 해결하는 것이 아니라 가끔 냉혹하게 느껴지는 사회에서 자신의 본모습을 있는 그대로 지니고 살아가는 방법과 감당하기 버거운 감정에 대처하는 방법을 배우는 것이다.

소셜 미디어를 확인하지 않고는 1시간도 못 버티는 사람으로서 그리고 전적으로 소셜 미디어에 기반을 둔 직업을 가진 사람으로서 나는 소셜 미디어를 건전하게 사용할 수 있는 길이 있다고 믿는다. 내 생각에 문제는 우리가 소셜 미디어에서 보는 것들이 누군가의 인생에서 가장 빛나는 순간만을 모아놓은 이미지들이라는 점이다. 환상적인 휴가 사진과 친구와 함께 보낸 즐거운 밤에 찍은 사진 등, 다른 사람들이 행복해하는 모습만 눈에 보인다면 우리는 당연히 외로움을 느끼고 내 삶을 남들의 삶과 비교하게 된다. 정신 질환이 있든 없든 상관없다. 그것이 인간의 본성이기 때문이다. 하지만 불안 장애와 우울증 등 정신 건강상의 문제가 있는 사람들은 소셜 미디어를 하는 것만으로도 극도의 부담감을 느낄 수 있다.

만약 모든 사람이 내가 상상했던 방식대로 #터놓고얘기해요를 활용한다면 우리는 힘든 순간도 남들과 공유하게 될 것이다. 당신의 친구가 외출하기 전 신체 이형 장애로 자신에게 맞는 옷이 하나도 없다는 생각이 들면서 공황 상태에 빠졌다는 사실을 트윗에 올렸다고 가정해보자. 그러고 난 후에도 밖에 나가서 신나게 놀았다면, 당신은 동전에 양면이 있는 것처럼 삶은 힘들고 고통스럽기도 하지만 아름다울 수도 있다는 점을 깨닫게 될 것이다. 사실 #터놓고얘기해요를 통한 나의 가장 큰 목표는 소셜 미디어를 머물기에 건전한 공간으로 만드는 것이다.

소셜 미디어는 정신 건강에 어떤 영향을 미칠까?

소셜 미디어를 사용하는 사람들은 대부분 그것이 자신의 감정에 꽤 심각한 영향을 끼칠 수도 있다는 점을 잘 알고 있다. 소셜 미디어를 보다가 기분이 나빠져 로그아웃을 하고 며칠이나 몇 주 동안 다시 들어가지 않은 적이 내게도 여러 번 있었다. 나는 소셜 미디어가 건전한 공간이 아니라는 생각이 들었다. 알고 보니 그렇게 느끼는 사람이 나 혼자만은 아니었다. 2017년 AP에서 실시한 조사를 보면 65% 가까이 되는 미국의 10대들이 소셜 미디어 휴지기를 가진 적이 있으며 그중 대부분은 자발적으로 그렇게 한 것으로 나타났다. 소셜 미디어를 잠시 쉬기로 결정한 아이들은 자신의 결정에 만족감과 안도감을 느꼈다고 답했다. 하지만 (잔인하고 간섭 심한 부모에 의해) 억지로 휴식 시간을 가진 아이들은 불안감이 들었고 친구들로부터 단절되는 느낌을 받았다고 답했다. 두 경우 모두 소셜 미디어가 우리의 정신 건강에 어떤 영향을 미치는지 여실히 드러낸다.

이 장에서는 자폐 스펙트럼 장애ASD, 주의력결핍 과잉행동 장애ADHD, 불안 장애, 우울증이 있는 아이들의 기술 사용을 다룬 연구 결과를 살펴볼 것이다. 이런 장애를 가진 아이들은 스크린 앞에서 보내는 시간에 다른 아이들보다 훨씬 더 큰 영향을 받는다. 많은 연구 결과를 보면 이 부류에 속하는 아이들에게 스크린 활동은 유익할 수도 있고 매우 위험할 수도 있다. 기술 사용을 통해 이 아이들이 얻을 수 있는 사회적·교육적 효과도 분명히 존재하는 동시에 문제성 사용과 중독

다음과 같은 정신 건강 문제를 가진 아이들의 비율

질환명	비율	자료 출처 및 연령대
ADHD	9.4%	2016년 기준 전미아동건강조사NSCH, 만 2~17세
ASD	8.5%	2012년 기준 미국 질병통제예방센터CDC, 만 8세 아동 전체
불안 장애	25.5%	2010년 기준 국립정신건강연구소NIMH, 만 13~18세
우울증	12.5%	2015년 기준 국립정신건강연구소NIMH, 만 12~17세

의 위험성이 큰 만큼 정신 건강과 행복에 위협을 받을 가능성도 높다.

이 네 가지는 서로 다른 질환이지만 보건의료 전문가들은 이 중 한 가지 질환이 나타날 때 나머지 질환도 함께 나타날 확률이 높기 때문에 이들을 동반질환comorbid이라고 부른다. 이 비율을 모두 합친 결과를 보면 미국 청소년 상당수가 여기에 해당한다는 사실을 알 수 있다. 즉, (나를 포함한) 많은 부모들이 이 중 한두 가지 질환을 앓고 있는 아이들을 키우고 있다는 뜻이다.

미국 10대들의 정신 건강

미국 청소년들의 정신 건강 문제는 갈수록 심각해지고 있다. 전 국민 대상 장기적 조사 자료에 따르면 우울 증상과 주요우울삽화를 보이는 사람들이 부쩍 늘어난 것으로 나타났다.

2010년 〈USA투데이〉에서 실시한 조사를 보면 "대공황 시대의 청소년들보다 다섯 배나 많은 고등학생과 대학생 들이 불안 장애를 비롯한 여러 가지 정신 건강 문제를 겪는다."[1] 2010년부터 이 수치는 우려할 만한 수준으로 점점 증가하고 있다.

늘어나고 있는 것은 우울감뿐만이 아니다. 자살 및 자해 비율도 동시에 증가하고 있는 추세다. 질병통제예방센터CDC의 2017년 분석에 따르면 10대 소녀들의 자살률이 40년 만에 최고치를 기록한 것으로 나타났다. 2010~2015년 사이 자살률을 살펴보면 10대 소녀들의 경우 두 배가량 늘어났으며 10대 소년들의 경우에는 30% 이상 늘어났다. 2017년 영국에서 발표된 연구 결과를 보면 2011~2014년 사이 10대 소녀들의 자해 행위는 68% 증가했다.[2]

성별에 따른 만 15~19세 사이 청소년 자살률

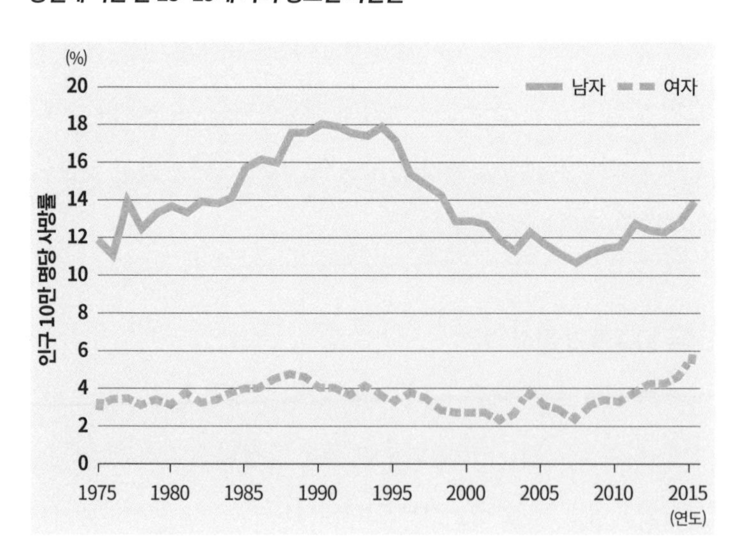

출처: 2017 『이환율 및 사망률 주간 보고서Morbidity and Mortality Weekly Report, MMWR』 1975~2015년 성별에 따른 만 15~19세 사이 미국 청소년 자살률; 66:816. DOI: http://dx.doi.org/10.15585/mmwr.mm6630a6

트웬지 박사는 저서 『#i세대』에서 2012년 이후 10대들이 느끼는 행복감과 신체적·정신적 건강 상태에 대한 만족감에 놀랄 만한 변화가 일어났다는 사실을 언급했다. 이는 대략 미국 휴대폰 시장이 포화 상태에 이른 시기와 일치한다. 둘 사이에는 어떤 연관성이 있을까? 《애틀랜틱》에 실린 트웬지 박사의 유명한 기고문 제목처럼 휴대폰이 한 세대를 망치고 있는가?

과도한 인터넷 사용이 외로움, 우울, 불안, 스트레스와 관련되어 있다는 사실을 입증하는 자료는 수없이 많다. 정신 건강 악화와 소셜 미디어 사용을 관련짓는 거의 모든 연구 결과를 보면 소셜 미디어를 과도하게 사용하는 아이들은 심각한 문제를 보였다. (장시간 게임을 하는 아이들에게 나타난 결과도 동일했다.) 이런 결과는 30년 넘는 기간 동안 축적된 미국인 수백만 명의 경험에서 추려낸 미국 내 최적의 자료들을 바탕으로 하고 있다.

트웬지 박사는 이들을 상관관계로 설명했다. 즉, 휴대폰 사용이 급격히 증가한 시점과 정신 건강이 악화되기 시작한 시점이 일치하지만, 하나가 다른 하나의 결정적 원인이라는 사실은 입증하기 힘들다는 뜻이다. 『#i세대』는 이 새로운 세대가 이전의 모든 세대들과 어떤 면에서 다른지 흥미로운 담론을 펼치는 책으로 젊은이들을 움직이는 신념과 태도에 두드러지게 나타나는 개인주의 문화를 다룬다.

우리 아이들의 정신 건강이 위기에 처한 원인을 스마트폰 하나로 결론 내릴 수는 없다. 원인을 한 가지 요인에서만 찾으려다 보면 다른 기여 요인의 개입 가능성을 검토해볼 기회를 놓치게 된다. 정치, 경제,

문화, 기술적 환경이 동시에 그리고 서로 영향을 주고받으며 변하고 있다. 불안과 우울감에 빠져 있는 청년들이 전례 없이 늘어난 데에 휴대폰과 소셜 미디어가 일조한 부분이 있다는 사실에는 의문의 여지가 없다. 하지만 아동기 성장 환경의 변화, 부모들의 스트레스를 가중하는 정치·경제적 현실, 고비용 입시 위주 교육제도 역시 이들에게 스트레스로 작용하며, 모든 스트레스를 활발한 신체 활동을 통해 해소할 기회는 한정되어 있고 경쟁이 치열하며 돈이 많이 들기 때문에 70%의 아이들이 열네 살이 되면 단체 운동을 그만두고 물리적 배출구를 잃게 된다.[3]

2016년 《타임》지에 표지 기사로 실린 〈10대의 우울과 불안: 우리 아이들은 왜 괜찮지 않을까?Teen Depression and Anxiety: Why the Kids Are Not Alright?〉에서 저널리스트인 수재나 슈롭스도르프Susanna Schrobsdorff는 이렇게 썼다.

> 그들은 9/11 이후 경제와 안보가 불안한 환경에서 자란 세대로 테러 행위와 교내 총기 난사 사건이 일반적이지 않던 시기를 겪어보지 못했다. 자신들의 부모가 심각한 불황을 견디는 모습을 보며 자랐으며 무엇보다도 기술과 소셜 미디어로 인해 사회가 큰 변화를 겪는 시기에 사춘기를 맞았다.

"만약 불안해하는 사람들을 양산해내는 환경을 만드는 것이 목적이었다면 우리는 이미 성공했다고 볼 수 있습니다." 코넬 대학교에서

자해와 재활 연구 프로그램을 이끌고 있는 재니스 위트록Janis Whitlock은 이렇게 말했다. "요즘 아이들은 온갖 자극으로 들끓는 가마솥 안에 있는 것이나 마찬가지입니다. 그들은 그 안에서 빠져나올 수도 없고, 빠져나오고 싶지도 않고, 빠져나오는 방법도 모릅니다."

최근에는 불안하고 우울한 상태를 규정하는 개념 또한 바뀌고 있는 추세다. 더불어 신경다양성Neuro-diversity(ADHD나 ASD 등을 뇌 기능 이상으로 인한 장애가 아닌 정상적 유전적 변이에 의한 다양한 신경학적 특성 중 하나로 보는 개념 – 옮긴이)을 수용하는 분위기가 서서히 형성되고 있으며 그에 상응해 정신 건강 질환에 대한 부정적인 인식도 점점 개선되고 있다. 아직 갈 길이 멀긴 하지만 나날이 긍정적인 변화가 이뤄지고 있다. 역설적이게도 이런 변화를 이끄는 수단 중 하나가 인터넷이다.

정신 질환 진단을 받은 아이 또는 신경 비전형인Neurally atypical은 휴대폰과 기술의 발달로 사회적 교류 기회 확대라는 커다란 이점을 누릴 수 있게 됐다. '마인크래프트' 같은 게임이나 텀블러, 유튜브 같은 소셜 미디어를 통해 사람들과 소통하다 보면 친구를 사귈 수 있는 좋은 기회가 생긴다. 또한 전형적으로 발달하는 또래들보다 이 아이의 상황을 더 잘 이해할 수 있는 비슷한 처지의 사람들과 관계를 맺을 가능성이 높다. 사회성이 부족한 사람들의 경우에도 마찬가지이고 사회적 낙인이 찍힌 집단에 속한 사람들의 경우에는 특히나 더 그렇다. 편견이 적고 이해심 많은 공동체를 찾게 된다면 이런 아이들도 숨통이 트일 것이다.

물론 이 또한 우리가 이 책에서 이야기하고 있는 인터넷의 기능이다. 인터넷을 통해 사람들이 자신에게 힘이 되어주는 공동체를 만날 가능성도 있지만 정서적으로 취약한 사람들이 자신에게 해를 끼칠 사람들을 만날 가능성도 배제할 수 없다. 이런 부류의 아이들은 소외감과 외로움, 괴롭힘당하는 느낌을 호소하는 경우가 많다. 특히 선의와 악의를 구분하거나 힘든 상황에서 느끼는 감정을 제대로 다루는 능력이 부족한 청소년들의 경우 주변의 믿을 만한 어른과 함께 자신이 속한 온라인 공동체와 온라인에서 사귄 친구들이 안전한지 확인하는 것이 중요하다.

내가 인터뷰한 한 청년은 이렇게 말했다. "어떤 사람들은 자살 충동에 관한 '짤'을 만들어서 온라인의 우울증 커뮤니티에 공유해요. 거기서는 사람들이 공감해주거든요. 그런데 가끔 일반 커뮤니티에도 이런 짤이 돌다 보니 보통 사람들도 사소한 일로 자살하고 싶다는 농담을 하면서 우울증을 앓는 사람들의 고통을 사소한 것으로 치부하고, 자기 자신을 혐오하는 것이 우려할 일이 아니라 자신을 멋있고 친근한 사람으로 보이게 한다고 여기는 분위기가 형성돼요. 자신에게 정서적 문제가 있다는 것을 알지만 도움을 청하기보다 부정적 대처 기제coping mechanisms를 농담거리로 삼는 거죠. 그럼 우울증은 아무렇지도 않은 것이 되어버려요. 물론 그건 좋다고 생각하지만 방법이 잘못됐어요."

소셜 미디어와 사회불안 장애

인터넷과 페이스북, 인스타그램 같은 소셜 미디어 플랫폼은 다양한 불안 장애를 앓고 있는 청소년들의 사교 활동에 도움이 될 수 있다. 면대면 대화보다 온라인 의사소통을 편하게 생각하는 다른 모든 사람과 같은 이유로, 사회불안을 겪는 사람들은 서두를 필요가 없고 곤란한 상황에 처할 가능성이 낮은 온라인 대화에 매력을 느낀다. 몇몇 연구에 따르면 사회불안을 겪는 10대들은 자기 노출을 통해 더 많은 대화를 할 수 있고 가까운 관계를 맺을 수 있다는 점에서 인터넷이 도움이 된다고 생각하는 것으로 나타났다.

한편 인터넷은 그들이 마주하고 싶지 않은 상황을 피하게 해주는 수단이 되기도 한다. 사회불안 장애가 있는 사람들이 특히 우리 삶을 편리하게 해주는 수단을 부적응적 대처 전략으로 활용한다는 사실은 여러 연구에서 지적돼왔다. 불안 장애를 겪는 사람들은 친구나 가족과의 직접적인 만남을 피하는 수단으로 인터넷과 소셜 미디어를 활용할 가능성이 높다. 이런 태도는 장기적으로 볼 때 그들에게 해가 될 수 있다. 친구와 얼굴을 맞대고 보내는 시간은 보호인자로 작용하는 것은 물론 인간관계를 돈독히 하고 의사소통 능력을 향상시킬 수 있는 중요한 계기가 될 수 있기 때문이다.

소셜 미디어 사용이 불안과 우울 증상에 미치는 영향을 측정하기 위해서는 감정이입 능력이 뛰어난 아이들이 소셜 미디어를 어떻게 사용하는지 살펴봐야 한다. 만약 아이들이 소셜 미디어 피드를 확인하지 못하거나 계정에 접속하지 못했을 때 극심한 스트레스를 받는다면 비정상적인 감정이입이 이뤄지고 있음을 나타낸다. 실제로 소셜 미디어 사용에 감정을 가장 많이 쏟아붓는 10대들에게 불안과 우울 증상이 가장 높게 나타났다.

그럴듯하지 않은가? 만약 인스타그램에 올린 사진에 '좋아요'나 댓글이 별로 없다면 어떤 아이들은 실망스럽지만 아무렇지도 않다는 듯 어깨를 으쓱하고 넘어가겠지만 불안 장애가 있는 아이들은 같은 상황에서도 큰 스트레스를 받는다. 이럴 때 부모들은 불안해하는 자녀가 소셜 미디어와 거리를 둘 수 있도록 지도하는 것이 바람직하다. 또 아이들이 운동이나 취미, 학업, 친구와의 직접적인 만남 등 다른 활동을 더 중요시하고 우선순위에 두도록 도와주는 것이 좋다. 아이들에게 왜 특정 상황을 심각하게 받아들이는지 설명해달라고 요청해보자. 아이의 감정을 무시하지 말고 상황을 좀 더 객관적으로 볼 수 있도록 거들어주는 것이 좋다. 같은 경험이 있는 친구가 있다면 함께 그 상황을 이야기해볼 수 있는 기회를 마련해주자.

불안 

불안은 사회불안 장애 **Social anxiety disorder, SAD**, 범불안 장애 **Generalized anxiety disorder, GAD**, 강박충동 장애 **Obsessive-compulsive disorder, OCD**, 외상후스트레스 장애 **Post-traumatic stress disorder, PTSD**와 다양한 종류의 특정

공포증, 공황장애 등을 포괄하는 용어다.[4]

매년 성인 인구의 18%를 차지하는 4,000만 명의 미국인이 불안 장애를 겪는다. 미국 국립정신건강연구소National Institute of Mental Health, NIMH에 따르면 만 13~18세 사이의 청소년에서 불안 장애 발병률은 25.1%이며 그중 심각한 장애를 겪는 비율은 5.9%다. 이 책에서 말하는 불안은 보통 사회불안 장애와 범불안 장애를 뜻한다.

휴대폰이 불안 증상의 직접적인 원인일까?

휴대폰을 쓰지 못하는 상황에서 사람들의 반응을 보면 휴대폰이 불안 증상을 유발하거나 악화한다고 생각할 만한 이유가 충분하다. 나 자신은 물론 다른 사람들, 특히 내가 가르치는 대학생들을 보면서도 그런 느낌을 받았다. 또한 이를 뒷받침하는 연구도 있다.

한 연구는 휴대폰을 멀리 떼어놓아야 할 때 대학생들이 어떤 반응을 보이는지 조사했다. 연구자들은 휴대폰을 가장 많이 사용하고 문제성 사용을 할 가능성이 높은 학생이 가장 큰 불안을 호소할 것이라는 가설을 세웠다. 불안감은 전반적인 학생에게서 증가했지만 가설은 정확히 맞아떨어졌다. 시간이 지날수록 과도한 휴대폰 사용자들의 불안감은 중독자들에게 나타나는 금단증상과 비슷한 수준으로 악화됐다. 연구자들은 이 반응을 중독으로 규정하는 대신 "분리 불안으로 분류하는 것이 더 적절하다"고 언급했다.[5]

대부분의 부모들은 이 용어가 익숙할 것이다. 여기에는 울면서 매달리는 아이를 어린이집에 맡겨둔 채 눈물을 머금고 출근했던 내 과거의 불편한 기억이 희미하게 담겨 있다. 분리 불안은 애착을 느끼는 대상과 분리되는 상황을 큰 충격으로 받아들이는 것을 말한다. 나는 이 연구를 이끈 래리 로젠 박사를 만나 인터뷰했다. 그는 연구에 참가한 학생들이 휴대폰을 자기 몸의 일부인 것처럼 다뤘다고 이야기했다. "휴대폰을 멀리 치우거나 눈에서 보이지 않는 곳에 두었을 때 이 기기에 과도하게 의존하는 사람들은 확실히 분리 불안을 겪거나 상실감을 느꼈습니다. 반면 적당히 사용하는 사람들은 이 기기에 덜 의존하고 있었기 때문에 상실감이 그리 크지 않았습니다."

의사소통의 과부하는 휴대폰 사용과 관련된 또 다른 형태의 불안을 자극한다. 많은 사람이 문자, 이메일, 전화를 매개로 쏟아져 들어오는 정보를 버거워한다. 어떤 날은 하루에 수백 개의 알림을 받기도 한다. 그로 인해 사람들은 심리적 고통과 인지적 부담을 과도하게 느끼는 것으로 알려져 있다. 소리나 이미지의 형태로 정보 수신을 알리는 신호가 들어올 때마다 우리는 조건반응을 하며 긴장 상태에서 벗어나지 못한다. 뭐가 중요할까? 읽지 않아도 되는 것은 뭐지? 뭐가 가장 급할까? 이런 인지적 부담이 가중되면 사람들은 극심한 스트레스를 받는다.

불안은 포모와도 연관이 있다. 남들이 다 하는 사회적 경험에서 배제될 가능성에 대한 두려움 외에도 포모는 '비접속 불안'이라고 불리는 하위 유형을 포함한다. 즉, 자발적으로든 강압적인 부모에 의해서든 휴대폰, 이메일, 소셜 미디어 사용을 하지 못하게 될 때 불안 증상

이 나타난다는 뜻이다. 휴대폰 배터리가 거의 바닥을 보일 때는 불안감이 엄습하고 휴대폰 배터리가 100% 충전되어 있을 때는 마음이 놓이는 이유도 비접속 불안으로 설명할 수 있을 것이다.

우울증과 디지털 미디어

디지털 미디어의 과도한 사용과 우울증 발생 위험의 관계 연구는 광범위하게 이뤄졌다. 다시 한 번 말하지만 소셜 미디어는 유대감과 행복감을 증진하나 정반대로 소외감과 외로움을 느끼게 만들기도 한다. 사회성이 부족한 사람들과 우울 증상을 보이는 사람들은 소셜 미디어가 자신들의 기분을 더 우울하게 만든다는 사실을 깨달을 가능성이 높다.[6]

소셜 미디어와 기술 사용이 젊은이들의 우울증에 미치는 영향은 개인의 기질과 성격에 따라 크게 달라진다. 3장에서 소셜 미디어 사용을 둘러싼 부익부 현상을 짚어보았는데, 이 현상은 여기에도 똑같이 적용할 수 있다. 소셜 미디어가 젊은이들을 우울하게 만드는지를 예측하는 데에 인기는 사실상 조절인자Moderating factor로 작용했다. 인기 있는 아이들은 괜찮았지만 인기가 없는 아이들은 우울해했다.[7]

수동적 소셜 미디어 사용 또는 '눈팅'은 우울증 발생 위험의 증가와 상관관계가 있다. 인터넷과 소셜 미디어를 직접적인 의사소통 목적으로 사용하는 사람들은 행복감을 느낀 것으로 보고된 반면 '눈팅'

만 하는 사람들에게는 정반대의 효과가 나타났다.[8] 2018년 실시된 한 연구는 우울 점수가 높은 대학생들에게 소셜 미디어 플랫폼당 머무는 시간을 하루 10분씩 한 달 동안 줄이게 했을 때 우울 증상이 현저히 개선됐음을 발견했다.[9]

이 모든 정보를 종합해보면 불안 장애나 우울증을 앓는 아이들은 기술 사용을 줄일 필요가 있다는 사실을 알 수 있다. 더 나아가 자신이 감당할 수 있는 한계점이 어디인지 확실히 인식하고 부정적인 감정이 들거나 스트레스가 심해지면 휴대폰을 내려놓고 자신의 마음을 추스를 수 있도록 스스로를 단련할 필요가 있다.

감정 전염 이론

SNS와 온라인 소통을 통해 감정이 전파될 수 있다는 사실은 여러 연구에서 언급됐다. 사람들이 눈치채지 못하는 사이에 긍정적 감정과 부정적 감정 모두 SNS를 타고 퍼져나갈 수 있다고 주장할 만한 근거도 있다.

2014년 발표된 페이스북 실험 결과에 따르면 사용자들의 뉴스피드를 조작해 긍정적이거나 부정적이거나 감동적인 콘텐츠를 제시했을 때 사용자들은 각각 그들이 접한 정보의 '감정'을 반영한 콘텐츠를 생성한 것으로 나타났다. "이 결과를 보면 페이스북에서 다른 사람이 표현한 감정이 우리 감정에 영향을 미치는 것을 알 수 있으며 이는 소셜 네트워크를 통한 대대적인 감정 전염이 일어날 수 있다는 증거입니다." 이는 상당히 충격적인 결과다.

감정 전염 이론은 우울과 행복 연구에 오래전부터 적용돼왔다. 전염병학에

서 활용되는 전염병에 대한 수학적 모형을 적용하면 감정 상태가 어떻게 퍼져나가는지 이해하고 어떤 경로로 이동하는지 예측할 수 있다. 온라인 사회 전염과 자살 관념은 밀접한 관계가 있다.[10] 이런 전염성은 섭식 장애 같은 문제와 자해 관련 온라인 커뮤니티에서도 찾아볼 수 있다.

자해 커뮤니티는 해시태그, 사용자 계정, 짤, 웹사이트, 커뮤니티 게시판 등 여러 경로를 통해 형성된다. 올바른 선택을 하지 못하는 사람들에게 도움을 주는 커뮤니티도 가끔 있지만 건전하지 못한 행동을 하는 사람들이 서로 소통하는 커뮤니티가 더 많다. 이런 커뮤니티에서 사람들은 거식증이나 신체 이형 장애가 있는 사람들이 관심을 가질 만한 #신스퍼레이션 **Thinspiration**(Thin**마른**과 Inspiration**자극제**의 합성어로 굶어서 살을 빼고 마른 몸매를 유지하는 데 자극제가 되는 것 – 옮긴이)과 #프로아나 **ProAna**(Pro**찬성**와 Anorexia **거식증**의 합성어로 비정상적으로 마른 몸을 동경하는 것 – 옮긴이) 같은 해시태그가 달린 이미지를 게시하거나 (의도적이든 아니든) 자기 몸을 칼로 긋는 사람들이 관심 가질 만한 자해 이미지를 올리는 경우가 많다.

도와드릴까요?

회원님이 검색하려는 단어나 태그가 포함된 게시물은
사람들에게 해가 되거나 심지어 죽음에 이를 수 있는
행위를 하도록 부추길 수 있습니다.
어려운 문제를 겪고 계시다면 기꺼이 도와드리겠습니다.

[게시물 보기]　　[취소]

만약 인스타그램에서 유해 단어로 지정된 검색어나 해시태그를 입력하면 이런 경고 메시지를 볼 수 있다.

부모들은 온라인상의 감정 전염 개념에 관해 10대 자녀들과 이야기를 나눠볼 필요가 있다. 만약 당신이 이런 상황을 목격한다면(페이스북에서는 그럴 기회가 셀 수 없이 많다), 감정 전염 이론을 설명할 때 예로 활용하자. 우울증, 자해,

섭식 장애 등과 관련된 온라인 커뮤니티에서 자신에게 도움이 되는 요인과 증상을 악화할 가능성이 있는 감정 전염을 어떻게 분리할지도 충분히 생각해볼 필요가 있다.

소셜 미디어상의 사회 비교와 우울증

사회 비교는 우울증과 불안 장애가 있는 아이들이 소셜 미디어를 어떻게 사용하는지 이야기할 때마다 중요하게 다뤄지는 주제다. 사회 비교와 직접적으로 관련 있는 것에는 인스타그램에서 나를 팔로우하는 사람 중 모르는 사람의 숫자가 외로움과 우울증의 예측인자라고 밝힌 연구가 있다. 낯선 사람들이 팔로우하는 사람이 유명인이라면 두 가지 문제가 발생한다. 하나는 관계의 비상호성이고 나머지 하나는 자신의 삶을 유명인의 삶과 비교하면서 분명 질투와 실망감을 느끼리란 점이다.

오늘날 유명인을 팔로우한다는 것은 생각보다 간단치 않다. 예를 들어 '유명 유튜버'를 추종하는 10대들이 있다고 해보자. 그 팬들은 자신들만의 커뮤니티를 형성해 유튜버가 만들어내는 콘텐츠뿐만 아니라 유튜버와도 지속적으로 소통을 이어간다. 커뮤니티가 상대적으로 작으면 팬들은 자신들의 응원에 의무감을 느끼고 '좋아요'나 공유, 댓글 등이 매우 중요하며 콘텐츠 제작자도 이를 소중하게 여길 것이라고 생각한다. 어느 정도는 맞는 말이다. 인플루언서에게 개인적으로 투자를 하거나 감정이입을 하기도 하는데, 이런 인터넷 문화에 익

숙하지 않은 사람이 보기에는 이해가 가지 않는 부분이다.

남들과 자신을 비교하고 싶은 욕구와 남들의 반응과 인정을 갈구하는 태도가 짝을 이루면 특히 여자아이들에게 우울증을 일으키는 또 다른 위험인자로 작용할 수 있다. 한 연구는 이것을 과도한 재확인 추구 행동Reassurance-seeking behavior의 관점에서 바라보았다. 이 행동은 여러 가지 형태로 나타날 수 있다. 아이들은 SNS에 사진을 올리고 사진 속 자신의 모습이 어떤지 댓글을 달아주길 기대하기도 하고, (사용자들이 익명의 질문을 올릴 수 있는) 애스크에프엠 같은 소셜 미디어에 질문을 올리기도 한다. 또는 남들의 반응을 얻고 인정을 받기 위해 #TBH(To be honest솔직히 말하자면의 줄임말로 온라인 게시물에 대한 솔직한 반응을 표현하는 의미. 문장 앞이나 뒤에 붙여 쓰는 말이었지만 인스타그램에서 #좋아요누르면tbhlikeforatbh와 같이 쓰일 때는 내 게시물에 '좋아요'를 누르면 상대방의 게시물에 댓글을 달겠다는 뜻이다-옮긴이)같은 해시태그를 사용하기도 한다.

#TBH나 #좋아요누르면팔로우likeforfollow 등은 인스타그램에서 인기 있는 해시태그로, 다른 사람이 자신의 게시물에 '좋아요'를 누르거나 댓글을 다는 등의 반응을 하도록 유도하는 수단으로 쓰인다. 부모라면 대부분 알고 있듯이 아이들은 자신의 게시물에 '좋아요'와 댓글이 얼마나 달리는지에 따라 기분이 오르락내리락한다. #TBH는 다른 사람의 게시물에 '좋아요'를 누르며 "#TBH, 정말 예뻐요" 또는 "#TBH, 멋져요" 등 상대방의 기분을 좋게 만드는 호의적인 댓글을 남기는 것을 말한다. 이는 인맥을 넓히는 수단으로 활용되기도 한다.

2017년 가을까지 이 해시태그는 폭발적인 호응을 얻었고, 때마침 출시된 모바일 앱 TBH는 앱스토어 다운로드 순위 1위를 차지했다. 학교 폭력을 예방하려는 의도로 설계되어 (사용자가 연락처에 앱 접근 권한을 허용하면) 익명으로 친구와 칭찬을 주고받을 수 있는 TBH 앱은 빠르게 확산됐다. "이 회사는 시크릿Secret이나 익약Yik Yak같이 익명성을 내세운 소셜 미디어 앱에 긍정적 측면이 부족하다는 점과 #TBH의 유행에서 볼 수 있듯이 10대들이 친구들에게 솔직한 반응을 얻기를 갈망한다는 점에 착안해 그 둘이 공존하는 앱을 만들기로 결정했다. TBH는 그렇게 탄생했다. '조지아의 한 학교에 가서 앱을 소개한 첫날, 그 학교 학생 40%가 다운로드를 받았죠.'"[11] 페이스북은 9주 만에 다운로드 수 500만 회와 1일 활성 사용자 수 250만 명을 달성한 TBH를 약 1억 달러를 들여 인수했다. 하지만 TBH가 초반에 누리던 높은 인기는 그리 오래가지 못했다. 2018년 여름, 페이스북은 사용자 수 감소를 이유로 TBH의 운영을 중단하기로 결정했다.

ADHD와 인터넷

어떤 면에서 보면 빠르게 돌아가는 온라인 환경은 ADHD를 가진 사람들의 두뇌에 맞춰 설계되었다고 할 수 있다. 이것은 장점이기도 하고 단점이기도 하다. 나쁜 소식은 ADHD는 인터넷과 게임 중독과 밀접한 관련이 있다는 것이다. 하지만 인터넷이 집중을 방해하고 반

복적으로 사용하도록 치밀하게 계획되고 설계되었음을 고려할 때 ADHD를 가진 약 640만 명의 아이들에게 그다지 큰 문제가 되지 않는다는 사실은 주목할 만하다.[12] 사실상 이는 많은 ADHD 아동들이 인터넷을 건전하게 활용할 수 있는 전략과 해법을 찾기 위해 하루하루 얼마나 열심히 노력하는지를 보여주는 증거라고 할 수 있다.

기술과 ADHD의 관계를 다루는 연구는 다각도에서 이뤄지고 있다. 2018년 《미국의사협회지》에 실린 논문에 따르면 인터넷을 자주 사용하는(인터넷을 통해 하루에 여러 차례 다양한 활동을 하는) 청년들에게 ADHD 증상이 나타날 가능성이 높은 것으로 나타났다. 이 연구 결과만 놓고 인터넷이 ADHD를 유발한다고 말할 수는 없지만 인터넷을 가장 많이 사용하는 아이들에게 최악의 결과가 나타났다는 점을 보여주는 근거는 이 외에도 무수히 많다.[13]

클리포드 서스만 박사는 이렇게 설명했다. "ADHD가 있는 아이들은 일반적인 아이들에 비해 도파민 수용체의 양이 적습니다. 그래서 ADHD 치료에 정신 자극제를 사용하는 것이죠. 이 아이들의 뇌가 게임이나 영상 등에 의해 큰 자극을 받으면 기저 질환이 악화됩니다. 이 아이들은 선천적으로 지속적인 자극을 추구하도록 뇌가 배선되어 있는데, 기술이 그 자극을 채워주는 겁니다."

자의든 타의든 디지털 미디어 사용을 멈추기 어려운 이유 역시 뇌의 배선 문제 때문이다. ADHD 아동의 뇌에서는 전형적인 발달 과정을 보이는 청소년들에 비해 (계획, 집행 기능과 고차원적 인지 기능을 담당하는) 전전두엽 피질이 늦게 발달한다. 따라서 이 아이들은 자기 조절이 훨씬 어렵고 충동성이 심하다. ADHD 전문가인 에드워드 할로웰Edward Hallowell 박사는 이를 힘 좋고 빠른 스포츠카에 자전거 브레이크가 달린 것과 같다고 설명했다.

ADHD 아동들이 디지털 미디어를 긍정적으로 사용하려면

제시카 맥케이브Jessica McCabe는 '하우 투 ADHD'How to ADHD라는 유튜브 채널을 운영하면서 ADHD를 가진 젊은이들이 자신의 뇌를 더 잘 이해할 수 있도록 돕는 콘텐츠를 제공하고 있다. 그는 어떻게 하면 디지털 미디어를 활용해 뇌의 정보처리 방식이 다른 사람들의 구미에 맞게 정보를 전달할 수 있는지 설명했다. "예를 들어 ADHD 아동들이 스페인어나 이탈리아어를 배우는 데 큰 도움을 받을 수 있어요. 왜냐하면 이 아이들은 학습 과정을 '게임'처럼 여기거든요. 디지털 미디어는 아이들이 집중력을 유지하는 데 도움을 주는 매우 효과적인 학습 도구죠."

그는 또한 프로젝트 기반 학습과 연구 활동에 인터넷을 활용한다면 최고의 효과를 얻을 수 있다고 덧붙였다. 교과서를 읽기 버거워하는 아이들은 인터넷에 접속해 다양한 형식의 수많은 자료를 접할 수 있다.

맥케이브는 자신의 유튜브 콘텐츠 제작을 위해 10대들과 함께 일하면서 그들이 학업과 취미 활동에 디지털 미디어를 어떻게 활용하는지 알게 됐다고 한다. 아이들은 스카이프를 사용해 숙제를 하며 책임감을 느끼기도 하고 서로 돕기도 한다. 이런 식으로 연결되어 있을 때 아이들은 목적의식을 갖게 된다. 그들은 서로 소통하기 위해 유튜브를 비롯한 다른 플랫폼을 활용하기도 한다. 이를 통해 아이들은 공동체를 발견하기도 하는데 이는 다른 사람들과 교감하지 못하고 외로움을 느끼는 ADHD 아동에게 대단한 성과라고 할 수 있다.

맥케이브는 또 디지털 미디어 사용을 통해 부모 자녀 사이가 더 돈독해지고 서로를 깊이 이해할 수 있다고 말했다. 그가 유튜브 동영상을 만들기 시작한 이유 중 하나는 ADHD를 가지고 살아가는 것이 어떤 의미인지 젊은이들의 이해를 돕기 위해서였다. "부모들이 자녀를 돕는 수단으로 활용할 수 있어요. 아이들은 자신들이 겪고 느끼는 것이 무엇인지 설명하지 못할 때가 많은데, 만약 아이들이 유튜브에서 누군가가 자신과 같은 상황을 겪고 있는 것을 보고 '어, 저건 난데, 내가 느끼는 게 바로 저거예요'라고 말한다면 부모들이 이해하기 더 쉬울 거예요. 그러고 나서 가족들이 모두 모여 대화할 시간을 갖는 거죠. 그때 사람들은 누구나 다 문제를 겪고 있다는 것을 아이가 이해하도록 도와줄 수 있습니다. 이런 과정을 통해 아이는 자신감을 키울 수 있게 됩니다."

ASD와 인터넷

ASD의 증상은 형제자매라고 해도 서로 다르게 나타날 수 있다. 자폐증은 증상의 복합체로 개개인별로 증상이 각각 다른 방식으로 나타나기 때문이다. 따라서 기술을 둘러싼 전체 ASD 아동의 신경계 반응과 행동적 반응을 관찰하는 것은 특히나 복잡하다. ADHD와 마찬가지로 ASD 아동은 도파민 수용체의 농도가 낮을 뿐만 아니라 전전두엽 피질의 발달도 늦다. 이 아이들은 집행 기능과 자기 조절 능력에 문제가 있을 가능성이 높다. 기본적으로 이들의 뇌는 디지털 미디어 사용의 부정적 영향을 받기 쉬울 뿐만 아니라 회복력도 약하다. 문제성 사용으로 어려움을 겪을 가능성 또한 높다.

내 주위 부모들은 모두 사랑스러운 자녀에게 게임을 그만하거나 동영상을 그만 보라고 이야기했을 때 아이가 이빨을 드러내고 으르렁대는 야수로 돌변하는 모습을 본 적이 있다고 털어놓는다. (ASD나 ADHD 아동처럼) 자극에 민감한 뇌를 가진 아이들일수록 상황은 악화된다. 인터넷을 통해 얻을 수 있는 혜택은 셀 수 없을 만큼 많지만 뇌에 영향을 주는 부작용도 만만치 않다. 그중 대표적인 두 가지로 과다각성Hyperarousal과 조절 장애Dysregulation를 들 수 있다. 이런 부작용은 부모들이 감당하기 매우 힘든 행동을 유발할 가능성이 높다.

많은 가정에서 이로 인한 문제를 겪고 있다. 기술은 우리 삶의 일부분이다. 하지만 ASD 아동에게는 그 이상일 수 있다. 그동안 검토한 많은 연구에서는 ASD 아동들이 전자 미디어에 강한 관심을 드러낸다는 사실을 밝혀냈으며, 그중에서도 비디오게임에 대한 선호는 '특히 주목할 만하다'고 언급했다.[14] 여기에는 많은 이유가 있다. 자폐 아동이 전자 기기를 좋아하는 이유는 다른 모든 아이들이 느끼는 것처럼 재밌고 몰입감이 높기 때문이다. 일부 자폐 아동들은 (다른 모든 아이

들처럼) 긴장을 완화하고 온종일 스트레스에 시달린 스스로를 위안하기 위해 디지털 미디어를 사용한다. 이는 또한 우리 사회에서 정상적인 것으로 여겨지고 있다. 어떤 아이가 온라인 게임을 하고 유튜브 동영상을 보는 것을 싫어하겠는가?

그러나 기술을 사용할 때 ASD 아동들에게는 완전히 다른 신경계 반응이 나타난다. 아이의 질환에 따라 동반하는 (틱, 자해 행동, 공격성 등) 문제 행동을 감당해야 하는 가정에서는 디지털 미디어 사용으로 간절히 원하던 평화를 잠시나마 얻을 수 있을 것이다. 또한 아이들은 그 시간을 배움과 탐험의 수단으로 활용할 수 있다. 온라인을 통해 뭔가를 창작해볼 수도 있는데, 그 적절한 예로 많은 사람이 언급하는 '마인크래프트' 같은 게임을 들 수 있다.

ASD 아동들은 보통 신경 전형적으로 발달하는 또래들과 소통하는 데 어려움을 겪기 때문에 같은 반 아이들이나 동네 아이들과 친구 관계를 맺을 기회가 제한적이다. 소셜 미디어와 휴대폰의 장점으로 꾸준히 언급되는 것 중 하나는 이런 아이들이 친구 관계를 맺을 수 있도록 도움을 줄 수 있다는 점이다.

서스만 박사는 이렇게 말했다. "ASD 아동들에게는 사회성이 문제가 됩니다. 이 아이들에게 사회화가 필요하지 않다고 하는 것은 근거 없는 주장입니다. 전혀 그렇지 않아요. 이 아이들도 종종 외로움과 우울함을 느낍니다. 타인에게 매료되어 관계 맺기를 원하는 나이가 되면 특히나 더 그렇죠. 인터넷은 사회적으로 좀 더 공평하게 경쟁할 수 있는 운동장이라고 할 수 있습니다. 그곳에서는 다른 아이들과 좀 더 편안하게 교류할 수 있기 때문이죠. 이 아이들은 온라인으로 뭔가를 습득할 수도 있고, 자신들이 잘하는 것이나 스스로 만들어낸 것을 남들과 공유할 수도 있습니다."

인터넷이 많은 아이들에게 사회적 교류 기회를 제공하고 있지만 ASD를 갖고 있는 사람 모두가 이런 기회를 활용하는 것은 아니다. 자료를 보면 ASD 아동들은 대부분 타인과의 소통을 원활히 하고 인맥을 넓히기 위한 수단으로 인터넷을 활용하고 있지 않은 것으로 나타났다. 일반적으로 이런 아이들이 소셜 미디어를 사용할 가능성은 높지 않다. 게다가 다른 사람과 소통하고 친구를 사귈 기회를 제공하는 비디오게임도 혼자서 즐기는 경향이 강하게 나타났다. 전형적인 발달을 보이는 아이들이 대부분 정기적으로 다른 사람들과 게임을 하는 것과는 정반대다. 안타깝게도 이 결과에 따르면 ASD 아동이 실생활에서 겪는 사회성 문제를 온라인에서도 똑같이 겪는다는 사실을 알 수 있다.

#직접 해보기

01 소셜 미디어를 많이 사용할수록 기분이 악화되고 정서적 안정과 정신 건강에 부정적인 영향을 준다는 뚜렷한 증거가 있다. 정신 건강에 문제가 있는 아이들의 경우 건강 상태를 관리하기 위해 소셜 미디어 사용을 제한해야 한다.

02 숙면을 최우선순위에 두어야 한다. 수면 문제는 모든 아이에게 나타나지만 신경 비전형성 또는 정신 건강 장애가 있는 아이들을 키우는 부모 입장에서는 훨씬 더 다루기 힘든 문제다. 이 아이들은 갖고 있는 질환에 따라 수면 장애가 함께 나타날 가능성이 상당히 높다(40~75%). 수면 부족은 증상을 악화할 수 있는 것은 물론 앞서 언급한 다른 행동 문제를 일으킬 수 있다.

03 자녀가 소셜 미디어를 사용할 때 얼마나 감정이입을 하는지 관찰해보자. 소셜 미디어에 심하게 감정이입을 하고 소셜 미디어에 접속하지 못했을 때 가장 크게 화를 낸 아이들이 불안과 우울 관련 평가에서 가장 나쁜 결과를 얻었다는 연구 결과를 기억하자.

04 **ADHD 전문가 맥케이브는 디지털 미디어 사용에 한계를 설정할 때 가장 중요한 점은 규칙을 일관되게 적용하고 외부 자원을 활용하는 것이라고 말했다.**

- 규칙이 적힌 종이를 자녀가 볼 수 있는 곳에 붙여둔다. 만약 "숙제를 끝낼 때까지 소셜 미디어에 접속할 수 없다"라는 규칙이 있다면 그대로 지켜야 한다. 숙제를 마칠 때까지 휴대폰을 돌려줘선 안 된다.
- 정해진 시간을 지키도록 타이머, 앱, 자녀 보호 기능 등을 활용하면 부모는 자신에게 향하던 '비난의 화살'을 중립적인 집행관에게 돌릴 수 있다.

05 **자녀가 기기를 사용하다가 스스로 그만두고 순순히 다른 활동으로 넘어갔을 때 또는 여러 번 잔소리하지 않아도 규칙을 잘 따랐을 때마다 칭찬하고 보상을 해줘야 한다. 아이들이 올바른 행동을 했을 때는 인정해주자.**

- 특정한 날의 아이 상태를 고려해 현실적이고 타당한 기준을 세운다. 아이들에게도 유독 힘든 날이 있을 것이다.

06 **ADHD 아이들에게는 선택의 기회를 주자. 자녀에게 목표가 무엇인지 묻는 데서 출발해보자. 그리고 이렇게 질문해보자. '네게 가장 방해가 되는 것이 뭘까?', '어떻게 하면 가장 합리적으로 한계와 대가를 정할 수 있을까?' 자녀와 함께 상의해 규칙을 정한다면 부모가 독단적으로 정했을 때보다 규칙을 따를 가능성이 훨씬 높다. ADHD나 자폐증, 불안 장애, 우울증을 가진 자녀가 있다면 부모들은 그들의**

온라인 활동을 훨씬 더 관심을 갖고 지켜봐야 한다. 기술 활용이 못마땅하고 '마인크래프트' 또는 아이가 집착하는 유튜브 영상이 너무 지루하더라도 아이가 그것에 관해 이야기할 때는 관심 있게 듣고 대화에 참여해야 한다.

07 만약 장애를 가진 자녀가 디지털 중독이나 게임 중독 또는 문제성 사용으로 의심된다면 그들의 휴대폰, 소셜 미디어, 게임 습관에 관해 소아과 의사와 상의하고 검진을 받는 것이 좋다.

08 자존감이 낮은 아이들이 과도하게 소셜 미디어를 사용할 때 우울증이 나타날 위험이 높은 것으로 밝혀졌다. 만약 당신의 자녀가 자괴감을 느끼는 것 같다면 단절된 느낌을 받지 않는 선에서 어느 정도 거리를 둘 수 있도록 함께 상의해 소셜 미디어 사용 한계를 정한다.

09 자녀의 온라인 활동에서, 특히 여자아이의 경우 과도한 재확인 추구 행동이 나타난다면 부모들은 적신호로 받아들여야 한다.

10 아이가 소셜 미디어에서 무엇을 보는지 대화를 나눠보고 그것을 어떤 맥락에서 이해하는 것이 적절한지 설명해주자. 자녀의 소셜 미디어에 등장하는 인물들이 자녀에게 엄청난 영향을 행사하고 사회적 규범을 제시하는 슈퍼 피어 역할을 한다는 사실을 기억해야 한다.

8장

네 잘못이 아니야

디지털 성범죄와 사이버불링

들어가기 전,

부모 스스로 묻고 답하는 시간

★ 질문 1. 온라인 성 착취 범죄에 대해 알고 있는가?

★ 질문 2. 아이가 문제를 일으켰을 때 휴대폰을 압수한 적이 있는가?

★ 질문 3. 아이가 소셜 미디어에 공유하는 사진에 위치 정보가 노출되어 있는가?

★ 질문 4. 아이의 SNS 계정이 몇 개인지 알고 있는가?

열아홉인 척하는 마흔여섯의 남자

스물두 살 캐서린의 이야기

열두 살 때 나는 온라인 포식자**online predator**(아동, 청소년을 온라인으로 물색해 길들인 후 성적인 이미지 전송이나 만남, 성행위 등을 요구하는 성범죄자를 지칭하는 용어-옮긴이)를 만나 친밀한 관계를 맺은 적이 있다. 엄마가 미리 알아챈 덕분에 다행히도 신체적 피해를 입지는 않았지만 여전히 충격적인 기억으로 남아 있다. 나와 우리 가족이 이 사건으로 입은 상처를 극복하기까지는 오랜 시간이 걸렸고, 우리가 모든 과정을 헤쳐나가는 데는 글을 쓰는 것이 어느 정도 도움이 됐다. 우리 엄마는 이 사건을 바탕으로 『너 진짜 누구니?**Who R U Really?**』라는 소설을 쓰기도 했다.

나는 재밌는 온라인 롤플레잉 게임을 하다가 그 남자를 만났다. 온라인에는 이런 종류의 인기 있는 게임이 셀 수 없을 정도로 많다. 게임을 하다 보면 푹 빠져들기 쉽다. 열두 살이었던 나는 그저 게임을 즐길 뿐이었고 어떤 위험한 일이 생길 거라곤 상상도 하지 못했다.

처음에 우리는 게임 속 캐릭터를 성장시키기 위해 함께 원정을 떠났다. 거기까지는 게임을 할 때 흔히 벌어질 수 있는 일이었다. 내 오빠도 잠깐 게임에 참여했지만 금방 지루해하며 그만뒀다. 우리는 채팅으로 원정에 관한 대화를 나눴다. 그러다가 몇 번의 임무를 함께 수행하고 난 후에는 게임 이외의 다른 주제로 대화하기 시작했다. 그는 자신이 열아홉 살이라고 했고, 나는 열두 살이라고 말했다. 우리는 일상생활을 터놓고 이야기했다. 하루를 어떻게 보냈는지, 6학년을 건너뛰게 되어서 얼마나 신났는지 등 평범한 대화를 나누며 점차 우정을 쌓아갔다.

그러다 결국 그의 꾐에 넘어가 전화번호를 알려주고 말았다. 우리는 게임 중에는 채팅을 하고 나머지 시간에는 문자를 주고받았다. 시간이 갈수록 우리 사이는 친구 이상의 뭔가로 발전했다. 그는 우리가 깊이 사랑에 빠져 있는 거라고 나를 확신시켰고, 나는 그의 말을 믿었다. 게다가 비밀스러운 연애를 하는 기분이 무척 좋았다. 우리는 점점 함께할 미래를 계획하는 데 중점을 두고 대화를 했다. 이런 상황은 1년 반 동안 지속됐다.

나는 엄마가 알아차리기 한 달 전쯤 중학교에서 가장 친한 친구에게만 비밀을 털어놓았다. 그 외에는 아무도 몰랐다. 그가 '다른 사람들은 우리 사이를 이해하지 못할 것'이라며 모두에게 비밀로 하라고 했기 때문이었다. 가까운 주변 사람들도 무슨 일이 벌어지고 있는지 전혀 알지 못했다.

그와 직접 만난 적은 없었다. 우리는 날짜를 특별히 정하지는 않고 막연한 계획만을 세웠다. 학교에서 운동 팀 연습이 있는 날을 골라 끝나고 부모님이 데리러 오기 직전에 만나자는 것이었다. 첫 만남에 우리가 서로 얼굴을 보려면 재빨리 움직여야 했다. 나는 기대에 차서 그 순간을 마음속으로 그려봤다. 하지만 지금 생각해보면 그 만남이 이뤄지지 않은 것이 얼마나 다행인지 모른다.

가족끼리 보드게임을 하던 어느 날 밤, 엄마가 내 휴대폰 문자메시지를 우연히 보게 됐다. 결국 모든 것이 들통났다. 엄마는 경찰에 신고했고 나는 분노를 터뜨렸다. 경찰 조사 결과, 나는 내가 사랑했던 남자가 실제로는 마흔여섯 살이라는 사실을 알게 됐다. 하지만 그는 내게 아무런 신체 접촉도 하지 않았기 때문에 그 어떤 죄목으로도 기소되지 않았다. 경찰은 그가 나를 해칠 의도로 주 경계를 넘었다는 증거를 발견하지 못했다.

그는 여전히 거리를 활보하고 다닌다.

그 일이 있은 뒤 나는 한 번도 그와 직접적으로 연락하지 않았다. 돌연 연락을 끊은 것은 내 휴대폰, 컴퓨터는 물론 내 꿈같은 기억을 모두 가져가 버린 엄마 때문이었다. 내가 진짜라고 믿던 모든 것이 거짓말이었다. 내가 그런 일을 겪었다는 사실과 심지어 더한 일을 겪을 수도 있었다는 사실 모두 받아들이기 쉽지 않았다.

나는 그 기억을 떨쳐내느라 힘들었다. 우리 집에 경찰이 왔던 그날 밤 이후 약 6개월 동안 심한 우울증에 시달렸다. 엄마는 내 상태가 좋지 않다는 것은 알았지만 어떻게 나를 도와야 할지 알지 못했다. 결국 엄마는 내게 상담 치료를 받게 했다. 처음에는 거부했다. 그리고 약 3개월 후 자살 시도를 했다가 실패했다. 그러자 정신이 번쩍 들었다. 나는 치료 과정을 통해 내 경험을 좀 더 객관적인 시각에서 보게 되면서 많은 깨달음을 얻었고, 점점 앞으로 나아가기 시작했다. 그렇게 우울증에서는 빠져나왔지만 과거의 경험에 얽매여 오랫동안 내 정체성을 제대로 확립하지 못했다.

이 무렵 엄마가 소설 이야기를 꺼냈다. 엄마와 나는 '만약에…'라는 가정하에 이야기를 나눴다. 마침내 우리는 우리 자신의 치유 활동을 위해서뿐만 아니라 다른 사람들에게도 경고의 메시지를 줄 수 있다고 판단해 책을 쓰기로 했다. 엄마와 나는 단 한 사람이라도 도울 수 있는 이야기를 만들고 싶었다. 만약 그럴 수만 있다면 이 책은 성공한 것이다. 이야기가 완성되어 책으로 출판된 후 나는 다시 두어 번 상담실로 돌아가서 이 모든 과정을 거치면서 어떤 생각을 하고 어떤 감정을 느꼈는지 정리하는 시간을 가졌다. 그리고 그 시간을 통해 마침내 내가 겪었던 경험과 나를 구분할 수 있게 됐다. 나는 이렇게 말할 수 있었다. "그래, 나는 그런 일을 겪었어. 참 기분 나쁜 일이었지. 하지만 그 경험이 내가 누군지를 결정하는 건 아니야. 지금 내 모습이 바로 나야."

아이들의 안전을 위해 해주고 싶은 말이 몇 가지 있다. 우선 자신이 온라인에서 누구와 소통하는지 부모님께 최대한 정직하게 말하는 것이 좋다. 불필요한 개인 정보 유출은 삼가야 한다. 특히 현실에서 아는 사람이 아니라면 더욱 신중해야 한다. 형사님이 말씀해주신 것 중에 내가 가끔 떠올리는 말이 있는데, 직접 만나서 서로 교감할 수 있는 사람만이 진짜 친구라는 것이다. 인터넷에서 하는 말만 듣고는 그 사람이 진짜로 어떤 사람인지 알 수 없다. 온라인으로 누군가와 대화할 때는

거짓말을 하거나 신분을 속이기가 너무나도 쉽기 때문이다. 또 우리는 부모님을 믿어야 한다. 물론 불만스러울 때도 있지만 부모님은 보통 우리에게 가장 도움되는 일이 무엇인지 항상 염두에 두고 계신다.

온라인에서 누군가에게 속임수를 당하거나 나처럼 누군가의 표적이 되어본 적이 있거나 끔찍한 경험을 당한 아이들에게는 이런 말을 해주고 싶다. "힘내. 네가 겪은 일 때문에 정말 힘들 거야. 그 일이 너를 극한으로 몰아갈 수도 있어. 하지만 나는 이 일을 극복하고 난 후에 네가 어떤 사람이 되어 있을지 알 것 같아. 넌 괜찮을 거야. 이 경험을 딛고 일어서려고 최대한 노력해봐. 그리고 가능한 한 빨리 스스로를 용서해야 해. 이 일을 잘 극복하고 나면 너는 많은 사람을 도울 수 있고 다른 사람들의 마음을 더 잘 이해할 수 있을 거야. 후회할 필요는 없어. 상황을 받아들이고 그걸 최대한 이용하면 돼."

누가 온라인에서 우리 아이들을 노리는가

캐서린의 일화에는 아이의 인터넷 사용과 관련해 내가 우려하는 최악의 상황이 일부 드러나 있다. 이 이야기는 아장아장 걷는 내 아이가 군중 속으로 빠르게 사라질 때 또는 10대 자녀가 귀가 시간이 지나도 돌아오지 않을 때, 아이에게 뭔가 끔직한 일이 일어났다는 소식을 들었을 때와 마찬가지로 내게 뼛속 깊이 파고드는 두려움을 불러일으켰다. 그 감정은 너무 깊이 각인되어 있어서 특별히 '공포'라고 강조하고 싶다.

많은 사람이 비극적인 사건을 다룬 뉴스를 접하고 혼란스러워한다. 우리 주변에 도사린 위험에서 아이를 안전하게 지키려면 어떻게 해야 하는가? 감당하기에 너무 버거운 현실 앞에서 나는 '차라리 휴대폰이나 소셜 미디어가 없었다면 삶은 더 나아지지 않았을까? 혹은 적어도 지금보다는 단순하지 않았을까?' 하는 생각을 해보기도 했다. 온라인에서 아이들이 캐서린과 같은 경험을 할 가능성은 매우 낮고, 그런 일이 납치나 성폭력으로 이어질 가능성은 그보다 더 낮지만, 많은 아이들(약 9%)이 온라인에서 성적 유혹을 받았으며 그보다 더 많은 아이들(20~40%)이 괴롭힘이나 따돌림을 당했다고 보고됐다.[1]

이런 자료는 내게 '공포'를 불러일으킨다. 그렇기 때문에 공포가 올바른 결정을 내리는 데 도움이 되지 않는다는 사실을 기억하려고 노력한다. '공포'가 내 뇌를 지배하는 순간 나는 이성적으로 생각할 수 없게 된다. 우리는 '공포'를 느끼면 흥분해 자제력을 잃거나 몸이 굳

어버린다(투쟁-도피 반응). 몸이 굳은 상태에서는 우리가 아이들을 키우는 복잡한 환경을 살필 생각을 하지 못하고 아무런 조치도 취하지 않는다. 그러면 진짜 문제가 생긴다.

우리가 아무런 조치를 취하지 않으면 자녀들은 부모의 도움 없이 경험을 통해 직접 깨우칠 수밖에 없다. 만약 아이들이 스스로를 안전하게 지킬 수 있도록 가르치고 싶다면 부모가 나서서 도와야 한다.

온라인에서 우리 자녀들에게 위협이 될 수 있는 사람이라는 말을 들으면 흔히 그동안 뉴스에서 봐온 이미지를 떠올린다. 내가 만난 연구자들과 아동보호 전문가들은 대부분 미디어가 선정적인 보도로 사람들에게 이성보다 본능에 가까운 공포 반응을 불러일으키는 대신 좀 더 있는 그대로의 현실을 반영해 가정에서 아이들을 안전하게 지킬 수 있는 방법을 모색하는 데 도움을 줘야 한다고 지적했다. 우리는 포식자와 소아성애자로부터의 피해를 예방하기 위한 정보를 얻기도 하고, 사랑하는 아이들이 그들을 마주치지 않도록 기도도 한다.

그런데 온라인 학대는 다른 형태의 아동 학대와 비슷하다. 실제로 이런 일을 저지르는 사람들이 누군지는 생각보다 쉽게 규정하기 힘들다. 우리는 보통 '낯선 사람의 위험성'을 익히 알고 있으며 자녀들에게도 항상 주의를 준다. 물론 그런 위험성도 실재하지만 자칫 낯선 사람에 대한 공포심에 가려진 진짜 위험을 보지 못할 수도 있다. 온라인과 오프라인에서 청소년들에게 학대를 가하는 범인은 낯선 사람이 아닌 경우가 많고 아이들이 현실에서 알고 있는 또래들이나 어른들이 대부분이다. 한 연구 결과에 따르면 온라인 괴롭힘 사건의 가해자 중 58%

가 피해자와 학교나 동네에서 서로 알고 지내던 사이로 나타났다.

실제로 2014년 청소년 인터넷 안전성 조사 결과 온라인 포식자가 존재하는 것은 사실이지만 그 위험성은 상대적으로 낮은 것으로 밝혀졌다. 예를 들어 온라인에서 성적 요구를 받았을 때 가해자는 청소년인 경우가 가장 많았고(42%), 그중 피해자 입장에서 볼 때 가해자가 '적극적'이었다고 응답한 비율은 59%였다. 그리고 이런 일 중 절반 이상은 소셜 미디어에서 벌어진다.

이 장에서는 사이버불링**cyberbullying**(학교 폭력이 온라인으로 옮겨온 형태로 특정인을 온라인에서 집요하게 괴롭히거나 따돌리는 행위 - 옮긴이), 온라인 학대 또는 괴롭힘, 성적 요구를 포함한 온라인 위험 요인에 관해 자세히 살펴보기로 하자. 모든 경우 포식자는 또래 아이들(대부분)과 성인들(가끔)이다. 모든 경우 범죄자들은 자녀들이 현실에서 아는 사람들(대부분)과 낯선 사람들(가끔)이다. 많은 경우 청소년들을 이런 위험에 처하게 만들 수 있는 특징과 행동이 있다. 물론 당연한 말이지만 어떤 경우든 따돌림이나 괴롭힘을 당하거나 부당한 요구를 받아 마땅한 사람은 없다.

온라인 범죄의 표적이 될 수 있는 위험인자

누구나 사이버불링, 온라인 괴롭힘 등의 희생자가 될 수 있지만 특별히 위험도가 높은 사람들의 전형적인 특징이 몇 가지 있다.

- **나이**

  희생자 대부분이 만 13~17세 사이 청소년이었다. 그중 절반이 14세와 15세다.

- **성별**

  온라인에서 피해를 당했다고 응답한 청소년 대다수는 여성이다(65%).

- **소셜 미디어 사용**

  소셜 미디어를 사용하는 아이들이 소셜 미디어를 사용하지 않는 아이들보다 피해를 입거나 괴롭힘, 따돌림을 당할 가능성이 높다. 괴롭힘 문제의 대부분(82%)은 소셜 미디어에서 발생했다. 2

- **온라인에서 많은 시간을 보내는 아이들**

  온라인에서 많은 시간을 보내는 아이들이 학대나 괴롭힘을 당할 가능성이 높다. 온라인에서 보내는 시간이 많으면 부정적인 문제에 휘말릴 가능성 또한 커지므로 그리 놀라운 결과는 아니다.

- **타인을 향해 공격성이나 악의를 드러내는 게시물을 올리는 아이들**

  무례하고 비열한 댓글을 달거나 남들을 곤란하게 만들고 모욕을 하는 아이들은 반대로 그들 자신이 희생자가 될 가능성이 두 배 이상 높은 것으로 나타났다.

- **게이 또는 자신의 성 정체성에 의문을 갖고 있는 남자아이들**

  자신의 성 정체성에 혼란을 겪는 청년들은 인터넷으로 자신들이 절실히 원하는 것(동료들의 지지, 역할 모델, 진실, 답변)을 얻는 것은 물론 부모들이 가장 두려워하는 것(위협, 유혹, 아직 받아들일 준비가 되지 않은 음란물)을 접할 수 있다. 이 두 가지 상반된 효과는 특히 LGBTQ 10대들과 밀접한 관련이 있다. 인터넷과 소셜 미디어 사용은 성별과 성 역할 정체성 관련 정보를 찾는 청소년들에게 큰 도움이 된다. 자신이 속한 공동체 내에서 이와 관련된 도움을 받거나 정보를 얻을 수 없을 경우에는 특히 더 그렇다. 그러나 그들은 인터넷을 통해 위험에 노출될 가능성이 높다. 남자아이들을 표적으로 삼는 온라인 포식자들은 보통 남성 범죄자들이다.

- **성적 · 신체적 학대를 당한 경험이 있는 청소년들**

  2012년 아동 온라인 포식 현황 보고서에 따르면 학대 청소년들은 다양한 방식으로 성적 피해와 착취를 당할 위험이 크다. 학대당한 경험 탓에 일부 청소년들은 부적절한 성적 접근을 제대로 인지하지 못할 수도 있다. 일부 아이들의 경우 타인의 관심과 애정을 갈구하는 경향 때문에 온라인 성적 접근에 더욱 취약할 수 있다. 또 어떤 아이들은 학대 경험으로 인해 타인의 성적 접근을 유도하는 위험한 행동을 하기도 한다. 한편 학대와는 무관하지만 비행 청소년이나 우울증, 사회성 문제를 가진 아이들도 성적 접근에 취약하다. 우울증 등 관련 문제를 가진 청소년들은 남녀 모두 다른 아이들에 비해 온라인에서 만난 사람과 친밀한 관계를 맺기 쉽다.[3]

- **우울증이나 정신 건강 문제가 있는 청소년들**

  우울증이나 다른 정신 건강 문제에 시달리는 청소년들은 온라인에서 자신과 비슷한 처지의 사람들과 소통하고 격려받길 기대한다. 또는 주변 사람들에게 자신의 문제를 공개했을 때 마주할 수 있는 낙인이나 편견을 피하기 위해 온라인을 찾는다. 하지만 익명의 소통은 학대나 괴롭힘의 위험성을 높이기 때문에 역효과를 낳을 수 있다.

- **가족과 관계가 원만하지 않은 청소년들**

  부모가 감독을 소홀히 한다고 응답한 10대 소년들과 부모와 마찰이 잦다고 응답한 10대 소녀들은 그렇지 않은 10대들보다 온라인에서 만나는 낯선 사람과 친밀한 관계를 맺을 가능성이 높다.

- **그 외 중요한 위험인자**

  다양한 온라인 경로(예를 들어 여러 소셜 미디어 계정, 커뮤니티 게시판, 채팅방 등)를 통해 사람들을 만난다고 응답한 아이들이 온라인에서 괴롭힘을 당하거나 피해를 입는 비율이 높은 것으로 나타났다. 친구나 팔로워 목록 또는 연락처에 낯선 사람을 추가해놓았거나 온라인에서 익명으로 성적인 이야기를 나누는 청소년들은 위험한 상황에 처할 가능성이 높다. 앞에서 언급한 여러 위험인자가 복합적으로 나타나는 경우도 눈에 띈다. 가정에 문제가 있고 학대당한 경험이 있으며 정신 건강 문제가 있는 아이들이 LGBTQ에 속한다든지, 온라인과 오프라인에서 위험 행동을 하는 아이들이 낯선 사람들과 교류할 수 있는 채팅방 또는 익명의 공간을 찾을 가능성이 높다든지 하는 식이다. 그들은 가정이나 학교에서 겪는 문제에서 비롯한 사회적 · 정서적 결핍을 채우기 위해 온라인으로 맺은 친구 관계에 의존하려는 경향이 있다. 온라인에서 성적 요구를 받은 10대들의 3분의 1이 채팅방에서 이런 요구를 받았다고 한다. 한 조사에 따르면 온라인 위험 행동의 40% 이상은 아이들이 친구들과 함께 인터넷을 사용할 때 발생하는 것으로 밝혀졌다.

온라인 위험 행동의 유형	위험 행동을 하는 청소년 비율
개인 정보를 온라인에 게시한다	56%
모르는 사람과 온라인에서 교류한다	43%
모르는 사람을 친구 목록에 추가한다	35%
인터넷에서 타인에게 무례하거나 불쾌감을 주는 댓글을 쓴다	28%
온라인에서 만난 낯선 사람에게 개인 정보를 보낸다	26%
파일 공유 프로그램에서 이미지를 내려받는다	15%
의도적으로 성인용 사이트에 접속한다	13%
인터넷에서 타인을 곤란하게 만들거나 괴롭힌다	9%
온라인에서 모르는 사람과 성적인 대화를 한다	5%

출처: M. L. Ybarra, K. J. Mitchell, D. Finkelhor, and J. Wolak, "Internet Prevention Messages: Targeting the Right Online Behaviors," Archives of Pediatrics & Adolescent Medicine 161.2 (February 2007): 138–45.

포식자의 접근 방식

나는 캐서린의 일화를 내가 만난 경찰과 위기 아동 지원 전문가들에게 소개했고 그들은 모두 이 사건이 온라인 포식자들의 전형적인 접근 방식을 보여주는 사례라는 데 동의했다. 그들은 어린 청소년들을 주요 표적으로 삼는 경우가 많으며 이 아이들이 스스로를 남과 다른 특별하고 유일무이한 존재라고 느끼게 만드는 전략을 쓴다. 포식자들의 표적이 될 가능성이 높은 나이는 열네 살 또는 열다섯 살로, 이때는 발달 과정상 아이들에게 개인적 우화의 특성이 나타나기 때문에 그들의 전략이 가장 쉽게 먹힐 수 있다.

이런 범죄를 자행하는 성인들이 자신과 소통하는 아이들의 신뢰를 얻는 경향이 있다는 사실은 수많은 연구를 통해 확인됐다. 그들이 처음부터 납치를 하거나 성폭행을 하거나 노골적인 사진을 요구하려 드는 것은 아니다. 그보다는 피해자와 관계를 발전시켜 친밀감을 쌓는 것이 목적이다. 이런 태도는 어린 10대들에게 호감을 준다. 그렇게 시간이 지나다 보면 그들은 더 이상 낯선 사람이 아니다. 그토록 오랫동안 온라인으로 이야기를 나눴는데 위험하다는 생각이 들겠는가? 아이가 포식자와의 관계를 아주 소중하게 여기는 경우도 있다. 경찰 자료를 바탕으로 한 연구를 보면 온라인 학대 피해자의 절반은 가해자와 사랑에 빠졌다고 생각하거나 매우 가까운 사이라고 진술했다.

포식자들이 대부분 자신의 나이를 속이긴 하지만 피해자와 같은 나이라고 속이는 경우는 5%뿐이다. 인터넷 관련 성범죄 보고서에 따르면 어

떤 경우에는 범죄자들이 처음에 자신을 10대라고 말했다가 나중에 더 나이가 많다고 소개하기도 한다. 또 다른 25%의 범죄자들은 실제 나이보다 몇 살 줄여서 이야기하긴 하지만 그래도 어린 피해자들에게 자신들이 훨씬 나이가 많다는 사실을 드러낸다. 예를 들어 마흔여섯 살인 남자가 자신을 서른여섯으로 소개하는 식이다.

또한 성적 의도를 숨기는 경우도 흔치는 않다. 자신의 의도를 숨기거나 거짓으로 꾸미는 경우가 21%인 데 반해 대부분의 포식자들은 피해자들과 성관계를 갖길 원한다는 사실을 숨기지 않는다… 이런 요구를 할 때는 거짓된 사랑을 맹세하는 경우가 대부분이다.[4]

아동 대상 성범죄 피해자들의 치유 및 회복을 돕는 커뮤니티 '세이 잇, 서바이버'Say It, Survivor의 공동 설립자이자 CEO인 로라 패럿 페리Laura Parrott-Perry는 내게 이런 말을 했다. "포식자들은 그루밍(정서적으로 취약한 아동이나 청소년에게 접근해 신뢰를 쌓고 친밀한 관계를 맺은 후 피해자를 심리적으로 지배하며 성적 착취를 일삼는 행위 – 옮긴이) 과정에서 피해자의 욕구를 충족하려 합니다. 그들은 아이가 결핍을 느끼는 부분이 무엇인지 파악하고 그 빈 공간을 채워주려고 노력하죠. 그들이 그렇게 할 수 있는 이유는 아이를 개인적으로 잘 알기 때문일 수도 있고 오랜 시간 대화를 나누며 알아냈기 때문일 수도 있습니다. 또는 해당 소셜 미디어나 다른 경로를 통해 그 아이에 관한 정보를 모았을 수도 있습니다. 이 아이가 괴롭힘을 당하고 있는지, 집안에 문제가 있는지, 남자 친구를 사귀고 싶어 하는지, 아니면 단지 친구를 원하는지 등을 파악하는 거죠. 아이들은 자신의 욕구를 충족해주는 사람에게 신세를 졌다고 생각하거나 유대감을 느끼면서 유혹에 쉽게 넘어가게 됩니다."

이는 여러 가지 이유에서 아주 중요한 의미가 있다. 첫째로 만약 피해자가 가해자에게 세뇌되어 그들의 관계가 진실하다고 믿고 가해자에게 느끼는 유대감을 소중히 생각한다면, 그 아이는 다른 사람에게 이런 관계를 이야기할 가능성이 매우 낮다. 또한 이런 피해자들은 가해자와의 신의를 저버리지 못하고 의사, 경찰, 가족에게 협조하지 않을 가능성이 높다.

둘째로 이 같은 형태의 포식자라고 하면 우리는 흔히 낯선 사람에 의한 납치 또는 폭행을 떠올리기 쉽지만 이 자료는 우리가 위험을 바라보는 시각을 달리해야 한다는 사실을 일깨워준다. 대부분의 경우 포식자들은 피해자들이 자신들을 믿을 수 있는 사람이라고 생각하게 만든다. 그러므로 이 문제에 관한 자녀 교육 내용도 달라져야 한다. 이 연구에서 언급된 피해자들은 납치나 강요 때문이 아니라 성인인 상대방이 자신에게 '연애 감정'을 느끼거나 성적인 매력을 느낀다는 사실을 알고도 직접 만나기로 합의한 경우가 대부분이다. 피해자들은 포식자들과 한 번도 만난 적이 없음에도 그들을 낯선 사람이라고 생각하지 않는다. 우리가 아이들의 안전을 논의할 때는 이런 사람들이 아이들을 어떻게 표적으로 삼아 접근하는지 제대로 파악해 (그럴 일은 절대로 없겠지만) 만에 하나라도 아이들이 이런 포식자들과 마주쳤을 때 그들의 정체를 바로 알아챌 수 있도록 도와야 한다.

패럿 페리는 이렇게 조언했다. "아이들에게 공포심을 심어주자는

것이 아니라 방법을 알려주자는 것입니다. 이렇게 가르쳐주세요. '네 직감을 믿어야 해. 상대방이 네가 아무리 잘 알고 믿을 만한 사람이라도 마음속에서 위험신호가 울리면 그 소리에 귀 기울여야 한단다.' 이런 형태의 학대나 포식 행위를 완벽히 막을 수는 없겠지만 그나마 최선의 방어책이라면 자녀와 원만한 관계를 유지하는 것입니다. 부모 자녀 사이에 신뢰가 있고 소통이 잘 이뤄지고 있나요? 자녀의 말을 귀 기울여 듣나요? 자녀는 무슨 일이 생기더라도 부모에게 솔직히 이야기해야 한다는 사실을 알고 있나요? 당신 스스로 점검해보길 바랍니다."

성 착취 범죄

성 착취 범죄는 범죄자가 피해자의 성적으로 노골적인 사진으로 피해자를 협박하는 범죄를 말한다. 솔직히 협박범이 그 대가로 원하는 것은 더 많은 사진 즉, 상당히 노골적인 사진이나 동영상이다. 가끔은 돈이나 성관계를 원하는 경우도 있다. 브루킹스 연구소Brookings Institution에 따르면 피해자의 71%가 만 18세 미만 미성년자다. 2016년 기준으로 미국에서 이 혐의로 기소된 범죄자들은 모두 남성이었다. 피해자의 91%는 소셜 미디어를 통해 표적이 되었고 그중 43%는 컴퓨터 또는 기기를 해킹당했다고 한다.
브루킹스 연구소의 보고서는 다음과 같이 언급했다.

일반적인 10대나 청소년 인터넷 사용자들은 사이버 보안 인식이 가장 약하다… 많은 10대들이 '섹스팅'을 한다. 음란한 사진이나 동영상을 찍는 아이들도 있다. 그리고 그런 사진이나 동영상을 자신보다 사이버 보안 인식 수준이 더 낮은 다른 10대들과 공유한다. 이렇게 손쉬운 표적이 많은 환경에서 마음만 나쁘게 먹으면 성 착취 범죄를 저지르기란 그리 어려운 일이 아닌 것으로 드러났다.

그러나 성 착취 범죄를 합의에 의한 섹스팅이나 온라인에서 10대들이 서로에게 관심을 표현하는 행위와 혼동해서는 안 된다. 성 착취 범죄는 말로 형언하기 힘든 잔인한 범죄행위다. 5

다른 성적 포식자와 마찬가지로 성 착취 범죄자들은 상습적으로 범죄를 저지르는 경향이 있다. 만약 그들이 피해자를 한 번 강압적으로 굴복시키는 데 성공했다면 그 행위를 계속 반복할 가능성이 높다.

이런 범죄자들은 피해자들과 과거에 연인 관계였던 사람일 수도 있고 아무런 관계가 없는 사이일 수도 있다. 과거 연인 관계였던 상대방이 복수 목적으로 피해자의 노출 사진이나 동영상을 허락 없이 유포하는 '리벤지 포르노'라는 개념이 미디어에서는 더 많은 주목을 받고 있다.

성 착취 범죄는 주로 10대 피해자를 협박해 성적 관계를 강요하는 성범죄다. 많은 젊은이들이 공포와 수치심 때문에 가해자의 요구를 들어주지만, 요구를 들어주면 줄수록 점점 더 위험이 커지고 그에 따른 정신적 충격도 심해진다. 따라서 부모들은 자녀들에게 두려움과 공포에 휩싸인 상태에서는 올바른 결정을 내리지 못해 더 큰 위험에 처하게 될 수 있다는 점을 반드시 알려줘야 한다. 만약 누군가가 위협하거나 협박하려 한다면 최선의 대처 방법은 그들에게 해를 끼치려는 사람의 요구에 응하는 것이 아니라 즉시 부모에게 도움을 요청하는 것이다. 부모 입장에서 볼 때는 당연한 말이지만 겁에 질린 10대들의 뇌는 이런 상황에 제대로 대처하지 못한다.

또한 성적으로 노골적인 사진을 찍거나 공유하는 것에 관해 솔직하고 현실

적인 대화를 나눠야 할 필요가 있다. 이 같은 행동이 10대들 사이에 점점 흔해지고 있다고는 하지만 사진이 당사자에게 불리하게 사용될 위험이 있다. 단순한 호기심에 사진을 찍었다고 하더라도 절대로 아무에게도 공개해서는 안 된다. 하지만 이런 사진을 가지고 있는 한 도난이나 해킹을 당할 수도 있고 악의적인 의도로 사용할 가능성이 있는 누군가에게 우연히 발견될 위험성은 항상 존재한다.

아이들의 대응 방식

다행인 점은 온라인에서 성적 요구를 받은 아이들 중 절반인 53%가 다른 사람에게 자신이 겪은 일을 이야기했고 그중 69%는 상대가 지나치게 공격적인 요구를 하거나 고통스럽게 할 때 누군가에게 털어놓았다는 것이다.[6] 하지만 안타깝게도 여전히 상당히 많은 아이들이 자신이 겪은 일을 누구에게도 털어놓지 못하고 아무런 대응도 하지 못하고 있다. 아이들이 이런 일이 생겼을 때 가장 많이 의논하는 상대로는 친구가 압도적인 1위를 차지했으며 부모가 2위로 그 뒤를 이었다.

이와 관련해 서로 다른 조사 보고서가 여럿 있었지만 결과는 거의 비슷했다. 무슨 일이 생겼을 때 누군가에게 이야기하는 아이들의 수는 매우 적었지만 시간이 갈수록 그 수는 증가하고 있다. 한 조사 결과에 따르면 무슨 일이 생겼을 때 부모에게 말한 아이들 중 66%는 상황이 개선됐다고 응답한 것으로 나타났다.[7]

많은 아이들이 부모들에게 무슨 일이 있었는지 이야기하지 않는 이유는 혼나는 것이 두렵기 때문이기도 하지만 자신을 친구들이나 바깥세상과 이어주는 생명줄이나 다름없는 휴대폰이나 기기를 빼앗길 것이라고 생각하기 때문이다.

이 자료를 보면 부모 자녀 간에 이 문제에 관한 논의가 시급하게 이뤄져야 함을 알 수 있다. 10대 자녀가 술을 마셨다고 하더라도 안전을 우선시해 음주운전을 하지 않고 부모에게 데리러 와달라고 전화했을 때는 음주를 크게 문제 삼지 않기로 자녀와 합의하는 부모들이 많다. 이런 합의는 부모에게 술을 마셨다고 혼날 위험을 감수하느니 차라리 음주운전을 하거나 술을 마신 다른 친구가 운전하는 차를 타고 집으로 오겠다고 응답한 10대들이 많다는 조사 결과를 바탕으로 한다. 하지만 자녀의 바람직하지 않은 행동을 암묵적으로 승인하거나 허락하는 것과 위험한 상황을 빠져나갈 수 있는 여지를 남겨두는 것은 분명히 다르다. 자녀에게 섹스팅은 절대로 승인되지 않는다는 점을 분명히 밝혀야 하지만 누군가가 자녀(또는 자녀의 친구)의 성적으로 노골적인 사진을 이용해 그들을 협박하려 할 때를 대비해 미리 안전 대책을 마련해놓을 필요가 있다.

또한 이 자료를 통해 10대들이 위기 상황에서 상담자 역할을 할 수도 있다는 사실을 알 수 있다. 부모나 형제자매, 선생님, 경찰, 문제가 발생한 웹사이트 관리자보다 10대들에게 힘이 되고 의지가 되는 대상은 또래인 경우가 많다. 당신의 중학생 자녀는 자신의 친구가 온라인에서 성적 요구를 받거나 왕따를 당했을 때 도울 준비가 되어 있는가? 자녀와 이 문제를 이야기해보고 만약의 상황에 대비해 도움이 될

온라인상의 괴롭힘, 왕따, 성적 요구에 대한 청소년들(만 14~24세)의 대처 방식

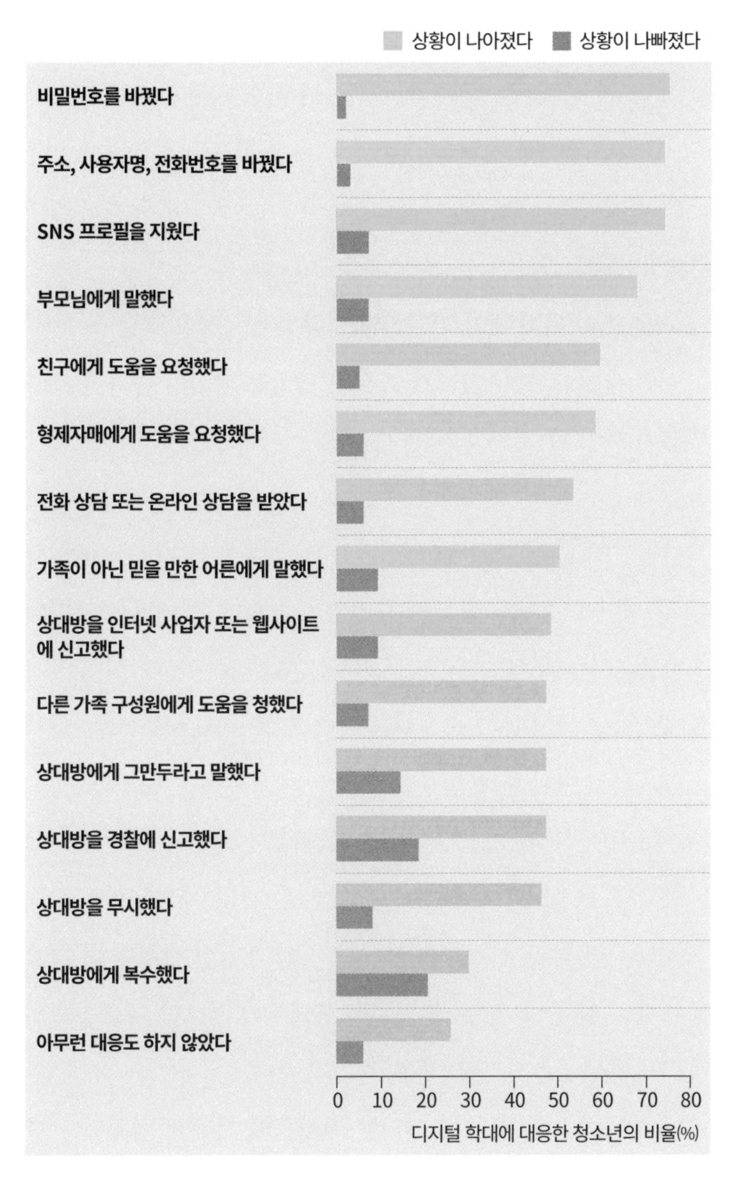

출처: 시카고 대학교 AP-NORC 공공홍보연구 센터

만한 비상 대책을 마련해보자. 아이들에게 친구가 위험에 처했을 때 어떻게 해야 하고 누구에게 도움을 청해야 하는지 생각해보게 하자. 어떤 식으로든 온라인 학대를 당했을 때 아이들은 사태를 해결하기 위한 노력으로 앞의 그래프에 나타난 대로 대처하는 경향을 보인다.

자녀가 피해자라면

이 책을 쓰기 위해 내가 만나서 인터뷰한 아동보호 전문가, 교육자, 기술 전문가 들은 만약 자녀가 표적이 됐다는 의심이 든다면 부모로서 반드시 해야 할 일 한 가지는 모든 것을 기록으로 남기는 일이라고 입을 모아 조언했다.

자녀를 괴롭힌 사람을 당장 차단하고 싶겠지만 그러기 전에 화면을 모두 캡처해 증거를 확보하는 것이 중요하다. 상대방을 차단해버리면 보통 그들이 올린 게시물을 더는 볼 수가 없게 된다. 이미 자녀에게 보냈거나 자녀가 태그된 게시물도 마찬가지다. 그러므로 차단하기 전에 증거를 모아야 한다.

사건이 벌어진 시간을 기록하기 위해 증거 화면을 찍어서 출력해 두는 것은 물론 이메일에 이미지를 첨부해 보내는 것이 좋다. 상대방이 게시물이나 트윗, 사진뿐만 아니라 전체 계정을 삭제할 수도 있기 때문에 무슨 일이 벌어졌는지 기록을 남겨두지 않으면 피해자의 진술 외에는 신빙성 있는 증거를 찾을 수 없게 된다.

만약 자녀와 같은 학교에 다니는 아이들이 사건에 연루됐을 경우 가족들은 학교 당국에 상황을 알려야 한다. 이런 일이 생겼을 때는 사

건 처리에 영향을 끼치는 여러 가지 요인을 검토할 필요가 있다. 온라인 학대가 학교 내에서 또는 수업 시간에 발생했는가? 사건과 관련된 아이들의 신원이 밝혀졌는가? 그들이 모두 학생들인가? 사건으로 인해 관련 학생들이 학교에서 수업을 받고 안전하게 생활하는 데 지장을 받는가? 자신의 주장을 입증하거나 자신을 방어할 수 있는 증거가 있는가?

학교 당국과 교직원들은 범죄 수사관은 아니지만 불분명한 상황에서 사태를 파악하는 업무를 처리해야 하는 경우가 잦다. 어느 정도까지 협조해야 하는지는 사안에 따라 달라지고, 특히 사건이 하교 시간 이후 학교 밖에서 벌어진 경우라면 학교에 책임을 묻기가 어렵다. 사건이 발생했을 때 아이들이 이야기를 털어놓기 쉬운 담임교사와 상담교사가 보통 문제를 제기하지만, 관리 책임은 일반적으로 교장이나 교감 같은 학교 관리자들에게 있다.

학교 차원에서 이런 사건이 어떻게 다뤄지느냐는 학교 관리자가 관련 사항(예를 들어 디지털 미디어, 사건에 관련된 아이들, 사건의 세부 사항 등)에 관한 경험과 지식을 바탕으로 얼마나 신중히 판단하느냐에 달려 있다. 뛰어난 공감 능력과 기지를 발휘해 상황을 아주 능숙하게 다루는 사람도 있지만 상황을 악화하는 사람도 있다. 이 문제에 관해 전국 곳곳의 부모들이 내게 보내온 답변을 종합해보면 학교 당국이 취하는 조치는 학교 관리자가 어떤 사람인지에 따라 크게 좌우된다.

이는 우리가 짚고 넘어가야 할 정책 공백의 문제다. 기술이 빠르게 진화하고 있고 각각의 사건이 개별적으로 신중하게 다뤄져야 하는 현실에서 이 문제를 다루는 정책을 세우기란 어려운 일이 분명하다. 현재 대부분의 학교에서는 주와 교육구에서 정한 규칙뿐만 아니라 학생 행동 규범, 운동 팀이나 특별활동 참가 동의서 등 학생들을 관리하기 위해 적용되는 모든 규칙을 동원해 규칙 위반 여부를 판단하고 어떻게 처리할지 결정한다.

다시 한 번 말하지만 행동 규범, 법과 규칙은 각 교육구와 지방자치단체마다 다르다. 어떤 교육구에서는 퇴학당할 수도 있는 사안을 다른 교육구에서는 불쾌하지만 크게 문제 삼지 않는 경우도 있다. 대부분의 학교는 여러 가지 이유를 들어 사건을 조용히 무마하려고 시도한다. 가끔 '은폐' 시도로 비치기도 하는데, 이것이 또 다른 문제가 되기도 한다. 그러나 내가 만나본 학교 관리자들은 사건을 조용히 처리하는 것은 피해자를 보호하기 위한 기본 방침이라고 설명했다. 사이버불링이나 섹스팅 사건을 아는 사람이 많아질수록 무슨 일이 있었는지 자세히 알고 싶어 하는 사람도 많아지게 마련이다. 청중이 늘어나는 만큼 소문도 무성해질 것이고, 결과적으로 피해자 역시 큰 상처를 입게 될 것이기 때문이다.

사이버불링이란 무엇인가

사이버불링이 얼마나 만연해 있는지에 관해 정확히 합의된 결과는 아직 없다. 2015년《미국의사협회지》에 발표된 한 포괄적 연구는 서른

여섯 가지 선행 연구 결과를 검토하고 분석해 아동과 청소년 사이의 사이버불링 유병률을 약 23%로 추정했다.[8] 당신이 본 수치는 이보다 훨씬 더 높거나 낮을 수도 있다. 중학생 때가 불링(약자에 대한 괴롭힘, 왕따)이 가장 심한 시기이긴 하지만[9] 사이버불링은 유독 중학교 1학년부터 고등학교 1학년 사이에 많이 발생한다.[10]

'불링'은 주관적 용어로 연구자, 교육자, 정책 입안자 들이 모두 수용할 만한 용어 개념 정의가 내려지지 않고 있다. 그 결과 불링이 얼마나 많이 발생하는지 온라인에서 찾아보면 자료에 따라 그 수치가 천차만별이다. 나와 함께 이야기를 나눈 몇몇 교사들은 불링의 심각성에 대한 인식을 높이려 노력한 결과, 엄밀히 따지자면 불링이 아닌 짓궂은 행동에도 불링이라는 꼬리표를 붙이는 부모들이 생겼다고 토로했다.

많은 사람의 인식과는 다르게 지난 10년 동안 불링의 발생률이 사실상 감소했다는 주목할 만한 연구 결과가 있다. 이것 역시 문제 인식을 높이려는 노력의 결실이라고 할 수 있다. 반면 사이버불링의 발생률을 구체적으로 들여다보면 지난 10년 동안 급격히 증가했음을 알 수 있을 것이다. 그러나 우리는 그동안 기술이 우리 삶에서 차지하는 비중이 얼마나 커졌는지 간과해서는 안 된다. 최초의 아이폰이 2007년에 출시됐고 인스타그램은 2010년 이전에는 존재하지도 않았다는 사실을 기억하자. 연구자들은 10대들 사이에 온라인 갈등이 증가한 원인을 10대들이 시간을 보내는 방식이 변화했기 때문이라고 주장한다. 갈등의 양상이 달라졌을 뿐 새롭게 등장한 것이 아니라는 뜻이다. 수화기 너머로 또는 방과 후 쇼핑센터에서 벌어지던 다툼이 단체 채팅방과 페이스타임으로 자리를 옮긴 것뿐이다.

사이버불링의 의미와 영향

사이버불링과 관련해 유용한 자료를 제공하는 웹사이트 '사이버불링 연구 센터'Cyberbullying Research Center는 사이버불링을 '컴퓨터와 휴대폰 등 전자 기기를 사용해 고의적이고 반복적으로 해를 가하는 행위'라고 정의하고 있다. 나는 간단하면서도 핵심을 짚어내는 이 정의가 마음에 든다. 학대가 고의적이란 말은 우발적으로 일어난 것이 아니라 의도를 가지고 저지른 일이라는 뜻이다. 이 정의는 또한 행위가 반복적으로 일어난다는 점을 강조하고 있다. 온라인상의 잔인한 행위가 한 번에 그쳤다면 불링이 아니라는 것이다. 불링이 위험한 이유는 한 피해자가 반복적으로 표적이 되기 때문이다.

연구자들은 이런 정의에 들어맞는 행동으로 욕설, 혐오 발언, 악성 루머 유포, 위협, 성희롱 발언, 본인 동의 없는 사진이나 동영상 및 개인 정보 유포 등을 꼽았다. 이 중에서 피해자를 가장 괴롭히는 유형은 누군가의 강요에 의해 사진이나 영상이 찍혀 공개된 경우 또는 동의 없이 몰래 촬영되어 유포된 경우다.

어떤 면에서 보면 사이버불링은 기존의 불링보다 강도가 심하다. 피해자 입장에서는 가해자를 피하기 더욱 어려워졌고, 괴롭힘의 수단은 빠르고 광범위하게 전파된다. 게다가 일부 경우 그 흔적이 영구적으로 남을 수 있다는 사실은 두려움과 충격을 불러일으킨다. 한번 인

터넷에 올라온 사진과 모욕적인 발언들은 온라인을 계속 떠돌면서 언제 어떤 식으로 다시 돌아와 해를 입힐지 모를 위협으로 작용한다.

사이버불링이 자해나 자살 충동으로 이어지는 경우가 많은 이유가 아마도 여기에 있을 것이다. 사이버불링이 피해자의 가족 관계와 친구 관계를 해친다는 사실은 자료를 통해 명백히 알 수 있다. 이 주제로 인터뷰를 진행한 결과 사이버불링이 피해자뿐만이 아니라 가족 구성원 전체에게 영향을 끼친다는 사실을 알았다. 요약하자면 사이버불링은 과소평가하거나 무시해서는 안 될 매우 심각한 문제다.

피해자들은 정서적 고통과 불안, 우울, 회피, 두통, 복통과 같은 증상을 보이며 술과 담배에 의존하는 것으로 나타났다. 또한 공격성, 분노 조절 장애, 성적 하락, 학교 결석률 증가와도 상관관계가 있었다. 그러나 사이버불링이 이런 문제를 유발했는지, 악화했는지, 아니면 반대로 이런 문제로 인해 사이버불링의 피해자가 된 것인지는 분명치 않다.[11]

사이버불링의 위험인자

누구나 사이버불링의 피해자가 될 수 있다. 아무런 이유 없이 표적이 된 아이들도 많지만 특히 사이버불링의 표적이 될 위험성이 높은 아이들이 있다. 어떤 면에서 볼 때 비전형적 발달을 하는 아이들이 더욱 그렇다. 많은 경우 학교에서 인간관계와 사회성 문제를 겪는 아이들은 온라인에서도 똑같은 문제를 겪는다. 여자아이들이 남자아이들보다 사이버불링을 경험할 가능성이 높으며, 게이나 성 정체성에 의

문을 갖는 아이들도 마찬가지다. 여러 연구와 조사에서 공통적으로 나타나는 점은 아이들이 인종, 종교, 외모를 이유로 괴롭힘을 당한다는 사실이다. 사이버불링의 피해가 정신 질환이나 발달 문제가 있는 취약 집단에 집중되고 있다는 사실도 일부 연구를 통해 드러났다.

기존 불링의 경우 괴롭힘을 당할 가능성이 큰 시간과 장소를 특정해 대책을 세우기가 상대적으로 쉽다. 하굣길이나 점심시간의 학교 식당, 축구 경기가 끝난 후 주차장 등은 비교적 위험도가 높은 환경이다. 디지털 괴롭힘에 대처하기는 이보다 훨씬 더 힘들다. 하지만 온라인 학대 역시 어느 시간대에 어느 웹사이트에서 더 많이 발생할 가능성이 있는지 파악해 대책을 마련하는 것이 중요하다.

효과적인 대처 전략

연구 결과에 따르면 아이들은 문제를 '통제 가능'하다고 생각하면 적극적으로 해결하려는 경향을 보이는 것으로 나타났다. 반대로 상황을 통제할 수 없고 자신이 할 수 있는 일이 아무것도 없다는 생각이 들면 문제를 회피하거나 그로 인한 정서적 충격을 축소하려는 태도를 보인다. 만약 자녀가 괴롭힘을 당한다면 우리는 그것이 아이의 잘못이 아니라는 점을 인식시키고 상황을 충분히 통제할 수 있다는 사실을 알려줘야 한다. 어떤 상황에 처해 있더라도 선택을 할 수 있고 해결책을 찾을 수 있다는 점을 자녀들에게 꼭 알려줄 필요가 있다. 적어도 뭔가 행동을 취하거나, 아무것도 하지 않거나 둘 중 하나라도 선택할 수 있다는 점을 강력하게 이야기해야 한다. 또한 상황을 외면화하도

록 도와줘야 한다. 우리는 누군가의 불쾌한 행동까지 감당할 필요가 없으며, 우리가 책임져야 할 것은 남들의 행동이 아닌 자기 자신의 선택이라는 사실을 일깨워주자.

온라인이든 오프라인이든 문제 해결을 위해 직접 나서야 할 일이 생길 수도 있다. 온라인에서 문제가 생겼다면 비밀번호를 바꾸거나 계정 새로 만들기, 온라인 조사를 하고 적절한 대응하기, 자신의 SNS에서 용의자로 의심되는 사람 차단하기, 상대방이 내 게시물을 보거나 연락을 취할 수 없도록 계정 폐쇄하기 등의 조치를 취할 수 있다.

오프라인에서 문제가 생겼을 때는 친구나 가족에게 무슨 일이 벌어졌는지 이야기하고 도움 구하기, 가해자에게 맞서기, 자신을 괴롭히는 사람에게 단호하게 대응하고 맞서기, 부모나 교사, 학교 당국, 경찰에 신고하기 등의 조치를 취할 수 있다. 자신을 괴롭히는 사람에게 복수할 수도 있지만 내가 권하고 싶은 방법은 아니다. 하지만 연구에 따르면 보복 사건도 꽤 빈번하게 일어나는 것으로 나타났다.

사회적 지원을 요청하는 것은 불링의 부작용을 완화할 수 있는 가장 효과적인 방법으로 밝혀졌다. 쉽게 말해 주변 사람들에게 말하고 도움을 요청하는 것이 가장 효과적이라는 것이다. 스스로를 보호하고 문제를 즉시 해결하기 위해서는 이 방법이 최선이다. 한 가지 덧붙이고 싶은 말은 만약 맨 처음 누군가에게 말했지만 별 도움이 되지 않았다면 또 다른 사람에게 이야기하라는 것이다. 연구에 따르면 상대적으로 나이가 어린 아이들이 나이가 많은 아이들보다 부모에게 이야기하거나 사회적 지원을 요청할 가능성이 높은 것으로 나타났다. 여기에는 그럴 만한 이유가 있다. 좀 더 큰 아이들은 부모에게 숨기고 싶은 일을 들킬까 봐 두려워서 말을 하지 않는 경우가 많다. 또한 이 아이들은 휴대폰을 빼앗기거나 소셜 미디어나 게임을 하지 못하게 되거나 친구들과 어울릴 자유를 잃게 될지도 모른다는 두려움 때문에 말을 하지 않을 가능성이 높다.

직접 해보기

01

온라인 활동 중에 벌어질 수 있는 위험한 상황에 관해 자녀들과 툭 터놓고 솔직하게 대화를 나눠야 한다. 여기에는 말하기 껄끄러운 주제인 섹스, 포르노, 포식자, 불링 등이 포함된다. 유감스럽지만 이런 대화를 자녀가 비교적 어릴 때부터 시작해야 한다. 대부분의 피해자들이 범죄 표적이 된 나이는 만 13세경이다. 만약 당신의 자녀가 휴대폰이나 소셜 미디어 계정을 가질 나이가 됐다면 자신들에게 닥칠 수도 있는 위험한 상황에 관해 솔직한 대화를 나눌 수 있을 만큼 충분히 성숙했다고 볼 수 있다. 만약 당신의 자녀가 이 주제로 대화할 준비가 되지 않았다면 아직 디지털 미디어를 사용할 준비가 되지 않은 것일 수도 있다.

02

자녀가 궁금해하는 문제에 안전하고 정확한 답변을 얻을 수 있는 믿을 만한 웹사이트를 추천해주자. 아이들은 무엇이든지 검색하도록 길들여졌다. 그러므로 아이에게 궁금증이 생기는 것은 당연한 일이고 부모에게 물어보기 불편한 문제도 당연히 있을 수 있다는 점을 이해한다고 말해줘야 한다. 하지만 궁금증을 해결하기 위해 인터넷 채팅방이나 익명 커뮤니티를 찾는다면 포식자의 표적이 될 위험이 있다는 사실을 설명해주자.

03 **포식자들의 수법에 관해 아이들과 이야기를 나눠보자. 포식자들이 아이들의 신뢰를 얻기 위해 어떤 방법을 써서 관계를 발전시키는지 설명해주자. 또한 일단 그렇게 관계가 가까워지면 피해 아동들은 자신의 '친구'에 대한 의리를 지키느라 부모에게 무슨 일이 벌어지는지 말하지 않는다는 사실도 알려주자. 부모에게 아무것도 말하지 못하게 하는 사람은 친구가 아니라는 사실을 아이들이 반드시 알아야 한다. 피해자들에게 자신과의 관계를 비밀로 하라고 요구하는 것은 모든 포식자들의 공통적인 수법이다. 수치심 때문에 남에게 말할 수 없는 비밀은 사생활이라고 할 수 없다.**

04 **SNS 계정은 반드시 비공개로 설정해두게 하고, 집 주소나 학교를 쉽게 추정할 수 있게 해주는 위치 정보가 포함된 사진은 올리지 않도록 주의를 주자.**

05 **온라인 인간관계가 안전한지 점검해볼 수 있는 체크리스트를 아이와 함께 만들어보고 스스로 점검해보도록 하자. 다음은 적신호로 볼 수 있는 사항이다.**

- 이 사람은 우리의 대화 내용을 남들이 알아서는 안 된다고 말한다.
- 만약 친구나 연인에 대해 거짓말을 해야 한다면 건전한 관계라고 할 수 있을까?
- 나는 이 사람을 한 번도 만난 적이 없지만 많은 대화를 나눈다.
- 이 사람은 내게 연애 감정을 느끼거나 성적인 관심을 보이지만 이 관계를 비밀로 하라고 요구한다.

- 나와 채팅을 하거나 게임을 하거나 문자를 주고받는 사람이 자신의 정체를 속이지 않는다고 100% 확신하는가? 만약 그렇다면 그 이유는 무엇인가? 내 주변 사람이나 친구가 그 사람과 서로 아는 사이인가? 그렇다면 그 친구는 이 사람을 만나본 적이 있는가? 그 친구는 그 사람의 정체를 100% 확신하는가?

06

아이들은 친구들과 함께 있을 때 더 위험한 행동을 하는 경향이 있다. 이런 점을 설명하며 아이가 문제를 깨닫도록 해주면 친구들과 함께 있을 때 아이의 행동에 약간의 변화가 생길 수도 있다. 친구들과 있을 때와 어른들이 주변에 있을 때 행동이 달라지는 친구는 누가 있는지 아이에게 예를 들어보라고 하자. 이런 정보를 근거로 아이 친구들이 집에 놀러 왔을 때 스마트폰 사용 규칙을 어떻게 적용해야 할지 선택할 수 있다.

07

온라인에서 모르는 사람과 섹스 이야기를 하는 청소년은 5% 정도에 불과하다.[12] **하지만 이런 행동을 하는 아이들 또는 온라인에 공공연하게 성적인 이미지를 게시하는 아이들은 성적 요구를 받을 위험이 더 크다. 이런 행동은 매우 심각한 적신호이자 위험인자다. 모르는 사람을 연락처나 SNS 친구 목록에 추가하거나 팔로우 요청을 승인하는 것도 위험인자다. 절대로 이런 행동을 해서는 안 된다는 것을 아이들에게 인식시켜야 한다. 아이들이 낯선 사람과 자주 소통하거나 익명 커뮤니티에 자주 드나드는 것 역시 위험인자다. 콘솔/모바일/PC 게임도 여기에 포함된다.**

08

반사적으로 반응해 아이의 휴대폰을 빼앗는 일은 없길 바란다. 만약 문제가 생겼을 때 부모에게 도움을 요청한다면, 휴대폰이나 디지털 기기를 압수하거나 소셜 미디어 계정을 삭제하지 않는다는 약속이 이 합의에 포함되어야 한다. (아이들이 가장 먼저 부모에게 도움을 요청하지 못하는 주된 이유는 이것이 두렵기 때문이다.)

09

대부분의 아이들이 낯선 사람에게 함부로 개인 정보를 공개해서는 안 된다는 사실을 잘 알고 있지만 적법해 보이거나 믿을 만하다고 생각되는 웹사이트나 온라인 양식에는 주소, 전화번호, 학교, 나이, 이메일 주소 등의 정보를 쉽게 기입한다. 만약 온라인에서 열리는 경연 대회나 경품 행사에 자신이 원하는 상품이 걸려 있다면 아무리 똑똑한 아이라도 아무런 의심 없이 개인 정보를 입력하기 쉽다.

10

아이가 불링에 어떻게 대처하느냐(대처 전략의 선택)에 따라 상황이 더 나아질 수도 있고 나빠질 수도 있다. 우리는 자녀가 먼저 상황 파악을 한 후에 어떤 행동을 취할지 결정하도록 가르쳐야 한다. 그 효과가 그리 크지 않더라도 불링에 맞서 대처한 아이들은 더 빠르게 회복되는 경향이 있다. 아이들이 할 수 있는 가장 효과적이고 적극적인 대처 전략은 어른에게 말하는 것이다.

11

자녀와 상의해 온라인 활동 중에 벌어질 수 있는 사건에 대한 비상 대책을 세워보자. 여러 증거를 바탕으로 볼 때 좀 더 전통적인 형태를 띠는 불링의 가해와 피해를 모두 줄이는 데 효과적인 방법 중 하나는 부모의 개입이다. 어른들, 학교 선생님, 경찰의 개입이 빠를수

록 상황이 악화되는 것을 막을 수 있다. 아이와 상의해 부모 외에 위급 시 도움을 청할 수 있는 믿을 만한 어른을 파악해두자.

12 많은 앱과 게임에는 1대 1 메시지와 비디오 채팅 등 여러 가지 기능이 포함되어 있다. 따라서 부모들은 자녀가 새로운 앱을 다운받거나 새로운 계정을 만드는 것을 승인하기 전에 자세히 살펴봐야 한다.

13 자녀에게 소셜 미디어 비밀번호 관리와 이중 인증 설정, 기기 미사용 시 잠금 상태로 두기 등 기본적인 사이버 보안 수칙을 알려주자. 아이들 다섯 명 중 한 명이 친구와 비밀번호를 공유한다. 소셜 미디어 계정이 늘어날수록 아이는 자신의 계정 비밀번호를 친구들과 공유할 가능성이 높아진다.[13] 대부분의 10대가 그렇듯이 당신의 자녀가 이미 소셜 미디어 계정을 여러 개 갖고 있다면 지금 즉시 이 문제를 해결해야 한다.

최악의 상황을 피하는 17가지 전략

부모로서의 올바른 태도를 생각한다

내 아이들에게 물어보면 알겠지만 나라고 양육과 기술의 모든 답을 알고 있는 것은 아니다. 이 책을 쓰게 된 이유도 바로 여기에 있다. 내가 어떻게 해야 하는지 알고 싶었기 때문이다. 나는 기술 자체에는 별 관심이 없었다. 기술은 항상 변하니까. 하지만 청소년들에게 디지털 미디어 사용을 부추기는 기본적인 청소년기의 발달 및 행동 특성에는 관심이 있었다. 아이들이 어떤 존재인지, 그들이 어떻게 성장하는지는 본질적으로 변하지 않기 때문이다.

내가 찾은 많은 답을 통해 나는 이미 알고 있던 사실을 재차 확인했다. 아이들이 청소년기에 디지털 기기 사용을 통해 긍정적 경험을 할 수 있도록 도우려면 부모가 어떤 태도를 취하는 것이 가장 중요한지

우리는 이미 다 알고 있다. 문제는 누구나 다 아는 사실이지만 그중 어느 한 가지도 실천하기가 쉽지 않다는 것이다.

- 같은 부모에게서 태어난 형제자매라 할지라도 아이들은 모두 다르다.
- 아이들은 해마다 많이 달라지므로 아이에게 적용하는 규칙도 성장에 따라 달라져야 한다.
- 자녀에게 기대하는 모습이 있다면 부모가 먼저 본보기가 되어야 한다.
- 개방적 의사소통을 하는 것이 중요하다. 즉, 부모는 많이 듣고 적게 말해야 한다.
- 사람은 누구나 실수를 한다. 그리고 가끔은 아주 큰 실수를 할 때도 있다.
- 자녀에게 준비됐음을 증명할 기회를 줄 때 신뢰가 싹튼다.
- 부모는 자녀를 사랑해야 한다.
- 부모의 역할은 부모 도움 없이 자녀가 독립적으로 살아갈 수 있게 키우는 것이다.

나도 위의 지침 중 몇 가지는 받아들이기 힘들다. 첫째, 나는 경청에 약하다. 특히 아이가 게임 이야기를 할 때는 더욱 그렇다. 둘째, 나는 자녀를 성인으로 키워야 한다는 것을 잘 알고 있지만 아이를 놓아주기가 정말로 힘들 뿐만 아니라 놓아주고 싶지도 않다. 셋째, 아이들이 안전할 거라고 믿는다? 온라인과 오프라인을 모두 합친 이 거대한 세상에서? 생각만 해도 끔찍하다.

마지막으로 우리는 이 책 전반에 걸쳐 살펴본 보호인자와 모범 사례, 전문가의 조언을 정리해볼 것이다. 열일곱 가지 전략을 바탕으로 단점보다 장점에 집중하면서 자녀와 함께 올바른 길을 따라 앞으로 나아가길 희망한다.

1. 다른 부모들이 뭘 하든 휘둘리지 마라

이 책을 쓰면서 분명히 알게 된 진실은 우리의 생각과 행동이 사회적 환경에 의해 좌우된다는 것이다. 대부분의 경우 우리는 똑바로 처신할 수 있지만 미디어와 주변 친구들, 빠르게 진화하는 사회적 규범 그리고 "그때는 좋은 생각인 것 같았는데"라고 믿는 뇌의 영향으로 어리석은 행동을 하기도 한다. 이런 사회적 요인들은 소셜 미디어와 스마트폰을 통해 끊임없이 연결되어 있는 상황에서는 모든 사람에게 더욱 강한 영향을 끼친다. 그러므로 이제는 우리 모두가 좀 더 비판적인 시각을 키워야 할 필요가 있다.

사람들은 누구나 자신이 정상이라고 생각하는 방향으로 움직이게 마련이다. 특히 부모로서 우리는 아이들을 안전하게 지키기 위해 사회적 규범에 맞는 안전한 행동을 선호할 수밖에 없다. 특히 자신의 양육 방식이나 자녀들을 향한 비판을 피하고 싶어 한다. 실제로 누군가를 화나게 만드는 가장 쉬운 방법은 인터넷에서 그들의 자녀 또는 양육 방식을 비난하는 것이다. 하지만 만약 우리가 자녀들에게 주변에

서 들려오는 온갖 허튼소리를 무시하라고 충고하고 싶다면 우리 자신부터 그럴 준비가 되어 있어야 한다.

현재의 양육 문화가 형성되기까지는 수백만 가지 요인이 작용했다. 그러나 우리가 지금 있는 자리에 항상 머물러 있지는 않을 것이란 점은 분명하다. 현재의 황금률이 무엇이든 그것에 얽매일 필요는 없다. 규칙이 계속 바뀌는 한 이 경쟁에서는 누구도 이길 수 없다. 여전히 우리는 사회 비교가 행동을 결정하는 세상에서 살고 있다. 양육에 관한 한 어딘가에서 읽은 블로그 게시물을 근거로 당신의 방법이 잘못됐다고 생각하는 사람이 있을 수 있다.

책임감 있고 행복한 디지털 시민을 키우기 위해 우리가 할 수 있는 최선의 방법은 다른 사람이 뭘 어떻게 하든 자녀에게 자원 제공자이자 멘토 역할을 하는 데 집중하는 것이다. 아마도 그런 태도가 '평범'하게 보이지는 않을 것이다. 남들에게 효과가 있는 방법이라고 해서 내게도 똑같이 잘 맞는다는 보장은 없다. 당신 자녀의 뇌가 다르게 발달했기 때문일 수도 있고 혹은 당신 가정의 가치 체계나 경제적 상황이 다르기 때문일 수도 있다. 어떤 경우든 다른 부모가 어떻게 하느냐는 중요하지 않다. 중요한 것은 항상 아이 곁에 있어주는 것이다. 만약 누군가 당신을 판단하려고 한다면 그들을 쏘아보며 당신에게 커피 한 잔을 건네는 내 모습을 떠올리길 바란다.

2. 비전형적인 아이들은 비전형적인 규칙이 필요하다

만약 자녀가 ADHD나 자폐증, 불안 장애, 우울증을 앓고 있다면 디지털 미디어와 관련된 규칙도 완전히 달라야 한다. 아이의 특성과 증상에 따라 규칙은 여러 가지 형태를 띨 수 있으며 모든 규칙은 다른 사람들에게 정상적으로 여겨지지 않을 수도 있다. 잘 모르는 사람들이 독특하고 특별한 상황을 어떻게 생각하는지는 신경 쓸 필요가 없다. 예를 들어 불안 장애가 있는 자녀에게 인스타그램 계정 개설을 허락하지 않거나 허락하더라도 제한된 시간만 사용하게 할 수 있고, 자폐증이 있는 아이에게 일반적인 사람들보다 더 많은 시간 비디오게임을 하게 해줄 수 있다. 만약 비디오게임을 하는 것(또는 게임 방송을 시청하는 것)이 스트레스를 줄이고 마음을 진정시키는 데 도움이 되며 아이를 담당하는 의사, 심리 치료사, 교사가 승인한다는 전제하에 다시 한 번 이 말을 하고 싶다. 다른 사람들이 어떻게 하고 있는지와 상관없이 내 자녀에게 가장 득이 되는 것이 무엇인지 제대로 파악한 후 올바른 결정을 내리는 것이 최우선이다.

3. 자녀의 멘토가 되자

알렉산드라 사무엘Alexandra Samuel은 2015년 《애틀랜틱》에 기고한 〈부모들이여, 디지털 미디어 사용을 수치스럽게 여기지 말라Parents: Reject Technology Shame〉라는 글에서 디지털 미디어를 오해해 부모들끼리 기기 사용 문제를 놓고 서로의 선택을 비난한다고 언급했다. 하지만 그의 연구 결과에 따르면 부모들이 가장 중요하게 생각해야 할 것은 단 한 가지로, 자녀가 이 새로운 환경을 지혜롭게 헤쳐나갈 수 있도록 돕는 것이다. 사무엘은 북아메리카에 거주하는 10만 가구를 대상

으로 조사를 실시한 결과 자신이 '디지털 멘토'라고 이름 붙인 그룹이 디지털 미디어 사용에 최상의 결과를 얻을 가능성이 높다고 밝혔다. 디지털 멘토는 자녀의 온라인 활동에 적극적으로 개입하는 부모들을 말한다. 그들은 조사 대상 부모들의 약 3분의 1을 차지했으며 어린 아기부터 대학생에 이르기까지 다양한 연령대의 자녀를 두고 있었다.

디지털 멘토 부모들은 보통 일주일에 한 번씩 꾸준히 자녀들과 인터넷, 소셜 미디어 등 다양한 디지털 미디어를 책임감 있게 사용하는 방법을 이야기하는 것으로 나타났다. 이 부모들은 또한 SNS로 자녀와 소통하고 함께 게임을 즐기거나 유튜브 동영상을 시청하고 앱을 함께 사용하며 서로 메시지를 주고받는다. 기기나 게임, 앱, 계정에 관한 정보를 찾아볼 때도 자녀와 함께하는 경우가 많다.

한편 디지털 미디어를 어떻게 사용해야 할지 지침이나 도움을 주지 않은 채 단순히 사용을 제한하는 부모를 둔 아이들은 "문제성 행동을 할 가능성이 가장 높았다. 이 아이들은 멘토 부모를 둔 아이들보다 음란물에 접속하거나 온라인에서 무례하고 적대적인 글을 게시할 가능성이 두 배나 높았고, 온라인에 접속하고 반 친구들, 또래 또는 성인을 모방할 가능성이 세 배나 높았다. 자녀를 보호하기 위해 인터넷 접속을 막는다면 그 효과는 일시적일 뿐이다. 하지만 일단 인터넷에 발을 들인 제한적인 부모의 자녀는 일관되고 안전하고 성공적인 온라인 상호작용을 할 수 있는 기술이나 습관이 갖춰져 있지 않다."

작가 데보라 하이트너는 저서 『스크린와이즈』에서 신뢰를 바탕으로 한 멘토링과 모니터링의 중요성을 강조했다. 그는 멘토의 역할을 이렇게 서술했다. "멘토는 아이들의 삶을 더 잘 이해하기 위해 그들이 많은 시간을 보내는 온라인 환경을 관찰할 필요성을 인식하고 있다. 멘토는 잘못된 행동을 잡아내는 것이 아니라 올바른 행동을 가르치길 바란다! 멘토는 디지털 미디어 사용을 무조건 제한하는 대신 적극적으로 개입할 필요가 있다는 사실을 잘 알고 있다."

만약 당신이 자녀의 온라인 활동을 감시하고 싶다면 투명하게 해야 한다. 아이에게 부모가 지켜보고 있다는 사실을 알리고 그 이유가 무엇인지 분명하게 설명해야 한다. 숨어서 지켜보다가 잘못된 행동을 잡아내는 것이 감시의 목적은 아니다. 만약 당신이 잠복까지 해가며 아이의 문제 행동을 잡아내야겠다는 생각이 든다면 당신의 자녀는 아직 스마트폰을 사용할 준비가 되지 않았거나 디지털 미디어 사용보다 더 심각한 문제를 안고 있을 수도 있다.

멘토링보다 모니터링에 과도하게 의존하는 부모들은 자녀들의 디지털 미디어나 소셜 미디어 사용을 지켜볼 때 특별한 문제가 발생하지 않는 한 모든 것이 잘돼가고 있다고 잘못 인식할 가능성이 높다. 직접적인 감시보다 모니터링 앱이나 프로그램을 사용하는 부모들의 경우 특히 더 그렇다. 모니터링을 할 때는 부모와 자녀 모두가 책임감을 갖는 것이 중요하다. 내 아이들은 내가 정기적으로 자신들의 휴대폰을 점검하는 것을 매우 싫어한다. 하지만 아이들은 자신들이 좀 더 책임감 있게 행동할수록 부모의 간섭이 줄어든다는 사실을 잘 알고 있다. 아이들 역시 내 휴대폰의 비밀번호를 알고 있기 때문에 게임을 하거나 함께 들을 음악을 고르기도 하고, 내가 운전할 때 남편에게 대신

문자를 보내주기도 한다. 우리 가족은 온라인이나 스마트폰에서만 진정한 사생활이 존재하는 것이 아니라는 사실을 잘 알고 있으며, 우리가 상상도 하지 못한 것들이 의도와는 전혀 다르게 엉뚱한 사람들에게 노출될 수 있다는 사실 또한 이해하고 있다.

4. 상상적 청중을 생각의 틀로 활용하자

상상적 청중은 흔히 발달 과정상 10대 초반에 나타나는 심리 현상이다. 상상적 청중의 개념을 파악하면 아이들이 왜 디지털 미디어를 사용하고, 디지털 미디어 사용 시 왜 그런 태도를 보이는지 이해하는 데 도움이 된다. 소셜 미디어는 이 시기를 거치는 아이들의 핵심 욕구를 충족한다. 내가 직접 출연한 게시물을 배치해 꾸며낸 소셜 미디어 피드 속에서 나는 주인공이 된다. 소셜 미디어는 10대들이 상상적 청중을 실재하는 것으로 인식하게 하고 그 결과 그들의 자기의식을 더욱 강하게 만든다.

아이가 10대 초기에 이 단계를 잘 극복하고 소셜 미디어를 올바르게 사용할 수 있도록 돕기 위해서는 인터넷과 소셜 미디어를 사용할 때 남들의 반응과 인정에 집중하는 대신 신중한 의사결정과 그에 따른 결과 예측에 중점을 두는 방향으로 생각을 전환시켜야 한다. 자신이 올린 게시물을 누가 보게 될지, 그것이 사람들에게 어떻게 해석될 수 있는지 아이들의 객관적인 의견을 들어보자. 아이들에게 자신의 소셜 미디어와 온라인 활동을 제3자의 입장에서 관찰해보라고 한 후 어떤 느낌이 들었는지 물어보자. 그러나 "누군가 항상 보고 있어" 또는 "네 게시물에 누가 관심을 보일지도 몰라"라는 말로 아이가 상상적 청중을 의식하도록 부추겨서는 안 된다.

다음은 자녀에게 안전한 인터넷 활용 교육을 할 때 부모로서 취할 수 있는 두 가지 태도를 보여주는 예시다.

아이가 인터넷에서 낯선 사람을 만났을 때 부모의 두 가지 상반된 접근 방식

네가 모르는 사람은 모두 포식자일 수 있어. 실제로 포식자들은 어디에나 있단다. 네가 아는 사람 중에 있을지도 몰라. 그러니 아무도 믿어선 안 돼.	인터넷에서 무엇을 클릭하고 공유할지, 누구를 팔로우할지, 도움이 필요할 때가 언제인지 판단하는 것은 모두 네 몫이야. 그러니 상식적으로 생각해서 올바른 판단을 하렴.
▼	▼
위험은 어디에나 있다. 항상 경계하라.	게시물을 올리기 전에 먼저 생각하라. 만약의 상황에 대비한 계획이 있어야 한다.
▼	▼
진짜라니까. 방금 너랑 친해진 그 사람은 너희 학교 학생이 아니야. 화물용 밴을 몰고 다니는 나이 든 남자일지도 몰라.	온라인에서 만난 사람의 신원을 확인할 수 있는 방법은 무엇일까? 문제가 생겼을 때 누구에게 말할 수 있을까?
▼	▼
아이들은 위험이 도처에 있다고 인식하고, 그 위험한 상황은 통제 불가능하므로 항상 무슨 일이 생길지 몰라 신경을 곤두세우고 있는 것 외에 자신들이 할 수 있는 일은 아무것도 없다고 생각한다.	아이들은 스스로 온라인 활동을 통제할 수 있다는 것을 깨닫고, 문제가 생겼을 때 어떻게 대처하고 겁이 나는 상황에서는 어떤 선택을 할 수 있는지 알게 된다.

5. 나이에 걸맞은 것이 무엇인지 기억하라

아이들은 온라인에서나 학교 식당에서나 자기 나이에 맞는 행동을 한다. 현재 내 자녀가 어느 단계에 와 있는지 제대로 파악하고 아이에 대한 기대치를 현재 발달 단계에 맞춰 합리적으로 조정하는 것이 중요하다. 10대가 되면 성적 호기심이 왕성해지는가? 그렇다. 10대가 되면 비밀이 많아지고 간섭을 불쾌하게 여기는가? 그럴 것이다. 그럼 이런 일을 다루기는 쉬운가? 아마도 그렇지 않을 것이다.

데보라 길보아는 실제로 자신들의 능력으로 감당할 수 있는 수준 이상의 자유와 독립을 보장받길 원하는 자녀를 상대해야 하는 경우가 종종 있다고 말했다. "아이가 '엄마는 나를 믿지 않아요'라고 말하면 저는 이렇게 얘기합니다. '물론 너를 믿지. 난 네가 좋은 아이란 것을 믿어. 그리고 난 네가 열다섯 살 아이처럼 행동할 거라고 믿고 있어. 그렇기 때문에 네가 가끔은 충동적으로 굴 수 있고 남들에게 친절하게 대해야 한다는 것을 잊고 불쾌한 농담을 할 수도 있다는 확신을 갖고 있단다. 엄마가 해줄 말은 여기까지야. 난 네 동생이 나이에 비해 책임감 있는 아이라고 믿고 있어. 하지만 그 애가 일곱 살 아이처럼 행동할 거라고 확신하기 때문에 혼자 집에 두고 외출하지 않는 거란다.'"

내가 조사한 바에 따르면 인지적·정서적 발달이 충분히 이뤄지지 않은 어린아이들은 소셜 미디어를 사용할 때 많은 문제를 겪는 것으로 나타났다. 미숙성과 충동성은 아이들뿐만 아니라 그들의 또래 관계망에서도 나타난다. 선량한 아이들이 온라인에서 나쁜 선택을 하는 경우는 수없이 많다. 그런데 이 사실을 아는가? 그 아이들은 사실 자신의 나이에 걸맞게 행동하는 것이다. 어린아이들이 온라인에서 저지르는 실수를 보면 대부분 연령과 발달 단계에 걸맞은 행동이다. 단지 운동장이 아닌 온라인 단체 채팅방에서 이런 일이 일어난다는 점이 다를 뿐이다. 나는 당신에게 나처럼 자녀가 소셜 미디어를 이용할 수 있는 나이가 될 때까지 기다리라고 말하려는 것이 아니다. 만약 당신이 자녀에게 조금 일찍 소셜 미디어 사용을 허락했다면 멘토링과 모니터링이 더욱 중요하다. 특히 언제, 어떻게 사용할지, 누구와 소통할지에 한계를 명확히 정하는 것이 좋다.

6. 모든 기술 사용을 부정적으로 생각할 필요는 없다

우리는 화면 앞에서 보내는 시간은 다 똑같다고 생각하기 쉽지만 여러 방식의 디지털 미디어 사용을 하나로 합쳐서 생각해서는 안 된다. 소셜 미디어를 하는 것과 인터넷으로 콘텐츠를 만들어내거나 배우고 싶은 것을 조사하는 일은 같지 않다. TV를 시청하는 것은 컴퓨터를 활용해 숙제하는 것과는 다르다.

제시카 레히는 내게 이렇게 말했다. "우리는 좀 더 넓게 생각해서 아이가 스크린타임(TV, 컴퓨터, 스마트폰 등 디지털 기기를 사용하는 시간–옮긴이)을 어떻게 활용하느냐에 따라 각기 다르게 제한을 가할 필요가 있습니다. 예를 들어 아이가 방 안에 틀어박혀 유튜브 영상을 보고 있다면 그것은 일종의 스크린타임이기 때문에 시간 제한이 필요하죠. 그런데 만약 다섯 살 차이가 나서 서로 잘 어울리지 않는 두 아이가 함께 비디오게임을 하고 있다면요? 그럼 얘기가 달라집니다. 그때는 둘이 서로 대화하고 즐기고 협력하는 형제의 놀이 시간이 되는 거죠."

스크린타임 중에서도 바람직한 활동은 장려하고 아이에게 크게 도움이 되지 않는 활동은 제한하도록 노력해보자. 아이와 함께 의논해 스크린타임에 대한 타당한 규칙을 세우고 아이가 자신의 성장과 의사소통을 돕는 수단으로 기술을 활용하도록 격려해주자.

7. 합리적인 한계를 정하자

자녀가 기기 사용 시간을 스스로 조절하고 건강한 습관을 형성할 수 있도록 가르치기 위해서는 합리적인 한계를 정하고 일관되게 적용하는 것이 중요하다. 한계를 정하는 것은 여러 면에서 요긴하다. 기기 사용을 적당히 하는 아이들이 긍정적으로 활용했을 뿐만 아니라 안전을 지킬 수 있다는 사실을 입증하는 자료는 차고 넘친다. 휴대폰을 오래 사용하는 10대들은 부적절한 내용을 접하기 쉽고 문제성 사용 태도를 보일 가능성이 높으며 정서적 건강과 행복을 해칠 수 있다.

한계 정하기에 도움을 줄 수 있는 앱을 사용하는 것도 좋다. 하지만 부모가 할 일을 대신해주기를 기대하지 않도록 주의하자. 정해진 시간에 자녀의 기기를 끄거나 켜고 성인물을 차단하는 앱은 매우 유용한 도구다. 하지만 앱은 아이가 스마트폰을 사용하다가 음란물을 접했을 때 어떻게 해야 하는지 가르쳐주는 역할까지 대신할 수 없다. 앱이 부모 노릇을 대체할 수는 없다.

8. 휴대폰을 옆에 두고 자는 사람이 없도록 하자

이 책을 통틀어 내가 가장 중요하게 여기는 지침이다. 앞에서도 이미 이야기했지만 정말로 중요하다. 우선 이 지침은 최고의 보호인자인 수면을 가장 우선순위에 두고 있다. 수면 부족은 10대들의 충동성, 위험 감수 행동, 주의력 문제, 불안, 비만, 심장 질환, 학업 능력 저하를 포함한 수많은 문제와 관련이 있다. 디지털 기기는 강한 자극을 주기 때문에 쉽게 잠에 들지 못하게 하고 스크린에서 나오는 청색광은 일주기 리듬circadian rhythms을 방해한다. 이는 아이들만의 문제는 아니다. 건강을 생각해 밤에 스마트폰을 다른 방에 두고 자면 잠을 더 편히 잘 수 있으며 기분도 훨씬 나아질 것이다.

밤에 10대 자녀의 방에 휴대폰을 두지 말라고 적극적으로 말리는 또 다른 이유는 그것이 변형 가능한 위험인자이기 때문이다. 아이들이 한밤중에 폰을 쓸 일은 전혀 없다. 하지만 아이들이 늦게까지 깨어 있고 피곤하면 탈억제 효과가 나타나기 쉽다. 내가 이 책을 쓰기 위해 조사하는 과정에서 듣게 된 많은 안타까운 사건들은 아이의 휴대폰을 거실에 있는 충전기에 꽂아두기만 했어도 막을 수 있는 일이었다.

나는 힘들게 얻은 교훈을 가슴에 새겨두려 한다. 이런 규칙을 적용하다 보면 이것이 불공평하고 불합리적이라고 믿는 우리 집 10대들과 갈등을 겪는다. 합리적 근거와 우리 가정의 행복이 위협당하지는 않을까 하는 우려를 바탕으로 이 규칙을 설명하려고 애를 썼지만 아이들은 전혀 개의치 않았다. 나는 아이들에게 악당이지만(내가 썩 좋아하는 역할은 아니다), 그 정도는 감수할 수 있다. 슬프게도 10대의 부모는 아이들이 달려오다 쾅 하고 머리를 부딪치는 담벼락 같은 존재가 될 때도 있다.

멀티태스킹의 부정적 효과

부모들은 보통 한 번에 여러 가지 일을 동시에 처리한다. 그리고 일반적으로 사람들은 이런 멀티태스킹을 긍정적으로 여긴다. 많은 일을 빨리 처리할 수 있어서 생산성을 높여주기 때문이다. 우리는 직장에서 받은 이메일을 처리하는 동시에 아이의 수학 숙제를 도와주고 저녁 식사를 준비하며 음악을 듣는다. 모바일 기기와 인터넷은 멀티태스킹을 완전히 새로운 차원으로 끌어올렸다. 기술 분야에서 쓰이는 멀티태스킹이란 용어는 엄밀히 말하자면 '빠른 업무 전환'을 뜻한다. 여기에는 중요한 차이가 있다. 왜냐하면 빠른 업무 전환은 거의 일관되게 부정적인 결과를 초래하기 때문이다.

실제로 연구 결과를 보면 디지털 기기를 사용해 멀티태스킹을 하는 사람들은 '두뇌의 인지와 감정을 담당하는 영역의 밀도가 낮고', '멀티태스킹은 낮은 정서 지능과 상관관계가 있는' 것으로 나타났다. 즉, 멀티태스킹이 인간관계에 해로운 영향을 끼칠 수 있다는 것이다. 이런 사실을 뒷받침하는 수많은 연구 결과에 따르면 디지털 멀티태스킹이 행복감 감소, 성적 하락, 집중력 하락, 우울감과 불안감 증가를 야기하는 것으로 나타났다. 수업 중에 과제를 빠르게 전환해야 하는 학생들은 수업 시간에 배운 내용을 잘 기억하지 못할 가능성이 높았다. 실제로 인지적 활동 중 멀티태스킹이 이뤄지면 IQ 지수가 최대 15점 낮아진다는 사실을 밝힌 연구도 있다. [1]

부정적인 효과에 대한 수많은 증거가 있음에도 멀티태스킹을 하면 기분이 좋아진다. 뇌의 보상 중추를 자극해 우리 모두를 그토록 즐겁게 해주는 도파민을 분출하기 때문이다. 그렇게 기분이 좋아지면 긍정적 순환 고리가 형성되어 우리가 그 행동을 더 하도록 부추긴다. 도파민으로 인해 느끼게 되는 쾌감은 긍정적 순환 고리를 만들어 우리가 같은 행동을 반복하게 한다. 그럴수록 우리의 집중 시간은 짧아지고 점점 지루함을 참기 힘들어진다.

멀티태스킹을 줄이기 위해서는 한계를 정하고 집중력을 향상시킬 수 있는 도구와 방법을 활용해야 한다. 물론 거기에 맞는 앱도 있다. 타이머를 설정해둘 수도 있고 휴대폰을 다른 방에 두는 방법도 있다. 아니면 일할 때는 아예 인터넷 연결을 끊어놓을 수도 있다. 이 규칙을 적용하기 위해 가장 효과적인 방법은 (다시 말하지만) 어른들이 아이들에게 행동의 모범을 보이고, 매일 일정 시간 동안 가족 모두가 기기를 사용하지 않기로 정하는 것이다.

---

9. 아이들이 좋은 친구가 되게 하자

아이들의 사회생활은 기술과 너무나 깊게 얽혀 있어서 실생활과 디지털 생활을 분리해서 보기가 거의 불가능하다. 우리가 할 수 있는 일은 아이가 온라인과 오프라인 양쪽 영역 모두에서 좋은 친구가 되는 것을 목표로 삼아 기대치를 정하는 것이다.

- 말을 하거나 게시물을 올릴 때 다른 사람의 감정을 고려해야 한다.
- 게시물을 올리거나 사진을 태그할 때 의도적으로 누군가를 배제해서는 안 된다.
- 소셜 미디어마다 무엇이 예의 바른 행동이고 무엇이 무례한 행동

인지를 구분하는 암묵적인 규칙이 존재한다. 문자메시지도 마찬가지다. 이런 규칙을 유념하고 남들을 배려하자.

- 집단사고groupthink(한 집단의 구성원들이 갈등을 최소화하기 위해 다수의 의견에 무비판적으로 따르는 태도 – 옮긴이)나 벌집형 사고hivemind(한 집단의 구성원들이 지도자의 명령을 수행하거나 공동의 목표를 달성하기 위해 마치 한 개체처럼 생각하고 움직이는 태도 – 옮긴이)에 초연해지자. 만약 아이들이 집단적으로 누군가를 공격하거나 표적으로 삼는 모습을 보면 나서서 말리거나 어른에게 알리거나 신고해야 한다.
- 친구의 비밀이나 개인 정보를 당사자의 허락 없이 공유해서는 절대로 안 된다.
- 다른 사람의 사진이나 영상을 당사자의 허락 없이 찍거나 공유해서는 절대로 안 된다.
- 논쟁과 다툼이 있더라도 서로에게 예의를 갖춰 당사자 간의 문제로 남겨두자.
- 다툼이 있을 때는 온라인이나 문자메시지를 통하지 말고 직접 만나서 해결하자.
- 서브트위팅이나 당사자 모르게 수동 공격적 태도를 드러내는 게시물을 올리는 행위를 해서는 안 된다. 상대방이 언젠가 알게 될 경우 갈등이 불거질 수 있다.
- 게임을 할 때 기선 제압용 막말은 농담 수준에 그쳐야 한다. 인신공격을 하거나 잔인한 말을 해서는 안 된다.
- 누군가 친구를 괴롭히거나 표적으로 삼으면 친구를 도와야 한다.

- 인종, 정체성, 외모를 두고 막말을 해서는 절대로 안 된다.
- 만약 실수를 하거나 잘못을 저질렀을 때는 책임을 지고 사과해야 한다.

10. 건전한 연애와 디지털 데이트를 격려하자

10대들은 서로 끊임없이 연락을 주고받으며 빠르게 친밀감을 형성하는데, 그 결과 적정선이 어디까지인지를 두고 문제가 생기는 경우가 있다. 연애를 하는 관계에서는 어느 정도 수준으로 연락하는 것이 두 사람 모두에게 편안한지 논의하는 것이 매우 중요하다. 매일 연락해야 하는가, 아니면 1~2시간마다 연락해야 하는가? 나는 배려 차원에서 하는 행동이 상대방 입장에서는 방해가 될 수 있다.

건전한 관계를 유지하기 위해서는 솔직한 대화가 필요하다. 서로에게 존중해줄 점은 무엇인지, 어느 정도까지가 적정선인지, 서로에게 허락을 구해야 할 점에는 무엇이 있는지 등에 관한 합의가 처음부터 이뤄져야 한다. 부모로서 우리는 10대 자녀에게 남녀 상관없이 누구도 당사자의 동의 없이 신체적 자율권body autonomy을 침해할 수 없다는 사실을 거듭 강조해야 한다. 연인 관계에서 동의를 구한다는 것은 단순히 신체적·성적 접촉에 국한되지 않는다. 언어 표현, 한계, 의사소통 문제에도 똑같이 적용된다. 사진을 찍거나 공유하는 것 역시 동의가 이뤄져야 하는 문제다. 특히 섹스팅으로 여겨질 수 있는 사진의 경우에는 더욱 그렇다.

11. 아이들에게 정보를 제공해주자

아이들이 약물, 알코올, 섹스에 관한 질문이 생겼을 때 가장 먼저 찾는 곳이 인터넷이라는 사실을 뒷받침하는 연구 결과는 차고 넘친다. 이런 자연스러운 행동이 아이들을 위험에 노출할 수 있다. 예를 들어 아이들은 처방약의 잠재적 부작용을 포함한 약물과 알코올에 관한 궁금증을 해결하기 위해 구글 검색을 하는 경우가 많다. 이때 접하게 되는 것은 전문성이 없거나 정보의 정확성을 판단할 능력이 없는 사람들이 인터넷 게시판에 올린 신빙성 없는 정보일 것이다. 이는 매우 위험한 결과를 야기할 수 있다.

LGBTQ 아이들의 경우 자신에게 새롭게 발현하는 정체성과 성 건강 문제에 관한 의문을 해소하기 위해 인터넷을 찾아보는 것은 매우 타당한 선택이다. 그들에게 절실히 필요한 친구와 역할 모델, 커뮤니티를 찾을 기회를 제공하기 때문이다. 하지만 안타깝게도 이런 아이들은 온라인에서 괴롭힘이나 왕따를 당하거나 성적 요구를 받을 가능성이 높다. 온라인 채팅방에서 성적인 대화를 나누는 아이들은 성적 요구를 받을 수 있는 위험에 자신을 노출하게 된다. 이 같은 행동은 위험인자로 구분된다.

위의 사실을 통해 우리는 이런 문제를 부모에게 숨기려는 아이의 본능을 존중해주면서도 안전하고 정확한 정보를 제공할 필요가 있다는 사실을 깨닫게 된다. 구글 검색보다 안전한 방법은 얼마든지 있다. 관련 서적을 사서 아이가 필요할 때 혼자 꺼내 볼 수 있는 장소에 두는 것도 좋은 방법이다. 또는 부모 외에 믿을 만한 어른을 지정해주는 것도 좋다. 가능하면 부모보다 어리고 아이와 편하게 대화를 주고받을 수 있는 사람이 적당하다. 아이가 스스로 자유롭게 방문해 정보를 얻을 수 있는 웹사이트를 즐겨찾기 해놓는 방법도 있다. 부록 2에 소개된 추천 웹사이트 목록을 참고할 것을 추천한다.

12. 비디오게임에서 교훈을 얻자

비디오게임은 분석적 사고 능력을 키울 수 있는 기회를 제공한다. 게임을 통해 얻을 수 있는 긍정적 효과는 많다. 하지만 그 효과는 모두 부모가 게임에서 뭘 배울 수 있는지 아이에게 시간을 들여 자세히 설명해줄 때 비로소 발휘된다. 따라서 게임으로 긍정적 효과를 얻기 위해서는 부모의 노력이 필요하다. 예를 들어 보상과 반응이 따르는 특정 행동과 기술은 무엇인지, 그 기술을 실생활에 어떻게 적용할 수 있을지 아이들이 생각해보도록 유도할 수 있다.

13. 비판적 사고와 메타인지 능력을 키워주자

메타인지는 기본적으로 자신의 생각에 관해 사고하는 것을 뜻한다. 기술은 우리가 세상을 더욱 깊이 있게 바라보고 우리 주변의 모든 일들이 어떻게 돌아가는지 분석하고 이해할 수 있는 많은 기회를 제공한다. 이런 능력이 막 발현되는 때가 바로 인지적 사고를 담당하는 뇌 영역이 깨어나는 10대 시기다. 이 시기에 비판적 사고를 키워줄 수 있는 대화를 나눈다면 메타인지 능력을 강화하고 전반적인 인지 기능을 향상시키며 지적 호기심을 채워줄 수 있다.

자녀에게 다음과 같은 질문을 하고 생각할 시간을 갖게 해보자.

- 비디오게임을 구입할 때: 두 가지 게임 중 한 게임이 더 비싸지만 더 재밌을 것 같다면 어떻게 할까? 두 가지 게임을 비교해본 결과 각각의 게임을 하는 데 얼마나 시간을 투자할 것 같니? 그렇게 생각했을 때 어느 게임을 선택하는 것이 더 가치가 있을까?
- 인스타그램을 할 때: 반에서 '좋아요'와 댓글 수가 가장 많은 아이는 누구니? 그 아이는 주로 어떤 사진을 올리니? 그 아이의 팔로워가 가장 많아서 보는 사람이 많기 때문에 그런 걸까? 그 아이는 자신을 팔로우하는 사람들이 누군지 다 알고 있니? 그 아이는 다른 사람들에게 자신의 사진에 '좋아요'를 누르고 댓글을 달아달라고 하니? 만약 그렇다면 그것이 '좋아요'를 얻기 위한 효과적인 방법일까?
- 시간 활용과 취사선택의 문제: 하루에 스마트폰이나 기기를 사용하는 시간이 얼마나 될까? 온라인 활동을 위해 타협하는 부분이 있다면 무엇일까? 인터넷이나 소셜 미디어를 둘러보거나 게임을 하는 대신 포기하는 것은 무엇일까?
- 사회적 규범: 네가 지금 보고 있는 사진에서 친구들은 파티를 즐기고 있는 것 같구나. 네 친구들 모두 모인 걸까? 아니면 스냅챗에 올라온 사진에 보이는 일부만 모인 걸까? 이 사진들 때문에 누군가가 문제에 휘말릴 가능성은 없을까? 만약 이것이 이상하다는 생각이 든다면 그들의 스냅챗 스토리는 그만 들여다봐야 하지 않을까?

14. 사회 비교의 원리를 설명해주자

소셜 미디어는 마치 현실을 왜곡해서 보여주는 요술거울과 같다. 사회 비교는 우울증과 행복감 감소 등 소셜 미디어와 관련된 부작용을 일으키는 중요한 변수다. 사회 비교에 따른 부정적 영향을 막기 위한 가장 좋은 방법은 그것을 인식하는 것이다. 아이들은 소셜 미디어에 현실과 왜곡된 현실이 섞여 있다는 점을 알아야 한다. 아이들이 이를 이해하고 그들이 소셜 미디어에서 보는 것을 이런 맥락에서 이해하도록 도와주자.

사회 비교의 원리도 자세히 설명해주자. 남들과 비교해 내가 낫다고 생각하면 기분이 좋지만 내가 남들보다 못하다고 생각할 때는 기분이 나빠진다는 사실을 이해하게 해주자. 인스타그램이나 스냅챗에서 보는 사진과 실제 모습을 비교해보고 무엇이 진짜인지 아이가 스스로 확인해보게 하자. 소셜 미디어를 최고의 순간만을 편집해 보여주는 영화 예고편에 비유해서 설명해보자. 남들과 비교하거나 남들의 인정을 받기 위한 용도로 소셜 미디어를 사용하는 사람이 아닌 유머, 예술, 영화, 음악, 짤, 아이디어 등 자신이 좋아하는 것을 공유하는 사람들에게 관심을 집중하도록 유도하자. 온라인에서 자신의 본모습을 자신감 있게 드러내는 사람들을 찾아보자.

오리 증후군 Duck Syndrome

대학생들의 잇따른 자살 이후 스탠포드 대학교 연구진들은 오리 증후군이라는 용어를 만들어냈다. 오리는 수면을 미끄러지듯 부드럽게 가로지르며 잔물결만을 남긴 채 아무런 힘도 들이지 않고 앞으로 나아가는 것처럼 보인다. 그러나 그동안 우리 눈에 보이지 않는 물속에서는 오리의 발이 격렬하게 움직인다. 대학교에 입학한 신입생들도 이와 비슷하다. 또래들의 눈에 비친 그들의 모습은 여유롭지만 사실 그들은 새로운 생활에 적응하고 남들에게 뒤처지지 않으려고 부단히 애를 쓰고 있다.

오리 증후군은 왜 그렇게 많은 사람이 소셜 미디어에 집착하는지를 설명하는 좋은 비유다. 소셜 미디어는 우리의 불완전함과 힘든 삶을 헤쳐나가기 위한 치열한 노력을 숨길 수 있는 예쁘고 잘 가꿔진 연못이라고 할 수 있다. 따라서 소셜 미디어에 나타난 모습만 보면 나를 제외한 남들은 훨씬 더 수월하고 편안한 삶을 살고 있으며 모두가 유유히 앞으로 나아가는 동안 나만 혼자 뒤에서 힘겹게 발버둥 치고 있다는 생각이 점점 더 강해진다. 이런 생각은 청년들의 정신 건강과 행복감에 부정적인 영향을 끼친다. 자신의 이상화된 이미지를 소셜 미디어에 드러내는 사람들은 현실과 온라인상의 완벽에 가까운 이미지에 대한 기대 사이의 괴리감으로 고통을 겪는다.

남들보다 뒤떨어진다는 생각에 고통 받는 사람들도 있다. 정신 건강 문제를 앓고 있는 아동들을 돕는 비영리단체 아동심리연구소 Child Mind Institute 웹사이트에 실린 기사에서 질 에마누엘레 Jill Emanuele 박사는 이렇게 말했다. "아이들은 자신의 삶이라는 렌즈를 통해 소셜 미디어를 바라봅니다. 상황 판단에 어려움을 겪거나 자존감이 낮은 아이들의 경우 소셜 미디어에서 또래들의 즐거운 모습을 볼 때 자신이 친구들에 비해 못하다는 생각을 하는 경향이 있습니다."[2]

오리 신드롬의 영향을 받지 않기 위한 최선의 방법은 아이에게 이 개념을 설명해주고 항상 머릿속에 떠올리게 하는 것이다. 소셜 미디어를 볼 때 일정 거리를 두고 볼 수 있도록 생각의 틀을 마련해주고 인스타그램 피드는 중요한 요소(필사적으로 물 위에 떠 있기 위해 미친 듯이 앞뒤로 움직이는 물갈퀴가 달린 뭉툭한 발)가 배제된 겉모습(수면을 미끄러지듯 가로지르는 모습)일 뿐이라는 것을 기억하게 해주자.

---

15. 현실적인 온라인 위험 요소를 알아두자

우리는 자녀들에게 온라인 포식자가 어떤 방식으로 접근해 관계를 돈독히 하고 신뢰를 얻는지 그리고 그들이 피해자에게 접근하기 쉬운 장소는 어디인지 인식하도록 가르쳐야 한다. 또한 실생활에서 아이들이 아는 사람들이나 친구들로 인해 온라인에서 위험을 겪을 수도 있다는 사실을 주지시켜야 한다. 자녀들에게 협상 기술을 알려주고, 또래들이 위험한 상황으로 끌어들이려고 하는 경우 안 된다고 말할 수 있도록 대본을 마련해 연습해두는 것은 매우 중요하다. 아이와 상의해 무서운 상황에 처했을 때 어떤 행동을 취해야 할지 미리 계획을 세워두는 것 역시 중요하다. 우리는 아이들이 왕따나 괴롭힘, 학대로 인한 고통을 혼자 감내하는 것보다 믿을 만한 어른에게 이야기하는 것이 최선이라는 사실을 알게 해줘야 한다.

로라 패럿 페리는 이런 말을 했다. "부모들과 위험에 관한 대화를 하면 그들은 낯선 사람의 위험성을 이야기하고 싶어 합니다. 하지만 실제로 아동 성 학대 사건의 93%는 가해자가 피해 아동과 이미 알던 사이인 것으로 나타났어요. 물론 아이들이 포식자와 만날 위험성은 분명히 존재합니다. 하지만 확률은 상대적으로 낮아요. 실제로 아이들에게 닥치는 위험은 아이들에게 경계하라고 말하기 쉽지 않은 주변 사람인 경우가 압도적으로 많습니다. 자녀에게 위험 상황을 이야기하고 안전한 선택을 가르치는 것만큼 위험이 실제로 어디서 오는지 알려주는 것도 중요합니다."

온라인에서 안 좋은 일 또는 무서운 일이 벌어졌을 때 아이들은 화나고 무섭고 부끄러운 감정 때문에 최선의 선택을 하거나 올바른 판단을 하기 힘들어진다. 가족들이 모여 아이들이 온라인에서 저지를 수 있는 실수에는 어떤 것이 있는지 이야기를 나눠보고 실수를 저질렀을 때 어떻게 대처해야 할지 방법을 논의해보자. 부모들은 또한 힘든 상황이 생겼을 때 엄청난 스트레스를 최소화할 수 있도록 빠른 시일 내에 처리할 수 있는 일반적인 대책을 세워둬야 한다. 온라인에서 왕따 사건이 일어나거나 1대 1로 부적절한 행위가 있었을 때 취할 수 있는 일반적인 절차는 다음과 같다.

1 아이가 괜찮은지 확인하고 도움이나 지원이 필요한지 살핀다.
2 모든 내용을 기록으로 남긴다.
3 웹사이트 관리자나 소셜 미디어 플랫폼에 사건을 신고한다.
4 다른 가족 구성원에게 연락한다. 만약 그래도 일이 해결되지 않거나 연락하기를 원치 않는다면 다음 단계로 넘어가자.

5 학교에 알려야 하는 사안이라면 학교에 연락한다.

6 그래도 해결되지 않는다면 경찰에 신고한다.

하지만 명백한 범죄가 일어났거나 범죄가 일어날 가능성이 있다면 바로 경찰에 신고한다.

아이가 부모와 정한 규칙을 어겨서 이런 문제가 발생했을 경우 앞에서 설명한 음주와 운전에 관한 규칙을 참고하자.

16. 개인 정보 보호와 안전을 최우선순위에 두자

부모와 아이 들이 안전을 지키기 위해 할 수 있는 일은 여러 가지가 있다. 이때 우리는 자녀가 스스로 방어선을 구축해 자신을 지킬 수 있도록 힘을 실어주는 것을 목표로 삼아야 한다. 다음에 소개하는 개인 정보와 안전을 지키기 위한 핵심 예방 수칙을 고려해보길 바란다.

- 자녀가 소유한 모든 계정의 아이디와 비밀번호를 알아둬야 한다.
- 자녀가 학교에 휴대폰을 가져갈 때는 휴대폰 잠금 설정을 해둬야 한다.
- 무슨 일이 있더라도 친구들과 계정 비밀번호를 공유해서는 안 된다는 것을 자녀가 분명히 깨닫게 해야 한다.
- 온라인에서 다른 사람에게 개인 정보(실명, 생일, 전화번호, 주소 등)를 알려주거나 게임, 앱, 웹사이트 등에서 아무리 멋진 물건을 경품으로 내걸더라도 절대로 개인 정보를 함부로 적어서는 안 된다고 주

의를 줘야 한다. 만약 꼭 그래야 한다면 부모에게 먼저 알려야 한다고 이야기하자.

- 소셜 미디어 게시물을 올릴 때 절대로 위치 정보가 삽입되지 않도록 주의를 줘야 한다. 앱을 사용할 때는 위치 정보 서비스를 꺼두는 것이 좋다.
- 소셜 미디어를 통해 어느 학교에 다니는지, 어느 동네에 사는지 밝혀질 수 있다는 사실을 깨닫게 해야 한다.
- 가족이 사는 집이나 자동차를 알아볼 수 있을 만한 사진은 절대로 올려서는 안 된다고 주의를 줘야 한다.(특히 집 주소나 자동차 번호판.)
- 자신의 소셜 미디어 프로필에 다른 계정을 연동해서는 안 된다는 것을 알려줘야 한다. 소셜 미디어 계정 자체는 비공개인 경우에도 프로필 정보는 대부분 공개되기 때문이다.
- 현실에서 아는 사람이 아니라면 팔로우나 친구 요청을 받아들여서는 안 된다고 알려줘야 한다.
- 현실에서 아는 사람이 아니면 무슨 일이 있어도 1대 1로 채팅을 하거나 다이렉트 메시지를 보내서는 안 된다고 알려줘야 한다.

17. 휴대폰과 SNS 대신 아이에게 집중하자

마지막으로 아이들의 휴대폰과 소셜 미디어 계정이 아닌 내 옆의 아이들에게 주의를 돌려보자. 청소년들을 대상으로 기술이 자신의 삶에 미치는 영향에 관해 질문한 대부분의 조사 결과를 보면 이들은 비슷하게 응답했다. 좋기만 한 것도 나쁘기만 한 것도 아닌 둘 다라는 것이다. 부모로서 우리는 이 점을 잘 알고 있어야 한다. 만약 우리가 소셜 미디어를 긍정적인 쪽으로도 부정적인 쪽으로도 기울어질 수 있는 시소라고 생각한다면, 자녀를 위해 할 수 있는 가장 중요한 일은 아이들이 어디까지가 발을 디뎌도 되는 곳인지 경계를 인식하고 책임을 지도록 돕는 것이다.

기술은 그리 만만한 상대가 아니다. 집중을 방해해 우리를 끌어들이고 몰입하게 만들며 우리를 계속 붙잡아두고 충동적으로 사용하도록 부추긴다. 심지어 기기 사용에서 진정한 기쁨이나 가치를 느끼지 못할 때도 그것을 손에서 놓지 못한다. 그러나 우리는 스마트폰보다 더 똑똑하다. 특히 가정을 행복하고 건강하게 지키려는 욕구가 솟을 때는 더욱 현명해진다.

온라인에서 내리는 결정에 신중을 기하고 건강한 습관을 배양한다면 기술이 우리의 행복에 미치는 부정적 영향을 줄이는 데 큰 도움이 될 것이다. 인터넷을 둘러보는 동안 행복하거나 질투심이 들거나 시간을 낭비하고 있는 자기 자신에게 화가 날 때가 있다면 어느 순간인가? 부정적인 쪽으로 시소가 기울기 시작한다는 것을 알아챌 수 있는 방법에는 무엇이 있을까? 부정적 감정에서 우리 자신을 지키기 위해 어떤 행동을 취할 수 있을까? 아나 호마윤**Ana Homayoun**은 아이들에게 자신의 디지털 미디어 습관을 기록하고 어떤 활동을 할 때 기운이 넘치고 긍정적인 기분을 느끼는지 또는 기운이 빠지고 지치는지 써보게 했다.

아이들이 자신들의 온라인 활동을 책임지게 하는 것은 매우 중요하다. 이제 기술은 우리 생활에서 빼놓을 수 없다. 사실 우리가 사회생

활을 하고 업무를 하는 데 기술 활용을 통해 얻을 수 있는 혜택은 분명히 존재한다. 시간이 갈수록 우리 아이들이 변하고 성숙해지는 만큼 기술도 진보할 것이다. 그들의 삶에서 온라인, 오프라인을 통틀어 가장 소중한 자산으로 남을 수 있는 것은 자기 자신을 보호하는 능력이다. 게임이나 소셜 미디어로 인해 기분이 우울해질 때, 공격적인 문자메시지나 이메일을 받았을 때, 기기 사용을 통제할 수 없다고 느낄 때, 아이들에게는 자신의 느낌을 믿고 한 걸음 뒤로 물러설 수 있는 자신감이 필요하다. 우리는 아이들이 이런 상황을 파악하고 관리할 수 있도록 가르칠 필요가 있으며, 그 과정에서 아이들에게 필요한 수단을 제공하는 것은 물론 용기를 북돋워줘야 한다. 아이들은 점점 성장해 어른이 되고 결국 우리 곁을 떠나게 된다. 그들이 삶에서 겪을 수 있는 모든 시련들을 잘 헤쳐나갈 수 있는 능력을 키우도록 최대한 가르치는 것이 우리의 임무다. 양육에서 가장 힘들고 또 가장 중요한 부분은 아이에 대한 보호와 보살핌 사이에서 균형을 유지하고 아이가 스스로를 보호하고 보살필 수 있도록 가르치는 것이다.

감사의 글

제일 먼저 감사의 말을 전하고 싶은 사람들은 2009년부터 꾸준히 나와 '마미랜드' 블로그를 지지해준 온라인 가족들이다. 이들의 우정과 격려는 내 삶을 변화시켰고 나를 더 나은 사람으로 만들었으며 내게 용기를 북돋워줬다. 감사한 마음을 말로 다 표현할 수 없을 정도다. 특히 이 책을 위해 기꺼이 사연을 공유해준 모든 분에게 진심으로 감사드린다.

내 친구 크리스틴 윌슨 케플러가 없었다면 이 모든 일은 일어나지 않았을 것이다. 크리스틴은 처음으로 우리가 블로그에 글을 남겨야 한다고 말한 사람이다. 누군가 읽고 싶어 하는 글을 쓸 자신이 없던 나를 나 자신보다도 더 믿어줬다. 그리고 '마미랜드'의 발전에 큰 힘을 보탠 클레어 고스에게도 애정과 감사의 마음을 전한다.

가족과 친구들에게도 고마운 마음을 전하고 싶다. 단 한순간도 흔들리지 않고 꾸준한 사랑과 지지를 보내준 어머니 제인 웨스비, 내가 가장 사랑하는 내 동생 소피, 이 책을 완성할 수 있을까 의문이 들고 지쳐 있는 내게 힘이 되어주고 내 아이들을 자기 자식처럼 돌봐주고 더 나은 엄마의 모습이 무엇인지 늘 보여준 것은 물론 내가 작가로서 재능이 없다는 것이 들통나도 여전히 내 친구로 남을 거라고 약속해 준 내 주변 엄마들 모두에게 고맙다는 말을 하고 싶다.

카라 키니 카트라이트의 격려 덕분에 내 아이디어가 책으로 이어

지게 됐다. 그는 매 단계마다 긍정적인 태도로 힘이 되어주었고 내가 그만두고 싶을 때마다 나를 구슬려 앞으로 나아가게 해준 이 세상에서 가장 신뢰할 만한 친구다. 이 책을 위해 인터뷰에 응해준 메건 설리번과 새미 니콜스를 비롯해 익명으로 남길 바란 모든 청소년에게 진심으로 고맙다는 말을 하고 싶다.

내게 기꺼이 시간을 내주고 지식을 얻게 해준 모든 전문가에게도 감사의 말을 전한다. 제시카 레히, 클리포드 서스만 박사, 줄리 리스콧 하임스, 제시카 맥케이브, 진 트웬지 박사, 래리 로젠 박사, 아나 호마윤, 글렌 도일, 엘리자 해럴, 로라 패럿 페리 외 모든 분에게 감사드린다.

출판 에이전시인 스톤송과 접촉하게 해 레일라 캄폴리와 일할 수 있는 기회를 만들어준 사라 블리스에게도 고맙다는 말을 하고 싶다. 그리고 아낌없이 지원해준 레일라에게 감사의 말을 전한다. 이 책을 쓰면서 함께 일할 수 있는 기회를 준 편집자 조아나 응에게도 감사한다. 또한 타처페리지TarcherPerigee의 훌륭한 팀의 도움에도 고맙다는 말을 하고 싶다.

남편 매트에게도 고마움을 전한다. 남편의 애정과 지원이 없었다면 내 삶의 그 어떤 것도 가능하지 않았을 것이다.

마지막으로 우리 아이들의 온라인 및 오프라인 안전을 위해 최전선에서 애쓰는 경찰과 국립실종학대아동센터의 모든 직원, 교사, 공무원, 아동보호 전문가 들에게 진심으로 깊이 감사드린다.

프롤로그

1 "Risk & Protective Factors," U.S. Department of Health and Human Services, 2001, https://youth.gov/youth-topics/juvenile-justice/risk-and-protective-factors#_ftn1. (Accessed December 14, 2017.)

2 "Changes in Men's and Women's Labor Force Participation Rates," U.S. Department of Labor, Bureau of Labor Statistics, TED: The Economics Daily, January 10, 2007; https://www.bls.gov/opub/ted/2007/jan/wk2/art03.htm. (Accessed December 13, 2017.)

3 W. Bradford Wilcox, "The Evolution of Divorce," *National Affairs*; https://www.nationalaffairs.com/publications/detail/the-evolution-of-divorce.

4 Julie Lythcott-Haims, *How to Raise an Adult: Break Free of the Overparenting Trap and Prepare Your Kid for Success* (New York: Henry Holt and Company, 2015).

5 Lynne Grifin, "Lessons from the New Science of Adolescence," *Psychology Today*, September 8, 2014; https://www.psychologytoday.com/us/blog/field-guide-families/201409/lessons-the-new-science-adolescence.

6 Chatterjee, R. "Americans Are a Lonely Lot, and Young People Bear the Heaviest Burden," NPR, May 2018, https://www.npr.org/sections/health-shots/2018/05/01/606588504/americans-are-a-lonely-lot-and-young-people-bear-the-heaviest-burden.

7 "Global Apple iPhone Sales from 3rd Quarter 2007 to 4th Quarter 2018," Statistica; https://www.statista.com/statistics/263401/global-apple-iphone-sales-since-3rd-quarter-2007/. (Accessed December 13, 2017.)

8 "Smartphone Penetration Rate as Share of the Population in the United States from 2010 to 2021," Statistica; https://www.statista.com/statistics/201183/forecast-of-smartphone-penetration-in-the-us/. (Accessed December 13, 2017.)

9 Horace Dediu, "When Will the US Reach Smartphone Saturation?" ASYMCO, October 7, 2013; http://www.asymco.com/2013/10/07/when-will-the-us-reach-smartphone-saturation/. (Accessed December 13, 2017.)

10 Brian X. Chen, "What's the Right Age for a Child to Get a Smartphone?" *New York Times*, July 20, 2016; https://www.nytimes.com/2016/07/21/technology/personaltech/whats-the-right-age-to-give-a-child-a-smartphone.html. (Accessed December 13, 2017.)

11 Jingjing Jiang, "How Teens and Parents Navigate Screen Time and Device Distractions," Pew Research Center, August 22, 2018; http://www.pewinternet.org/2018/08/22/how-teens-and-parents-navigate-screen-time-and-device-distractions.

12 Susan Davis, "Addicted to Your Smartphone? Here's What to Do," WebMD; https://www.webmd.com/balance/guide/addicted-your-smartphone-what-to-do#1.

13 Casey Schwartz, "Finding It Hard to Focus? Maybe It's Not Your Fault," *New York Times*, August 14, 2018; https://www.nytimes.com/2018/08/14/style/how-can-i-focus-better.html.

14 Adolescent Brain Cognitive Development Study (website); https://abcdstudy.org/index.html.

15 Drew P. Cingel and Marina Krcmar, "Understanding the Experience of Imaginary Audience in a Social Media Environment: Implications for Adolescent Development," *Journal of Media Psychology: Theories, Methods, and Applications* 26.4 (January 2014): 155–60.

1장

1 Amy Alberts, David Elkind, and Stephen Ginsberg, "The Personal Fable and Risk-Taking in Early Adolescence," *Journal of Youth and Adolescence* 36.1 (January 2007): 71–76.

2 Mariam Arain, Maliha Haque, Lina Johal, et al., "Maturation of the Adolescent Brain,"*Neuropsychiatric Disease and Treatment* 9 (April 3, 2013): 449–61; https://www.ncbi.nlm.nih.gov/pmc/articles/PMC3621648/.

3 David Elkind, "Egocentrism in Adolescence," *Child Development* 38.4 (December 1967): 1025–34.

4 Michael Bernstein, Eytan Bakshy, Moira Burke, and Brian Karrer, "Quantifying the Invisible Audience in Social Networks," Facebook Research, April 27, 2013; https://research.fb.com/publications/quantifying-the-invisible-audience-in-social-networks/.

5 Cingel and Krcmar, "Understanding the Experience of Imaginary Audience," 155–60.

6 Drew P. Cingel, Marina Krcmar, Megan K. Olsen, "Exploring Predictors and Consequences of Personal Fable Ideation on Facebook," *Computers in Human Behavior* 48 (July 2015): 28–35.

7 Farhad Manjoo, "Facebook's Bias Is Built-In, and Bears Watching," *New York Times*, May 11, 2016; www.nytimes.com/2016/05/12/technology/facebooks-bias-is-built-in-and-bears-watching.html.

8 Catalina L. Toma and Jeffrey T. Hancock, "Self-Afirmation Underlies Facebook Use," *Personality & Social Psychology Bulletin* 39.3 (January 2013): 321–31.

9 Cingel, "Exploring Predictors," 28–35.

10 Monica Anderson, "Parents, Teens and Digital Monitoring," Pew Research Center, January 7, 2016; http://www.pewinternet.org/2016/01/07/parents-

teens-and-digital-monitoring/. (Accessed August 21, 2017.)

2장

1 Jane E. Brody, "Hard Lesson in Sleep for Teenagers," *New York Times*, October 20, 2014; https://well.blogs.nytimes.com/2014/10/20/sleep-for-teenagers/. (Accessed December 14, 2017.)

2 Emily Weinstein, "The Social Media See-Saw: Positive and Negative Influences on Adolescents' Affective Well-Being," *New Media & Society* 20.10 (February 2018): 3597-623; https://doi.org/10.1177/1461444818755634.

3 Andrew K. Przybylski, Kou Murayama, Cody R. DeHaan, and Valerie Gladwell, "Motivational, Emotional, and Behavioral Correlates of Fear of Missing Out," *Computers in Human Behavior* 29.4 (2013): 1841-48.

4 Melissa G. Hunt, Bachel Marx, Courtney Lipson, and Jordyn Young, "No More FOMO: Limiting Social Media Decreases Loneliness and Depression," *Journal of Social and Clinical Psychology* 37.10 (2018): 751-768.

5 Dong Liu and Roy F. Baumeister, "Social Networking Online and Personality of Self-Worth: A Meta-Analysis," *Journal of Research in Personality* 64 (October 2016): 79-89.

6 Ibid.

7 Ibid.

8 Roy F. Baumeister, Jennifer D. Campbell, Joachim I. Krueger, and Kathleen D. Vohs, "Does High Self-Esteem Cause Better Performance, Interpersonal Success, Happiness, or Healthier Lifestyles?" *Psychological Science in the Public Interest* 4.1 (May 1, 2003): 1-44.

9 Will Storr, "The Man Who Destroyed America's Ego," *Matter* (blog), Medium.com, https://medium.com/matter/the-man-who-destroyed-americas-ego-94d214257b5. (Accessed December 14, 2017.)

10 Charles M. Blow, "The Self(ie) Generation," *New York Times*, March 7, 2014; https://www.nytimes.com/2014/03/08/opinion/blow-the-self-ie-generation.html.

11 Jean M. Twenge and W. Keith Campbell, *The Narcissism Epidemic: Living in the Age of Entitlement* (New York: Atria Books, 2013), 31.

12 G. Kedia, T. Mussweiler, and D. E. Linden, "Brain Mechanisms of Social Comparison and Their Influence on the Reward System," *Neuroreport* 25.16 (November 12, 2014): 1255–65.

13 Ibid.

14 Gemma L. Tatangelo and Lina A. Ricciardelli, "Children's Body Image and Social Comparisons with Peers and the Media," *Journal of Health Psychology* 22.6 (2017): 776–87; https://doi.org/10.1177/1359105315615409.

15 Ibid.

16 Selfie Trend Increases Demand of Facial Plastic Surgery," American Academy of Facial Plastic and Reconstructive Surgery, March 11, 2014; https://www.aafprs.org/media/press_release/20140311.html. (Accessed December 14, 2017.)

17 L. M. Hopper, S. P. Lambeth, S. J. Schapiro, and S. F. Brosnan, "Social Comparison Mediates Chimpanzees' Responses to Loss, Not Frustration," *Animal Cognition* 17.6 (November 2014): 1303–11.

18 Emma Young, "Are You Turning Your Child into a Self-Loving Narcissist?" *New Scientist*, July 6, 2016; https://www.newscientist.com/article/2096103-are-you-turning-your-child-into-a-self-loving-narcissist/. (Accessed December14,2017.)

3장

1 Amanda Lenhart, "Teens, Technology and Friendships," Pew Research

Center, August 6, 2015; http://www.pewinternet.org/2015/08/06/teens-technology-and-friendships/. (Accessed September 16, 2017.)

2 Jean M. Twenge, *iGen: Why Today's Super-Connected Kids Are Growing Up Less Rebellious, More Tolerant, Less Happy—and Completely Unprepared for Adulthood—and What That Means for the Rest of Us* (New York: Atria Books, 2017), 75.

3 Monica Anderson and Jingjing Jiang, "Teens' Social Media Habits and Experiences," Pew Research Center, November 28, 2018.

4 Cecilie Schou Andreassen, Ståle Pallesen, and Mark D. Grifiths, "The Relationship Between Addictive Use of Social Media, 4. Narcissism, and Self-Esteem: Findings from a Large National Survey," *Addictive Behaviors* 64 (January 2017): 287–93.

5 Elias Aboujaoude, M. W. Savage, V. Starcevic, and W. O. Salame, "Cyberbullying: Review of an Old Problem Gone Viral," *Journal of Adolescent Health* 57.1 (July 2015): 10–18.

6 Melikşah Demır and Lesley A. Weitekamp, "I Am So Happy 'Cause Today I Found My Friend: Friendship and Personality as Predictors of Happiness," *Journal of Happiness Studies* 8.2 (June 2007): 181–211.

7 Sherry Turkle, *Reclaiming Conversation: The Power of Talk in a Digital Age* (New York: Penguin, 2015), 13. 『대화를 잃어버린 사람들: 온라인 시대에 혁신적 마인드를 기르는 대화의 힘』, 황소연 옮김, 민음사, 2018.

8 Anderson, "Teens' Social Media Habits and Experiences."

9 "Social Media, Social Life: How Teens View Their Digital Lives," Common Sense Media Research Study, June 26, 2012; https://www.commonsensemedia.org/research/social-media-social-life-how-teens-view-their-digital-lives. (Accessed September 16, 2017.)

4장

1 Monica Anderson, "Teen Voices: Dating in the Digital Age," Pew Research Center, October 1, 2015; http://www.pewinternet.org/online-romance/. (Accessed December 10, 2017.)

2 Ibid.

3 Ibid.

4 J. M. van Oosten, J. Peter, and I. Boot, "Exploring Associations Between Exposure to Sexy Online Self-Presentations and Adolescents' Sexual Attitudes and Behavior," *Journal of Youth and Adolescence* 44.5 (May 2015): 1078–91.

5 Kimberly J. Mitchell, David Finkelhor, Lisa M. Jones, and Janis Wolak, "Prevalence and Characteristics of Youth Sexting: A National Study," *Pediatrics* 129.1 (January 2012): 13–20.

6 Janis Wolak, Kimberly J. Mitchell, and David Finkelhor, "Internet Sex Crimes Against Minors: The Response of Law Enforcement," Crimes Against Children Research Center, University of New Hampshire, November 2003.

7 L. F. O'Sullivan, "Linking Online Sexual Activities to Health Outcomes Among Teens," *New Directions for Child and Adolescent Development* 144 (Summer 2014): 37–51.

8 Suzan M. Doornwaard, Regina J. M. van den Eijnden, Geertjan Overbeek, and Tom F.M. ter Bogt, "Differential Developmental Profiles of Adolescents Using Sexually Explicit Internet Material," *Journal of Sex Research* 52.3 (2015): 269–81.

9 Suzan M. Doornwaard, Tom F. M. ter Bogt, Ellen Reitz, and Regina J. M. van den Eijnden, "Sex-Related Online Behaviors, Perceived Peer Norms and Adolescents' Experience with Sexual Behavior: Testing an Integra-

tive Model," *PLOS One* 10.6 (June 18, 2015), https://doi.org/10.1371/journal.pone.0127787.

10 Kathleen A. Hare, Jacqueline Gahagan, Lois Jackson, and Audrey Steenbeek, "Revisualising 'Porn': How Young Adults' Consumption of Sexually Explicit Internet Movies Can Inform Approaches to Canadian Sexual Health Promotion," *Culture, Health & Sexuality* 17.3 (2015): 269–83.

5장

1 "Essential Facts About the Computer and Video Game Industry: 2017 Sales, Demographic, and Usage Data," Entertainment Software Association, 2017.

2 Maeve Duggan, "Gaming and Gamers," Pew Research Center, December 15, 2015; http://www.pewinternet.org/2015/12/15/gaming-and-gamers/.

3 "Essential Facts About the Computer and Video Game Industry," ESA.

4 Bruce D. Homer, Elizabeth O. Hayward, Jonathan Frye, and Jan L. Plass, "Gender and Player Characteristics in Video Game Play of Preadolescents," *Computers in Human Behavior* 28.5 (September 2012): 1782–89.

5 S. M. Coyne, L. M. Padilla-Walker, L. Stockdale, and R. D. Day, "Game On . . . Girls: Associations Between Co-Playing Video Games and Adolescent Behavioral and Family Outcomes," *Journal of Adolescent Health* 49.2 (August 2011), 160–65.

6 Patrick M. Markey and Christopher J. Ferguson, *Moral Combat: Why the War on Violent Video Games Is Wrong* (Dallas: BenBella Books, 2017).

7 C. J. Ferguson, "Do Angry Birds Make for Angry Children? A Meta-Analysis of Video Game Influences on Children's and Adolescents' Aggression, Mental Health, Prosocial Behavior, and Academic Performance," *Perspectives on Psychological Science* 10.5 (September 2015): 646–66.

8 C. J. Ferguson, B. Trigani, S. Pilato, S. Miller, K. Foley, and H. Barr, "Violent Video Games Don't Increase Hostility in Teens, but They Do Stress Girls Out," *Psychiatric Quarterly* 87.1 (March 2016): 49–56.

9 M. M. Spada, "An Overview of Problematic Internet Use," *Addictive Behaviors* 39.1 (January 2014): 3–6.

10 P. J. Adachi and T. Willoughby, "Does Playing Sports Video Games Predict Increased Involvement in Real-Life Sports over Several Years Among Older Adolescents and Emerging Adults?" *Journal of Youth and Adolescence* 45.2 (February 2016): 391–401.

11 L. J. Smith, M. Gradisar, D. L. King, and M. Short, "Intrinsic and Extrinsic Predictors of Video-Gaming Behaviour and Adolescent Bedtimes: The Relationship Between Flow States, Self-Perceived Risk-Taking, Device Accessibility, Parental Regulation of Media and Bedtime," *Sleep Medicine* 30 (February 2017): 64–70.

12 L. J. Smith, M. Gradisar, and D. L. King, "Parental Influences on Adolescent Video Game Play: A Study of Accessibility, Rules, Limit Setting, Monitoring, and Cybersafety,"*Cyberpsychology, Behavior, and Social Networking* 18.5 (May 2015): 273–79.

6장

1 Alberts, "The Personal Fable and Risk-Taking in Early Adolescence."

2 Laurence Steinberg, *Age of Opportunity: Lessons from the New Science of Adolescence* (New York: Mariner Books, 2015).

3 D. Wang, L. Zhu, P. Maguire, Y. Liu, K. Pang, Z. Li, and Y. Hu, "The Influence of Social Comparison and Peer Group Size on Risky Decision-Making," *Frontiers in Psychology* 7, August 17, 2016.

4 Ibid.

5 "The Consequences of Underage Drinking," Substance Abuse and Mental Health Services Administration, https://www.samhsa.gov/underage-drinking/parent-resources/consequences-underage-drinking.

6 C. Cheng and A. Y. Li, "Internet Addiction Prevalence and Quality of (Real) Life: A Meta-Analysis of 31 Nations Across Seven World Regions," *Cyberpsychology, Behavior, and Social Networking* 17.12 (December 2014): 755-60.

7 "Alcohol Facts and Statistics," National Institute on Alcohol Abuse and Alcoholism (website); https://www.niaaa.nih.gov/alcohol-health/overview-alcohol-consumption/alcohol-facts-and-statistics. (Accessed December 14, 2017.)

8 Shea Bennett, "Social Media Addiction: Statistics & Trends [infographic]," *Adweek*, December 30, 2014; http://www.adweek.com/digital/social-media-addiction-stats/. (Accessed December 14, 2017.)

9 "Delayed Gratification: Learning to Pass the Marshmallow Test," Positive Psychology Program, November 29, 2016, https://positivepsychologyprogram.com/delayed-gratification/. (Accessed December 10, 2017.)

7장

1 "Study: Students More Stressed Now Than During the Depression?" *USA Today*, January 12, 2010; https://usatoday30.usatoday.com/news/education/2010-01-12-students-depression-anxiety_N.htm. (Accessed December 14, 2017.)

2 Catharine Morgan, Roger T. Webb, Matthew J. Carr, et al., "Incidence, Clinical Management, and Mortality Risk Following Self Harm Among Children and Adolescents: Cohort Study in Primary Care," *BMJ* (October 18, 2017): 359, https://doi.org/10.1136/bmj.j4351.

3 Julianna W. Miner, "Why 70 Percent of Kids Quit Sports by Age 13," *Washington Post,* June 1, 2016; https://www.washingtonpost.com/news/parenting/wp/2016 /06/01/why-70-percent-of-kids-quit-sports-by-age-13.

4 "Anxiety and Depression Facts & Statistics," Anxiety and Depression Association of America (website); https://adaa.org/about-adaa/press-room/facts-statistics. (Accessed December 14, 2017.)

5 Nancy A. Cheever, Larry D. Rosen, L. Mark Carrier, and Amber Chavez, "Out of Sight Is Not Out of Mind: The Impact of Restricting Wireless Mobile Device Use on Anxiety Levels Among Low, Moderate and High Users," *Computers in Human Behavior* 37 (August 2014): 290–97.

6 Deborah Richards, Patricia H. Y. Caldwell, and Henry Go, "Impact of Social Media on the Health of Children and Young People," *Journal of Paediatrics and Child Health* 51.12 (December 2015): 1152–57.

7 In this study, being popular was determined by having all the kids in a given grade rank one another's names. So this was an external measure of social connectedness, not one based on a person's perception of their own connectedness to friends and classmates. J. Nesi and M. J. Prinstein, "Using Social Media for Social Comparison and Feedback-Seeking: Gender and Popularity Moderate Associations with Depressive Symptoms," *Journal of Abnormal Child Psychology* 43.8 (November 2015): 1427–38.

8 Liu Yi Lin, Jaime E. Sidani, Ariel Shensa, et al., "Association Between Social Media Use and Depression Among U.S. Young Adults," *Depression and Anxiety* 33.4 (April 2016): 323–31.

9 Hunt, "No More FOMO: Limiting Social Media Decreases Loneliness and Depression."

10 Patrick W. O'Carroll and Lloyd B. Potter, "Suicide Contagion and the Reporting of Suicide: Recommendations from a National Workshop," Morbid-

ity and Mortality Weekly Report: Recommendations and Reports, Centers for Disease Control and Prevention, April 22, 1994, 9–18.

11 Josh Constine, "Facebook Acquires Anonymous Teen Compliment App tbh, Will Let It Run," *TechCrunch*, October 16, 2017; https://techcrunch.com/2017/10/16/facebook-acquires-anonymous-teen-compliment-app-tbh-will-let-it-run/. (Accessed December 14, 2017.)

12 "Attention-Deficit/Hyperactivity Disorder (ADHD)," Centers for Disease Control and Prevention, November 13, 2017; https://www.cdc.gov/ncbddd/adhd/data.html. (Accessed December 14, 2017.)

13 Chaelin K. Ra, Junhan Cho, Matthew D. Stone, et al., "Association of Digital Media Use with Subsequent Symptoms of Attention-Deficit/Hyperactivity Disorder Among Adolescents," *JAMA* 320.3 (January 17, 2018): 255–63.

14 M. O. Mazurek and C. Wenstrup, "Television, Video Game and Social Media Use Among Children with ASD and Typically Developing Siblings," *Journal of Autism and Developmental Disorders* 43.6 (June 2013): 1258–71.

8장

1 Trevor Tompson, Jennifer Benz, and Jennifer Agiesta, "The Digital Abuse Study: Experiences of Teens and Young Adults," Associated Press-NORC Center for Public Affairs Research, 2013.

2 Lisa M. Jones, Kimberly J. Mitchell, and David Finkelhor, "Online Harassment in Context: Trends from Three Youth Internet Safety Surveys (2000, 2005, 2010)," *Psychology of Violence* 3.1 (2013): 53–69.

3 Janis Wolak, et al., "Online Predators—Myth Versus Reality," 2012 Massachusetts Family Impact Seminar, Purdue; https://www.purdue.edu/hhs/hdfs/fii/wp-content/uploads/2015/06/s_mafis03c03.pdf.

4 Janis Wolak, David Finkelhor, and Kimberly J. Mitchell, "Internet-Initiated

Sex Crimes Against Minors: Implications for Prevention Based on Findings from a National Study," *Journal of Adolescent Health* 35 (November 2004): 424. e11–e20.

5 Benjamin Wittes, Cody Poplin, Quinta Jurecic, and Clara Spera, "Sextortion: Cybersecurity, Teenagers, and Remote Sexual Assault," Brookings Institution Report, May 11, 2016.

6 Kimberly J. Mitchell, Lisa Jones, David Finkelhor, and Janis Wolak, "Trends in Unwanted Sexual Soliciations: Findings from the Youth Internet Safety Studies," Crimes Against Children Research Center (February 2014).

7 Tompson, "The Digital Abuse Study: Experiences of Teens and Young Adults." 9.

8 M. P. Hamm, A. S. Newton, A. Chisholm, et al., "Prevalence and Effect of Cyberbullying on Children and Young People: A Scoping Review of Social Media Studies," *JAMA Pediatrics* 169.8 (August 2015): 770–77.

9 Tracy Evian Waasdorp, Elise T. Pas, Benjamin Zablotsky, and Catherine P. Bradshaw, "Ten-Year Trends in Bullying and Related Attitudes Among 4th- to 12th-Graders," *Pediatrics* 139.6 (June 2017), http://pediatrics.aappublications.org/content/139/6/e20162615.

10 Aboujaoude, et al., "Cyberbullying," 10–18.

11 P. M. Valkenburg and J. Peter, "Online Communication Among Adolescents: An Integrated Model of Its Attraction, Opportunities, and Risks," *Journal of Adolescent Health* 48.2 (February 2011): 121–27.

12 M. L. Ybarra, K. J. Mitchell, D. Finkelhor, and J. Wolak, "Internet Prevention Messages: Targeting the Right Online Behaviors," *Archives of Pediatrics & Adolescent Medicine* 161.2 (February 2007): 138–45.

13 Lenhart, "Teens, Technology and Friendships."

에필로그

1 "How Are Multitasking Millennials Impacting Today's Workplace?" Bryan College, July 16, 2016, https://www.bryan.edu/multitasking-at-work/.

2 Rae Jacobson, "Social Media and Self-Doubt," Child Mind Institute (website); https://childmind.org/article/social-media-and-self-doubt/.

부록 1.

휴대폰 사용 계약서 또는 동의서

많은 가정에서 자녀들에게 처음 휴대폰을 줄 때 계약서나 동의서를 작성해 도움을 받은 것으로 나타났다. 다음은 당신 가정에서 계약서를 작성하고자 할 때 고려할 만한 사항이다. 용어를 선택할 때는 신중하게 고민하고 주관적이거나 모호한 표현은 피할 것을 권한다. 예를 들어 '온라인 활동을 할 때 올바른 선택을 할 것'이라는 규칙은 부적당하다. '올바른'이 무엇을 뜻하는가? 그 올바름은 누가 결정하는가?

계약서 또는 동의서를 작성하면 좋은 이유 세 가지는 다음과 같다.

1. 계약서 작성에 아이를 참여시키면 아이는 책임감을 갖게 된다.
2. 합의에 이르는 과정을 통해 자녀는 부모가 자신에게 기대하는 것이 무엇인지 명백히 알 수 있다.
3. 규칙이 지켜지지 않았을 때 아이가 치러야 할 대가에 부모는 중립적인 입장을 취할 수 있고 다툼이나 신경전을 피할 수 있다.

계약서 또는 동의서가 의미가 없거나 효과가 없는 이유 세 가지는 다음과 같다.

1. 규칙을 지키지 않았을 때 대가를 치르게 하지 않거나 일관되게 규칙을 적용하지 않는다.
2. 필요에 따라 혹은 아이의 성장에 맞춰 규칙이나 조건을 바꾸지 않는다.
3. 규칙이나 조건이 아이가 지키기 불가능한 수준이거나 지나치게 모호하거나

주관적이다.

다음은 휴대폰 사용 계약서를 포함해 부모들이 고려해볼 만한 사항들이다. 가정에 근거한 단순한 제안이므로 당신의 가정에서 계약서를 작성할 때는 자녀의 연령과 성숙도, 가정 상황을 반영하길 권한다.

✓ 누가 휴대폰 요금을 지불하는가?

- 서비스, 데이터, 게임, 앱 내 구입, 음악 등의 요금을 누가 지불하는가?
- 휴대폰이 고장 나거나 분실됐을 때 누가 수리비와 교체 비용을 지불하는가?
- 액정 필름이나 케이스가 필요할 경우 누가 구입비를 지불하는가?

✓ 휴대폰 사용이 언제 허락되는가?

- 학교에 있을 때는 사용할 수 없다.
- 밤에 잠잘 시간에는 사용할 수 없다.
- 매일 밤 9시에는 거실의 충전기에 꽂아둔다.
- 밤 10시 이후로는 문자메시지를 보내거나 전화 통화를 할 수 없다.
- 하교 후 그리고 주말에만 사용할 수 있다.

✓ 모든 앱을 다운받을 때는 부모의 승인을 받아야 한다.

✓ 부모는 자녀가 소유한 모든 계정의 아이디, 비밀번호를 알고 있어야 한다.

✓ 모니터링 수칙(신뢰를 쌓기 위해 투명하게 집행한다.)

- 부모는 언제 어디든 접속할 수 있다.

- 부모는 문제가 없는지 확인하기 위해 정기적으로 '무작위 조사'를 실시한다.
- 부모는 휴대폰을 매일 검사한다.
- 부모는 휴대폰을 검사하겠지만 일정 수준의 사생활은 보호해줘야 한다. (예를 들어 문자메시지나 다이렉트 메시지를 읽지 않는다.)

✓ 휴대폰을 유지하기 위한 필요조건

- 성적/숙제
- 숙제할 시간에 휴대폰 사용 금지
- 바른 태도
  - 학교에서 지적당하거나 문제를 일으키지 않는다(선생님에게 지적 이메일을 받거나 방과 후 학교에 남는 것 등).
  - 휴대폰 사용과 소지에 관한 반이나 학교의 규칙을 따라야 한다.
  - 부모와 말다툼하지 않는다.
  - 가정의 규칙을 따른다.
  - 집안일을 돕는다.
  - 여러 사람과 함께 있거나 누군가의 집에 놀러 갔을 때 기본적인 예절을 지키고 휴대폰은 예의를 갖춰 사용한다(자세한 내용은 자녀와 의논해 결정하자).

✓ 온라인 행동

- 성인용 음란물을 찾지 않는다.
- 욕설과 폭언을 하지 않는다.
- 절대 성적으로 노골적인 사진을 직접 찍거나 다른 사람에게 요청하지 않는다.
- 그런 사진을 누군가 보냈을 경우 즉각 부모나 믿을 만한 어른에게 이야기한다.
- 절대로 개인 정보(주소, 전화번호, 생일 등)를 남들에게 알려줘서는 안 된다.

✓ **소셜 미디어 행동**

- 소셜 미디어 계정을 만들 때 부모가 허락해야 한다.
- 부모의 허락 없이 새로운 계정이나 스팸 및 가짜 계정, 단체 계정 및 비밀 계정을 만들어서는 안 된다.
- 부모는 모든 계정의 아이디와 비밀번호를 알고 있어야 한다.
- 부모는 자녀 계정의 팔로워나 친구로 등록되어야 한다.
- 소셜 미디어에서 남들에게 무례하게 굴거나 공격성을 보이거나 왕따를 시키는 행동은 절대로 허용되지 않는다.
- 성적으로 노골적이거나 부적절한 자료를 게시해서는 안 된다.
- 부모가 게시물을 내리라고 요청하면 자녀는 그에 따라야 한다.
- 위치 정보가 포함된 게시물을 올리거나 자신의 위치를 노출해서는 안 된다.
- 집 주소, 자동차 번호판 등 개인 정보가 포함된 사진은 올려서는 안 된다.

✓ **안전**

- 누군가의 협박을 받거나 왕따를 당했을 경우 즉시 부모에게 알려야 한다.
- 현실에서 모르는 사람과 온라인 대화를 해서는 안 된다.
- 낯선 사람을 연락처나 친구 목록에 추가하거나 그들의 팔로우 요청을 받아들여서는 안 된다.
- 소셜 미디어 계정을 전체 공개로 설정할 수 없다.
- (운전 가능한 나이가 되었을 경우) 운전 중에 문자메시지를 보내서는 안 된다.

동의서에는 규칙을 어겼을 때 어떤 대가를 치러야 하는지도 명확히 언급해야 한다. 다음의 제안은 참고용으로만 활용하길 바란다. 규칙을 어길수록 치러야 할 대가는 커져야 한다. 먼저 규칙을 위반했을 때는 다음과 같은 대가를 치를 수 있다.

첫 위반 시, 자녀는 하루 동안 휴대폰을 사용할 수 없거나 사용 시간에 제약을 받는다.

두 번째 위반 시, 자녀는 1주 동안 휴대폰을 사용할 수 없다.

세 번째 위반 시, 자녀는 2주 동안 휴대폰을 사용할 수 없다.

(휴대폰 사용을 제한하는 것도 한 방법이다. 휴대폰 사용 금지 처분을 받은 경우에도 아침에 5분, 저녁에 5분 정도는 확인할 수 있도록 해 아이가 사회적으로 완전히 고립되지는 않게 하는 것이 좋다. 나와 이야기를 나눈 많은 아이들이 부모에게 거짓말을 하고 몰래 규칙을 어기는 가장 큰 이유는 휴대폰 사용을 영원히 금지당할까 봐 두렵기 때문이라고 말했다.)

만약 소셜 미디어 사용 규칙을 위반했다면 다음과 같은 대가를 치를 수 있다.

첫 위반 시, 자녀는 하루 동안 소셜 미디어에 접속할 수 없다.

두 번째 위반 시, 자녀는 1주 동안 소셜 미디어에 접속할 수 없다.

세 번째 위반 시, 자녀는 소셜 미디어 계정을 잃게 된다. 그렇지 않으면 부모가 아이의 계정을 공동으로 관리하며 수시로 확인한다.

마지막으로 시간이 지나면 규칙도 바뀌어야 한다. 규칙을 정하는 목적은 아이가 좀 더 책임감을 갖게 하기 위해서다. 그러므로 아이가 커가면서 책임감 있는 모습을 보인다면 규칙을 조정하고 융통성을 발휘해 아이에게 더 많은 자유를 허락하는 것이 좋다.

만약 이 조항들(또는 최신판)을 복사해서 붙이고 싶다면 www.RantsfromMommyland.com 웹사이트에서 '자녀의 첫 번째 휴대폰 사용 계약서 작성법'을 참조하길 바란다.

부록 2.

10대들을 위한 온라인 성교육 웹사이트

이 웹사이트 목록을 제공하기에 앞서 몇 가지 분명히 밝혀야 할 점이 있다.

먼저 나는 보건 전문가로서 청소년들이 임상적으로 정확하고 과학적 근거가 있으며 나이에 걸맞은 정보를 수용해 자신의 몸과 건강에 대한 올바른 결정을 할 수 있게 해야 한다고 생각한다.

둘째로 다음에 소개하는 웹사이트들이 당신에게 적합하지 않을 수도 있다. 관점과 배경에 따라 지나치게 진보적이거나 터무니없이 시대에 뒤떨어진 내용이라고 볼 수 있기 때문이다. 하지만 괜찮다. 자녀의 성교육에는 가족이 중요시하는 가치가 포함되어야 한다. 그러므로 당신 가정에 가장 적합한 것을 선택하길 바란다.

셋째로 아이들은 가끔 부모들의 개인적 가치와 종교적 신념에 어긋나는 질문을 할 때가 있다. 하지만 이런 질문을 하는 이유는 대부분 단순한 호기심 때문이다. 아마도 버스에서 또는 탈의실에서 다른 아이들이 이야기하는 것을 들으면서 무슨 뜻인지 궁금증이 생겼을 것이다. 그럴 때 아이들의 호기심을 만족시킬 답을 제공해주는 수단이 있어야 한다. 그렇지 않으면 아이들은 계속 답을 찾으려 할 것이다. 이 아이들이 그럴 때 대체로 인터넷 검색을 하거나 (자신들만큼 아무것도 모르는) 친구에게 묻는다는 사실을 기억하자.

넷째로 여기에 소개한 웹사이트가 모든 것을 포괄할 수는 없으며 시간이 지나면 내용이 바뀔 수도 있다는 점을 기억하길 바란다. 목록의 최신판을 확인하고 싶다면 '마미랜드'에서 '10대들을 위한 온라인 성교육 자료'를 살펴보길 바란다.

- **어메이즈** Amaze

  https://amaze.org
- **여성 청소년을 위한 건강 센터** Center for Young Women's Health

  https://youngwomenshealth.org
- **소녀학** Girlology

  https://www.girlology.com
- **앨리스에게 물어봐!** Go Ask Alice!

  https://goaskalice.columbia.edu
- **잇 매터스** It Matters(앱 전용)

  http://www.itmatters.me
- **러브 매터스** Love Matters(장애 청소년용)

  https://lovematters.in/en
- **MTV의 그건 네 성생활이야** It's Your Sex Life

  http://www.itsyoursexlife.com
- **마이 섹스 닥터** My Sex Doctor(앱 전용)

  http://mysexdoctor.org
- **우리 모두의 삶** Our Whole Lives(오프라인 교육과정)

  https://www.uua.org/re/owl
- **미국가족계획연맹** Planned Parenthood

  https://www.plannedparenthood.org/learn/teens
- **안전한 10대** Safe Teens

  https://safeteens.org
- **스칼레틴** Scarleteen

  http://www.scarleteen.com